新工科建设·智能化物联网工程与应用系列教材
华东理工大学研究生教育基金资助

U0287664

物联网工程应用

——基于人工智能经典案例

黄　如　主编

姜庆超　和望利　翟广涛　副主编

电子工业出版社
Publishing House of Electronics Industry
北京·BEIJING

内 容 简 介

本书从实用性和先进性出发，首先介绍物联网理论知识和支撑技术，然后从方案设计和实验验证的角度将理论融于实践，较全面地介绍物联网的核心理论和实践应用方面的技能。全书基于的硬件平台是ZT-EVB 与 CVT-IOT-VSL 教学实验箱，软件开发环境涉及网络通信和嵌入式技术的主流开发工具。本书共5 章，主要内容包括：物联网核心理论及发展概述、物联网体系标准与协议架构、物联网实验系统的硬件平台和软件开发环境、AI 赋能的智慧生活与健康管理、AI 赋能的智慧城市与运作调控。本书提供配套的电子课件 PPT、教学方案、习题参考答案、电路图和仿真程序代码、软件操作文档。

本书可作为高等学校电子、通信等专业物联网相关课程的教材，也可供相关领域的工程技术人员学习、参考。

图书在版编目（CIP）数据

物联网工程应用 ： 基于人工智能经典案例 ／ 黄如主编. -- 北京 ： 电子工业出版社，2024. 12. -- ISBN 978-7-121-49322-5

Ⅰ. TP393.4；TP18

中国国家版本馆 CIP 数据核字第 2024Y1F134 号

责任编辑：王晓庆
印　　刷：北京雁林吉兆印刷有限公司
装　　订：北京雁林吉兆印刷有限公司
出版发行：电子工业出版社
　　　　　北京市海淀区万寿路 173 信箱　　邮编：100036
开　　本：787×1 092　1/16　印张：18.5　字数：474 千字
版　　次：2024 年 12 月第 1 版
印　　次：2024 年 12 月第 1 次印刷
定　　价：59.00 元

凡所购买电子工业出版社图书有缺损问题，请向购买书店调换。若书店售缺，请与本社发行部联系，联系及邮购电话：(010) 88254888，88258888。

质量投诉请发邮件至 zlts@phei.com.cn，盗版侵权举报请发邮件至 dbqq@phei.com.cn。

本书咨询联系方式：(010) 88254113，wangxq@phei.com.cn。

前　言

物联网（Internet of Things）及人工智能（Artificial Intelligence）技术的发展和融合不仅极大地促进了科学技术的发展，而且明显地加快了经济信息化和社会信息化的进程。因此，物联网教育在各国备受重视，具备物联网基础理论知识与工程应用能力已成为21世纪人才的基本素质。近年来，在工业化和信息化融合的大背景下，物联网技术飞速发展，物联网日益成为推动经济发展的驱动器，并为产业拓展提供了巨大的发展动力和机遇。作为物联网技术的核心载体，无线传感器网络及无线短距离通信、近场通信技术已成为现存的最适合搭建物联网应用平台的新兴网络通信技术，目前已经越来越多地受到学术界和工程应用领域相关人员的关注。

互联网连接了人与人，物联网作为互联网的延伸与扩展，不仅连接了人与人，还连接了人与物、物与物。物联网的出现彻底改变了人类的生产和生活方式，物联网技术逐渐在智慧城市、环境监测、工业控制等领域得到使用，且仍然存在巨大的潜力。物联网技术属于一门新兴技术，正在高速发展并跨学科交叉融合。学习和掌握新技术的发展方向与技术理念是现代化高等教育的核心理念。今天，掌握物联网的基础知识和应用技术已经成为人们，特别是青年一代必备的技能。为了进一步加强网络通信类课程的理论及实践教学，适应高等学校正在开展的课程体系与教学内容的改革，及时反映网络通信基础教学的研究成果，积极探索适应21世纪人才培养的教学模式，我们对物联网和人工智能、云计算、深度学习等技术融合的理论内容及应用案例进行了总结，编写了本书。

本书具有如下特色。

- 根据实践型教学理念，采用研究型学习方法，即采用"提出目标—设计方案—归纳总结—扩展思考"的目标驱动方式，突出学生主动探究学习和动手操作能力在整个实践教学中的地位与作用。
- 基本思路分两步。首先，以物联网基础理论和运作体系为一条主线，围绕这条主线介绍物联网基础知识和基本运作原理、协议架构功能及相关软硬件系统的安装与配置，同时拓展知识面，介绍物联网的未来技术发展方向；其次，以物联网应用开发为另一条主线，介绍工程应用开发的基础知识、基本原理、开发技术和应用方案。两条主线是一个有机的整体，相辅相成，其实质是理论知识与实践应用完美结合的一条综合物联网知识应用的中轴线。
- 注重将物联网应用技术及人工智能理论的最新发展及应用案例适当地引入实践教学，保持教学内容的先进性。本书内容源于通信、电子及计算机基础教育的教学实践，凝聚了一线任课教师多年的教学经验与教学成果。

本书获得上海市2020年度"科技创新行动计划"自然科学基金项目（20ZR1413800）资助，采用上海锐越信息技术有限公司提供的物联网硬件平台和软件开发环境，自主开发了基于ZigBee协议栈的基础型和综合应用型功能实验。除此之外，还加入了武汉创维特信息技术有限公司的CVT-IOT-VSL教学实验箱的部分实验。全书在阐述物联网基本原理、基础技术和实践应用的基础上，结合物联网实验箱系统和自研开发平台，以工程案例和创新实践为重点，设计并实现了一系列物联网创新案例和拓展型综合实验，旨在为相关专业提供教学实践参考，并为物联网领域的研究工作做出一定贡献。

本书从物联网技术、人工智能理论和实践应用的角度展示物联网不同层面的技术核心及人工智能在物联网上的运用，全书共 5 章。第 1 章讲述物联网核心理论及发展概述，介绍物联网概述与基本特征、物联网支撑技术和人工智能关键技术等；第 2 章讲述物联网体系标准与协议架构，介绍近场无线通信技术标准及协议、物联网体系架构和互操作性、智能物联网架构和应用；第 3 章讲述物联网实验系统的硬件平台和软件开发环境，说明平台所提供的硬件资源状况、软件开发环境使用方法和实验功能实现的总体软件流程，在深入剖析 ZigBee 协议栈的基础上设计实验，以实现包含设备启动组网和无线收发等技术在内的物联网核心运作机制，阐述蓝牙模块的片上资源和内嵌单片机系统的应用开发过程及组网配置方法，最后介绍与人工智能相结合的物联网综合实验的实现；第 4、5 章从物联网面向工程应用的角度阐述物联网技术与人工智能相结合的经典案例，从智能家居、智能安防、智能医疗、智能交通、智慧农业及智慧物流等案例设计方面介绍现代物联网应用，这两章深入剖析了物联网技术在这些领域的应用，并通过具体案例展示了其如何与人工智能技术结合，提升各领域智能化水平，预示着物联网与人工智能的结合将为社会带来更广泛的智慧与便利。

为适应教学模式、教学方法和手段的改革，本书提供配套的电子课件 PPT、教学方案、习题参考答案、电路图和仿真程序代码、软件操作文档，请登录华信教育资源网（http://www.hxedu.com.cn）免费注册并下载。

本书语言简明扼要、通俗易懂，具有很强的专业性、技术性和实用性。本书是作者在相关专业的物联网理论和实验教学的基础上逐年积累编写而成的，并补充了 **2014 年首届"全国高校物联网创新应用大赛"** 中由作者指导参赛并荣获全国一等奖的物联网作品，**2019 年全国大学生物联网设计竞赛（华为杯）全国二等奖、2021 年第十六届中国研究生电子设计竞赛全国二等奖及 2021 年第五届中国舟山全球海洋经济创业大赛铜奖**的相关成果。本书附有实验详细设计过程和扩展思考，可作为高等学校电子、通信等专业物联网相关课程的教材，也可供相关领域的工程技术人员学习、参考。

本书第 1 章由黄如编写，第 2 章由姜庆超、和望利、翟广涛编写，第 3～5 章由黄如编写，全书由华东理工大学黄如统稿。华东理工大学钟伟民教授、杜文莉教授在百忙之中对全书进行了审阅，侍洪波教授和黄如师门硕士研究生周硕、钱智敏、周迅、李东阳、孙宏宇为本书的编写提供了有益帮助，其中周硕在案例设计、实验验证、算法推导等多个方面做了大量的工作。本书的编写还得到了相关高等学校和企业的大力支持，美国威斯康星大学麦迪逊分校的胡玉衡教授、东南大学的张在琛教授、上海交通大学的翟广涛教授和义理林教授针对本书的实验技术路线提出了许多宝贵意见，南通锐越信息科技有限公司、上海锐越信息技术有限公司的钱志滨、王琦等多位技术工程师针对本书采用的实验开发平台和实验结果验证手段提供了大力支持。本书的编写参考了大量近年来出版的相关技术资料，吸取了许多专家和同仁的宝贵经验，在此向他们深表谢意。由于物联网技术发展迅速，作者学识有限，因此书中误漏之处难免，真诚地期待广大读者批评指正。读者建议可发至作者邮箱 huangrabbit@ecust.edu.cn，教辅资源的索取也可联系本书编辑（010-88254113 或 wangxq@phei.com.cn）。

作 者

2024 年 12 月

目 录

第1章 物联网核心理论及发展概述

1.1 概要

物联网作为第三次信息浪潮的代表技术，具有广阔的应用前景。对于我国而言，物联网能促进经济发展方式的改变及经济结构的调整，使我国的经济发展模式更加合理，并带来更大的经济收益；对于企业而言，物联网带来的既是机遇又是挑战，抓住物联网所带来的技术革新，能让企业在新时代站稳脚跟，占据优势；对于个人而言，了解物联网的基础知识，能让人们更好、更便捷地利用身边存在的物联网技术，如智能家居等，提高生活质量。本章概述以无线传感器网络（Wireless Sensor Networks，WSNs）为核心载体的物联网工程的基本概念和支撑技术，重点讨论物联网的基本概念、发展历程、体系架构和现代物联网技术，使读者了解物联网的基本体系构架、重要支撑技术和广阔的应用前景。

1.2 物联网概述与基本特征

1.2.1 物联网概述

1. 物联网的基本概念

进入 21 世纪以来，随着传感器技术、微机电技术、嵌入式计算技术、分布式信息处理技术和无线通信技术的快速发展，信息系统从传统的人工合成单信道模式转变为人工生成和自动生成的双信道模式，并实现信息系统与物理系统的相互融合，表现为信息虚拟世界与物理实体世界的交互作用，使得物理世界可以被全面感知和智慧操控；同时，以传感器、射频模块和智能识别终端为代表的信息自动生成设备和射频通信设备联网，共同构成了可实时准确地感知、测量和监控物理世界的硬件支撑平台。从而在以上系统融合和硬件支撑的基础上，信息世界的扩展需求和物理世界的联网需求共同催生了一类新型网络——物联网（Internet of Things，IoT）。物联网是新一代信息技术的重要组成部分，顾名思义，"物联网就是物物相联的互联网"。这有两层含义：第一，物联网的核心和基础仍然是互联网，是在互联网的基础上延伸和扩展的网络；第二，其用户端延伸和扩展到了任何物品与物品之间，进行信息交换和通信。IoT 通过无线传感器网络、射频识别（Radio Frequency Identification，RFID）等信息传感设备，按约定的协议，把任何物品与互联网连接起来进行信息交换和通信，以实现智能化识别、定位、跟踪、监控和管理等具体工程应用。

物联网将逻辑上的信息世界与客观上的物理世界融合在一起，成为改变人类与自然界交互方式的信息感知、采集和传输领域的一场革命，极大地扩展了现有网络的功能、提高了人类认识世界的能力。作为物联网的核心载体，WSNs 是信息获取、信息传输与信息处理三大子领域技术相互融合的产物，具有数据中心、自组织、多跳路由、动态拓扑、密分布集等特点，代表更小、更廉价的低功耗计算设备的"后 PC 时代"。目前世界上有几十亿个具有通信能力的微处理器和微控制器，且该数字还在不断增大，同时网络终端和接入技术的触角不断延伸到人类生产与生活的各方面，并成为物联网感知物理世界的"神经末梢"。物联网通过WSNs 这个核心载体，将物与物的智慧互联技术及人类感知自然界的水平提高到一个革命性的崭新阶段，其涉及智慧感知、射频通信、识别技术与普适计算、泛在网络的融合应用，被称为继计算机、互联网之后世界信息产业发展的第三次浪潮。物联网工程的应用目的是实现物与物、物与人，以及所有物品与网络的连接，方便识别、管理和控制。目前，物联网涉及的工程领域越来越广，已经融入了工业制造领域、互联网及移动通信等传统 IT 领域。可寻址、可通信、可控制、数字化、信息化、网络化、泛在化与开放模式正逐渐成为物联网发展的演进目标。物联网的众多优势，使其在军事侦察、环境科学、医疗卫生、工业自动化、商业应用及地质灾害预测等领域具有广泛的应用前景，表 1-2-1 所示为物联网的典型应用领域。

表 1-2-1　物联网的典型应用领域

领　　域		用　　途
军　　事		兵力和装备的监控、目标定位、情报获取等；战场情况监视和占领区的侦察等；协助智能弹药对目标进行攻击及对战场破坏情况进行评估；核武器、生物武器的成分及攻击后的监测和侦察等
环　　境		监视农作物灌溉情况、土壤情况、空气情况；大面积的地表监测和行星探测；气象和地理研究；地质灾害监测；生物环境的研究；森林火灾的等
医　　疗		通过传感器节点可对病人的心跳速率、血压等进行实时监测，提供对人体状况远程监控与诊断；用于医院中的药品管理，对药品种类进行分类、辨识等
家居及城市管理	智能家居	通过布置于房间内的温度、湿度、光照、空气成分无线传感器等，感知居室不同部分的微观状况，从而对家庭环境进行自动控制，提供智慧、舒适的居住环境
	桥梁建筑安全	通过布置于建筑物内的图像、声音、气体、温度、压力、辐射传感器等，发现异常事件并及时报警，自动启动应急措施
工业自动化		大型设备的监控
反恐和公共安全		通过特殊用途的传感器（如生物化学传感器）监测有害物、危险物的信息，准确判定生化物质的成分及泄漏源位置，可用于反恐袭击，提高对突发事件的应变能力

　　物联网的基本概念可以从多重角度进行理解，可分别从技术理解、应用理解、狭义理解和泛在理解的角度来定义物联网，如表 1-2-2 所示。

表 1-2-2　物联网的多角度定义

技术理解	应用理解	狭义理解	泛在理解
关键词：智能网络	关键词：服务应用	关键词：物物相联	关键词：融合架构
综合运用传感器、微机电、嵌入式计算、分布式信息处理和无线通信等技术，将物体的信息通过网络传输到指定的信息处理中心，最终实现物与物、人与物之间的自动化信息交互和处理的智能网络	架构在网络基础上的应用层面的各种服务的总和。为用户提供生产、生活的远程监控、指挥调度、采集测量、智能识别、定位跟踪等方面的应用服务，达到以更加精细和动态的方式管理生产与生活的目标	通过无线射频识别、感应设备、定位系统等技术手段和载体，按约定的协议把世界上所有的物体都连接起来，并与现有的"互联网"结合，实现人类社会与物理世界的普遍联系	联系各类物理基础设施与信息功能的融合体系。将物联网理解为一种基于多类型网络和基础设施，进行联机应用、通信交流和信息处理的融合体系架构，而非一个物理上独立存在的实体网络

2．物联网的发展历程

物联网的发展史最早可以追溯到比尔·盖茨于 1995 年出版的《未来之路》，但当时比尔·盖茨朦胧的"物联网"理念并没有被重视。

直到 1999 年，物联网的概念才正式在美国召开的移动计算和网络国际会议中被提出。当时基于互联网、RFID 技术、EPC（演进分组核心网）标准，在计算机互联网的基础上，利用射频识别技术、无线数据通信技术等，构造了一个实现全球物品信息实时共享的实物互联网"Internet of Things"。

而后于 2005 年 11 月 27 日，在突尼斯举办的信息社会世界峰会上，国际电信联盟（ITU）发布了《ITU 互联网报告 2005：物联网》。报告描述了世界上的万事万物，只要嵌入一个微型的传感器芯片，通过互联网就能够实现物与物的信息交互，从而形成一个无所不在的"物联网"。

2008 年 11 月，IBM 提出"智慧地球"的概念，即"互联网 + 物联网 = 智慧地球"。

2009 年 6 月，欧盟委员会向欧盟议会、理事会、欧洲经济和社会委员会及地区委员会递交了《欧盟物联网行动计划》（Internet of Things-An action plan for Europe）。

2009 年 8 月上旬，温家宝在无锡视察时指出，要在激烈的国际竞争中，迅速建立中国的传感信息中心，或者叫"感知中国中心"。为认真贯彻落实总理讲话精神，加快建设国家"感知中国"示范区（中心），推动中国传感网产业健康发展，引领信息产业第三次浪潮，培育新的经济增长点，提高可持续发展能力和可持续竞争力，无锡市委、市政府迅速行动起来，专门召开市委常委会和市政府常务会议进行全面部署，精心组织力量，落实有力措施，全力以赴做好建设国家"感知中国"示范区（中心）的相关工作。物联网发展历程如图 1-2-1 所示。

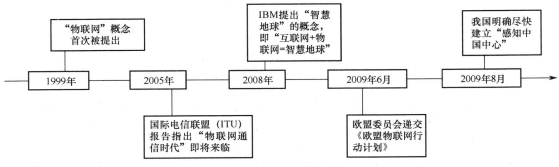

图 1-2-1　物联网发展历程

虽然物联网概念提出得很早，且各国也很早就提出了相应的发展策略，但直到 2016 年，物联网才终于迎来了自己的发展元年。到现在，物联网已基本得到了普及。

1.2.2　物联网的基本特征

从物联网定义的技术理解角度来看，物联网和传统的互联网相比有其自身鲜明的特征。物联网的基本特征可概括为全面感知、可靠传输和智能处理。

（1）全面感知。物联网广泛应用各种感知技术。在物联网中部署了海量的多种类型的传感器，整体构成了分布式异构信源系统，并且因为物联网应用领域存在广泛性、分布环境存在复杂性和工作时空存在差异性，所以不同类型的传感器所捕获的信息内容、信息格式及时空变化规律都存在差异性，这使得物联网内的信息呈现海量性、多源性、分布式性等多样性的特征，如图 1-2-2 所示。

（2）可靠传输。物联网通过各种有线和无线网络与互联网融合，将物体的信息实时准确地传输出去。由物联网上的传感器所定时采集的信息需要通过网络传输，由于其数量极其庞大，形成了海量信息，因此在传输过程中，为了保障数据的正确性和及时性，必须适应各种异构网络和协议。

（3）智能处理。物联网不仅提供了传感器的连接，而且具有智能处理的能力，能够对物体实施智能控制。物联网将传感器技术、无线通信和微机电技术与智能处理机制相结合，利用云计算、模式识别等各种智能技术扩充其应用领域。从传感器获得的多样性信息中分析、加工和处理有意义的数据，可适应用户的不同需求并拓展新的应用领域和应用模式。从功能结构角度，物联网的智能处理系统可分解为射频通信系统和信息网络系统。依据信息科学的观点，围绕信息流动过程，可抽象出图 1-2-3 所示的物联网信息处理功能模型，该模型的每步信息管理过程都可融合智能处理的技术手段。

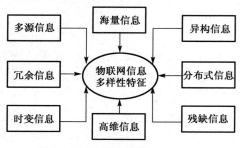

图 1-2-2　多样性信息的全面感知

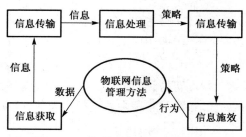

图 1-2-3　物联网信息处理功能模型

1.3　物联网支撑技术

本节主要介绍物联网技术体系中的关键性技术，包括路由技术、节能机制、无线媒体接入技术、信息融合技术、网络抗毁技术、中间件技术等。这些技术是物联网实现万物互联、智能应用的基础，对于物联网的发展和应用具有重要意义。通过对这些技术的深入了解，我们可以更好地理解物联网的工作原理，把握物联网技术的发展趋势，为物联网的应用创新提供技术支持。在本节中，我们将逐一探讨这些物联网支撑技术的原理、特点及其在物联网中的应用，旨在为广大读者提供一个全面、系统的物联网技术知识体系。

1.3.1　路由技术

路由是由网络层向传输层提供的选择传输路径的服务，它是通过路由协议来实现的。路由协议包括两个方面的功能：寻找源节点和目的节点间的优化路径；将数据分组沿着优化路径正确转发。

1. 传感器网络路由协议特性

与传统网络相比，传感器网络的应用需求、寻址方式不同，这些特点都使传统路由协议无法应用于传感器网络，因此设计传感器网络路由协议需要紧密结合传感器自身的特性，主要有以下 4 点。

（1）能量有限。传感器网络中的节点能量有限，延长整个网络的生存期是传感器网络路由协议的重要目标，在选择路径时，需要考虑节点的能耗（如避免经过剩余能量小的节点），以便均衡使用网络能量。

（2）基于局部信息。传感器节点的存储和计算资源有限，节点无法存储大量的路由信息和进行太复杂的路由计算。此外，获取全局信息也需要耗费大量的能量，且由于链路状态不断变化，因此节点需要频繁更新这些信息，这对能量极其受限的传感器节点来说是难以接受的。因此，在只能获取局部拓扑信息的情况下，如何实现简单高效的路由机制是传感器网络的基本问题。

（3）以数据为中心。传感器网络中的大量节点随机部署，应用关注的是满足某种条件的感知数据（如测得的数据大于一定阈值），因此传感器网络需要以数据为中心形成消息的转发路径。

（4）应用相关。传感器网络的应用千差万别，没有一种路由机制适用于所有的应用。设计者需要针对每个具体应用的需求，设计与之适应的特定的路由机制。

传感器网络路由协议的这 4 个特性，使得用来衡量其优劣的特点也与传统路由协议不同。在根据具体应用设计路由机制时，主要在能耗、鲁棒性、快速收敛性、服务质量要求及可扩展性方面衡量传感器网络路由协议的优劣。

2．传感器网络路由协议分类

传感器网络路由协议的选择与应用息息相关，为满足不同的应用需求，需要有多种多样的路由协议。在对路由协议的研究过程中，研究者提出了许多传感器网络路由协议，但到目前为止，并没有统一的分类方法，本节按照网络拓扑结构，将传感器网络路由协议分为平面网络路由协议及层次网络路由协议两大类，如图 1-3-1 所示。

图 1-3-1　传感器网络路由协议分类

在平面网络路由中，所有节点都具有相同的地位和功能，节点之间协同工作，共同完成感知任务。无线传感器节点密度大，信息冗余大，节点没有全局的唯一标志。平面网络路由简单，健壮性好，但是建立、维护路由的开销很大，数据传输跳数大，适合小规模网络。在层次网络路由中，网络节点按照不同的分簇方法可分为不同的簇，网络的逻辑结构是层次的。一般来说，簇的形成基于传感器节点的剩余能量和与簇首的接近程度，分层路由的主要目的是通过簇间节点的多跳通信方式和执行数据融合，来减小信息发送的次数，从而降低传感器节点的能源消耗。

3．传感器网络路由协议介绍

（1）洪泛路由协议。洪泛（flooding）策略是多跳网络中最简单的路由机制之一，每个节点在收到数据包后，都通过广播的方式将数据转发给所有的邻居节点，直到数据传输到网络中的所有节点。洪泛策略会导致数据包以源节点为中心进行扩散，为了不造成大面积的扩散从而占用过多的网络资源，以及使扩散收敛，需要给每个数据包都设定一个合适的生存时间（TTL），保证数据包只经过有限跳路由；此外为了避免数据无休止地转发，规定节点只能转发它未接收过的数据。洪泛路由实现过程如图 1-3-2 所示，其中 S 为源节点，D 为目标节点。

洪泛路由算法是一种简单和可靠的路由算法，在节点运动剧烈、进出网络频繁变化的场景下，全网洪泛是有效的方式，其具有极好的健壮性，可以用于军事领域，也可以作为衡量标准来评价其他路由算法。但洪泛路由算法具有以下两个缺点。

① 内爆。在局部区域内，洪泛无法限制多个节点广播相同的数据，导致重复的数据发送到同一个节点，如节点 A 与节点 B 之间有 N 个共同的邻居节点，那么节点 B 会收到 N 份节点 A 发送的数据。

② 交叠。如果两个节点有重叠的感知区域，那么这两个节点可能感知到相同的数据，导致邻居节点收到重复的信息。

总体而言，洪泛路由算法最大的问题是会产生大量的重复分组，占用网络资源，使路由器和链路的资源过于浪费，以致效率很低。

（2）SPIN 路由协议。SPIN（Sensor Protocol for Information via Negotiation）是为了避免洪泛路由协议带来的内爆和交叠问题而提出的一种路由协议。SPIN 路由协议是一种以数据为中心的自适应路由协议，数据在携带数据的节点与感兴趣的节点之间传输。SPIN 路由协议包含 ADV（advertise）广告消息、REQ（request）请求消息和 DATA 数据消息 3 种消息。SPIN 路由实现过程如图 1-3-3 所示。

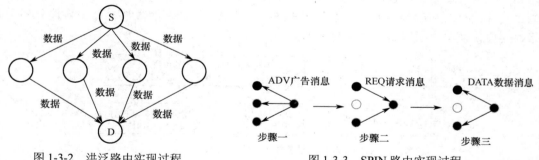

图 1-3-2　洪泛路由实现过程　　　　　　图 1-3-3　SPIN 路由实现过程

步骤一：广告。节点采集到数据后向邻居节点发送 ADV 广告消息，ADV 广告消息包含数据的描述信息，描述信息一般远少于原始信息，因此广告消息耗费的能量较小，这样的设计能减小节点的能耗，延长传感器网络的寿命。

步骤二：请求。邻居节点收到 ADV 广告消息后，若感兴趣且未收到过 ADV 广告消息中描述信息所对应的数据，则返回 REQ 请求消息给发送 ADV 广告消息的节点。若不感兴趣或已接收过该数据，则丢弃 ADV 广告数据，不做处理。

步骤三：传输。当发送 ADV 广告消息的节点收到邻居节点传回的 REQ 请求消息时，将数据封装到 DATA 数据消息中并发送给邻居节点。

上述三个步骤不断执行，从而将数据发送给网络中那些需要数据的节点。

（3）Directed Diffusion 路由协议。定向扩散（Directed Diffusion，DD）路由协议是另一种

以数据为中心的路由协议，此外，它还是一种基于查询的路由协议。汇聚节点（sink）通过兴趣（interest）消息发出查询任务，采用洪泛方式传播兴趣消息给整个区域或部分区域的所有传感器节点。兴趣消息用来表示查询的任务，表达网络用户对检测地区感兴趣的信息，例如，检测区的温度、湿度和光照等环境信息。在兴趣消息传播的过程中，协议逐跳地在每个传感器节点上建立反向的从数据源到汇聚节点的数据传输梯度（gradient）。传感器节点将采集到的数据沿着梯度方向传输给汇聚节点。DD 路由机制如图 1-3-4 所示。

图 1-3-4　DD 路由机制

①　命名。在定向扩散协议中，采用以属性概念命名数据的方式来描述需要感知的任务。这些属性值指定了一个兴趣，所以在该任务描述中称之为"兴趣"。源节点收集到"兴趣"后，也用一组与之相匹配的属性值来命名它生成的数据。假设一个传感器网络支持一系列任务，在定向扩散协议中，首要任务是选择一个恰当的命名机制来描述这些任务。一般而言，每个属性都有相关的数值范围。

②　兴趣扩散。用命名机制描述的任务构成了一个兴趣，它首先由汇聚节点产生，然后周期性地向网络内的传感器节点以洪泛的方式广播兴趣消息。节点接收到兴趣消息后转发给它的每个邻居节点，若节点收到其发送过来的一个兴趣消息，则将其丢弃，以避免同一个消息在网络中形成消息循环，否则将其转发给它的下一跳节点，直到全网内的所有节点都收到此兴趣消息或该兴趣消息所设定的生存时间（TTL）变为零为止。每个节点内部都有一张兴趣列表，对于每个兴趣，兴趣列表中都为其保存着一个表项，记录这个消息的下一跳节点号、数据发送速率及时间戳，同一个兴趣可能对应着多个表项，因为有多个邻居节点会向其发送同一个兴趣消息。每个兴趣列表的表项都对应一个计时器，若表项在缓存中的时间超时，则删除该表项以节省存储空间。兴趣列表是在梯度建立阶段建立传输梯度的重要依据。

③　梯度建立。数据传输梯度建立在兴趣扩散阶段所得兴趣列表的基础上，当网络中的传感器节点感知到与兴趣相匹配的兴趣的监测数据时，会检查本地的兴趣列表，若没有相匹配的"兴趣"，则丢弃该监测数据包，否则检查与该"兴趣"对应的数据缓冲区，以检查是否有与检测数据相匹配的副本；若有，则丢弃该监测数据，以减小网络中冗余信息的通信量，否则检查兴趣列表表项中的邻居节点信息；若发现邻居节点的数据发送速率大于或等于数据接收速率，则转发收到的监测数据包，否则按照比例转发收到的监测数据包。对于转发的任何数据包，都必须在缓冲区保留数据包副本并记录转发时间。这里需要指出的是，由于一个节点可能收到其多个邻居节点所转发的兴趣消息数据包，因此对应于同一个"兴趣"，从源节点到汇聚节点的路径可能有多条。

④　路径加强。兴趣扩散阶段建立了从源节点至汇聚节点的数据传输路径，源节点以较低的速率采集和发送数据，汇聚节点在收到从源节点发来的数据后，开始建立其到源节点的加强路径，以后的数据将沿着加强路径进行传输。不同的应用对所选择的加强路径的要求不同，如有些需要整条路径都以较高的传输速率对数据进行传输，那么在这种情况下应当对数据传输速率较高的路径进行加强。当加强路径上的节点发现下一跳节点的数据发送速率明显减小

或收到来自其他节点的新位置估计时，则推断加强路径的下一跳节点失效，并将重新确定下一跳节点。

⑤ 数据传输。路径优化完成以后，数据沿着优化的路径传输。

总体而言，定向扩散路由具有能量有效性好、延迟小、可扩展性强及健壮性良好等优点，但与此同时，梯度建立阶段耗费大，无法很好地应用于连续数据传输的应用（环境监测等）等问题也让定向路由协议的应用受到了限制。

（4）谣传路由协议。定向扩散需要经过查询信息的洪泛传播和路径加强机制才能确定一条优化的数据传输路径，如果需要进行的消息查询是少量的，那么定向扩散路由协议的路由建立开销太大，从而会造成资源浪费。为了解决这个问题，研究者提出了谣传路由机制。谣传路由机制通过查询消息的单播随机转发，解决了使用洪泛方式建立优化路径所带来的开销过大问题。

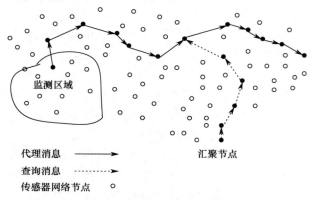

代理消息　——————→
查询消息　－－－－－→
传感器网络节点　○

图 1-3-5　谣传路由实现过程

谣传路由的基本思想是事件区域中的传感器节点产生代理（agent）消息，代理消息沿随机路径向外扩散传播，同时汇聚节点发送的查询消息也沿随机路径在网络中传播。当代理消息和查询消息的传输路径交叉在一起时，就会形成一条从汇聚节点到事件区域的完整路径。其实现过程如图 1-3-5 所示。

谣传路由的具体实现过程如下。

① 每个传感器节点维护一个邻居列表和一个事件列表。

② 当一个节点监测到一个事件发生时，就在事件列表中增加一个表项，设置事件名称，并将距离设定为 0，同时根据一定的概率产生一个代理消息。

③ 代理消息是一个包含生存时间（TTL）等与时间相关的信息分组，用来将事件信息通告给它传输经过的每个节点。节点在收到代理消息后，先检查事件列表中是否有与该事件相关的表项，若有，则比较代理消息和表项中的跳数值，如果代理中的跳数值小，那么更新表项中的跳数值，否则更新代理消息中的跳数值。假使事件列表中没有与该事件相关的表项，就增加一个表项来记录代理消息携带的事件信息。而后，节点将代理消息中的 TTL 值减 1，并在网络中随机选择邻居节点来转发代理消息（在转发代理消息加强算法中，代理消息根据历史列表中的数据来选择下一跳），直到其 TTL 值减小为 0。

④ 网络中的任何节点都可能产生一个对特定事件的查询消息。如果节点拥有一个到事件的路由，那么它就可以沿着这条路径转发查询消息，否则，节点随机选择邻居节点来转发查询消息。查询消息经过的节点按照同样的方式转发，并记录该消息的相关信息。这个过程直到查询的 TTL 值为 0 或查询到达了所期待的事件为止。

⑤ 如果查询节点认为查询没有到达目的地，那么它可以选择重传、放弃或洪泛查询的方法。

与定向扩散路由相比，谣传路由可以有效地减小建立路由的开销。但是由于谣传路由使用随机方式生成路径，因此数据传输路径一般不是最优路径，并且可能存在路由环路问题。

（5）TTDD 路由协议。TTDD（Two-Tier Data Dissemination，双层数据传播）路由协议是针对多移动汇聚节点而提供的一种双层数据转发协议，它适用于传感器节点固定、多个 sink 自由移动的场景。TTDD 路由协议是基于以下假设提出的。

① 具有相同属性的传感器节点分布在一个区域内，传感器节点之间进行短距离无线通信，长距离节点通过中间节点采用多跳转发数据。

② 每个传感器节点都知道自己的位置信息，但是中心节点可能不知道自己的位置信息。

③ 一旦有事件发生，事件周围的传感器节点就会收集并处理信息，然后由其中一个节点作为源节点发送报告。

④ 中心节点通过查询网络来收集数据，在无线网络中，中心节点的位置和数目是可变的。

TTDD 路由的基本原理是当多个传感器节点监测到事件发生时，选择一个节点作为发送数据的源节点。源节点建立网格（grid）结构，等待邻居节点的查询消息。当汇聚节点（sink）需要数据时，首先通过洪泛方式查询距离本地单元最近的转发节点，然后当转发节点收到查询命令时，按照单元边长搜索方法对其他单元的转发节点进行查询，直至查询到源节点。当源节点接收到查询消息时，沿着查询的来时路径反向传输数据，当数据到达汇聚节点所在单元的转发节点时，经转发节点传输到汇聚节点。TTDD 路由实现过程如图 1-3-6 所示。

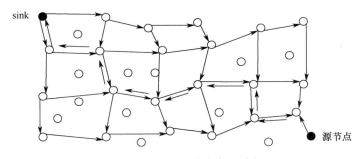

图 1-3-6　TTDD 路由实现过程

（6）LEACH 路由协议。LEACH（Low Energy Adaptive Clustering Hierarchy，低功耗自适应集簇分层型）路由协议是一种基于集群的协议，可以最大限度地减小传感器网络中的能量消耗。LEACH 路由协议的基本思想是以循环的方式随机选择簇头节点，将整个网络的能量负载平均分配给每个传感器节点，进而降低网络能源消耗，延长网络寿命。

LEACH 的操作分为多轮，每轮中先进入建立阶段，选择合适的节点作为簇头，并由簇头和若干簇成员组成簇集。在稳定阶段，传输的信息被分成帧，每帧最多向簇头传输一次数据。簇成员传输感知信息至簇头，簇头将收到的数据融合后传输给汇聚节点。

在建立阶段，每个传感器节点都试图根据概率模型选择自己作为簇头。对于选择簇头，每个传感器节点 i 生成 $r(i)$，即介于 0 和 1 之间的随机数。如果 $r(i)$ 小于阈值 $T(n)$，那么传感器节点选择自身作为当前轮的簇头。其阈值的表达式如下

$$T(n) = \begin{cases} \dfrac{P}{1 - P \times (r \bmod 1 / P)}, & n \in G \\ 0, 其他 \end{cases} \tag{1-3-1}$$

$$P_{CH}(i,r) = \begin{cases} 1, R(i) < T(n) \\ 0, 其他 \end{cases} \tag{1-3-2}$$

式中，P 是簇头的占比，r 是当前的轮数，G 是最近 $1/P$ 轮中没有当选簇头的一组传感器节点，$P_{CH}(i,r)$ 是传感器节点 i 在 r 轮中成为簇头的概率。

使用此阈值，每个传感器节点都将在 $1/P$ 轮中的某一轮成为簇头。经历 $1/P$ 轮之后，所有传感器节点都有机会再次成为簇头。

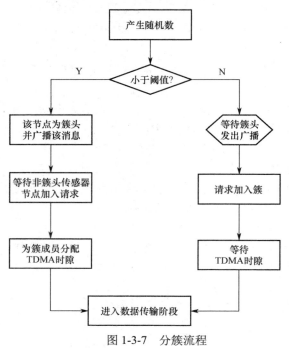

图 1-3-7 分簇流程

在簇头选择完成后进行分簇，分簇流程如图 1-3-7 所示。在当前一轮被选为簇头的传感器节点会向网络中的其他传感器节点广播消息。所有非簇头传感器节点在收到此广播消息后，基于广播消息的接收信号强度，决定它们属于哪一个簇。当簇头接收到所有属于该簇的传感器节点的消息后，簇头会根据簇中传感器的数量创建一个 TDMA（时分多址）调度表，为每个簇成员分配时隙，所有簇成员传感器节点在均收到 TDMA 调度表后进入稳定阶段，簇成员传感器节点所采集的信息在簇头分配的时隙内进行传输，在非时隙内休眠以便节省耗能，以免发生数据冲突。簇头传感器节点接收来自簇成员传感器节点的信息后，通过数据融合算法进行信息融合，去除冗余信息并发送给汇聚节点，以减小能量消耗，提高能量利用率。

总体而言，LEACH 路由协议具有良好的能量有效性、层次化的结构、良好的扩展性等优点，但依旧存在一些问题，如簇内结构没有优化、簇头选择制度复杂度高、长距离通信能耗大、不能保证簇内结构的质量、形成簇内节点能量损耗不均衡的状态，从而降低网络的整体性能。

（7）SEP 路由协议。SEP 路由协议于 2004 年被提出，是一种经典的异构无线传感器网络（Heterogeneous Wireless Sensor Networks，HWSN）路由协议。所谓异构无线传感器网络，就是指网络内存在各种类型不同的节点，从而导致感知能力、计算能力、通信能力及节点能量的异构，这种网络模型更加贴合现实网络，因此对其的研究更具有现实意义。SEP 路由协议的机制与 LEACH 路由协议基本一致，不同点在于，在分簇之前，由于网络内节点的初始能量不同，因此节点被分为普通节点和高级节点，设置不同阈值使得高级节点更频繁地被选为簇头。二级网络中的高级节点、普通节点被选为簇头的概率如下

$$P_m = \frac{P}{1+\alpha u}(1+\alpha) \tag{1-3-3}$$

$$P_k = \frac{P}{1+\alpha u} \tag{1-3-4}$$

式中，P_m 表示高级节点被选为簇头的概率，P_k 表示普通节点被选为簇头的概率，α 表示高级

节点的初始能量是普通节点的 α 倍，u 表示高级节点在整个网络节点中的比例，P 为簇头的占比。与 LEACH 路由协议相似，在选择过程中，每个节点都会生成一个 0～1 范围内的随机数，若阈值 $T(n)$ 大于随机数，则选择该节点为簇头，其他节点根据信号强度加入相应的簇，完成建簇。阈值的表达式如下

$$T(n_{\mathrm{m}}) = \begin{cases} \dfrac{P_{\mathrm{m}}}{1 - P_{\mathrm{m}} \times (r \bmod 1/P_{\mathrm{m}})}, n_{\mathrm{m}} \in G_1 \\ 0, 其他 \end{cases} \tag{1-3-5}$$

$$T(n_{\mathrm{k}}) = \begin{cases} \dfrac{P_{\mathrm{k}}}{1 - P_{\mathrm{k}} \times (r \bmod 1/P_{\mathrm{k}})}, n_{\mathrm{k}} \in G_2 \\ 0, 其他 \end{cases} \tag{1-3-6}$$

式中，r 表示轮数，G_1、G_2 分别表示在一个周期内未被选为簇头的节点集合。在三级网络中选出簇头后，簇内所有节点都会将收集到的数据传输给簇头，由簇头融合这些数据，然后在传输阶段发送给汇聚节点，这一阶段与 LEACH 路由协议相同。

（8）T-SEP 路由协议。T-SEP 路由协议是对 SEP 路由协议的一种改进，该协议为网络中的节点规定了一个硬阈值（Hard Threshold，HT）和一个软阈值（Soft Threshold，ST）。这两个阈值的作用是限定网络中节点的数据传输。首先，节点想要传输数据，需要节点检测对象的数据值超过硬阈值，然后，连续观测的数据值想要传输，需要监测数据的波动超过软阈值。总体而言，T-SEP 路由协议在 SEP 路由协议的基础上减小了能耗，延长了网络寿命，但从其机制可以看出，当应用对监测数据有连续上报要求时，该协议无法满足，因此，该协议具有一定的局限性。

（9）DEEC 路由协议。DEEC 路由协议是对 LEACH 路由协议的一种改进。在网络同构时，各个节点的能量一致，此时 DEEC 路由协议与 LEACH 路由协议一致；而在网络异构时，DEEC 路由协议考虑了节点初始能量及每轮循环后每个节点的剩余能量不同这一状况，对簇头选择概率做出了调整。DEEC 路由协议给出了一种平均剩余能量的计算方法，根据该方法，每轮结束后都将得到一个平均剩余能量，根据节点的剩余能量及计算得到的平均剩余能量，修正每一轮成为簇头的节点数目，以及节点成为簇头的概率，剩余能量高的成为簇头的概率大，使簇头的选择能够适应能量的变化，从而平衡了网络中的能量损耗，达到延长网络稳定周期的目的，同时增强了网络的扩展性。

（10）LEACH 路由协议、SEP 路由协议、T-SEP 路由协议及 DEEC 路由协议的比较。网络寿命是路由协议的一个指标，因此此处用节点在异构网络中的寿命对 LEACH 路由协议、SEP 路由协议、T-SEP 路由协议及 DEEC 路由协议进行比较。图 1-3-8(a) 为 SEP 路由协议与 LEACH 路由协议的比较，可以看出 LEACH 路由协议的首个节点及半数节点的死亡时间远早于 SEP 路由协议，这说明 SEP 路由协议的稳定期与半稳定期均长于 LEACH 路由协议；图 1-3-8(b) 为 SEP 路由协议与 T-SEP 路由协议的比较（T-SEP 路由协议的 HT 值为 0.2，ST 值为 0.1），从图中可以看出，两个协议的首个节点的死亡时间大致相同，T-SEP 路由协议的节点死亡明显慢于 SEP 路由协议，这与 T-SEP 路由协议的设计初衷相符。

（11）新型路由优化算法。前面介绍了 9 类典型的路由协议及算法，随着科技的发展，研究者针对不同的应用需求，提出了许多性能更好、更适合一些特定应用的路由优化算法，如针对城市环境下车载自组织网络（Vehicular ad hoc Network，VENET）中车辆信息传输性能

不稳定的问题，提出了一种基于链路质量的蚁群路由算法实现信息的可靠与稳定传输；为解决网络中能耗不均且 sink 节点周围的"热"节点会因负载重而过早死亡的问题，提出了一种改进蚁群的能量优化路由算法使网络中的能耗更加均衡；为对抗来自无线传感器网络内部节点的恶意攻击，提出一种基于分布式信任评价模型的能量优化安全路由（Energy-Optimized Secure Routing，EOSR）协议来识别和隔离恶意节点等。总体而言，路由算法正在飞速发展且变得越来越有针对性，能更好地适应各种现实应用。

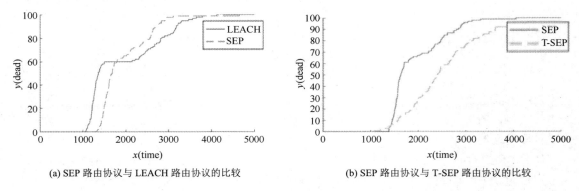

(a) SEP 路由协议与 LEACH 路由协议的比较　　　　　　(b) SEP 路由协议与 T-SEP 路由协议的比较

图 1-3-8　LEACH 路由协议、SEP 路由协议与 T-SEP 路由协议比较

1.3.2　节能机制

　　研究无线传感器网络的重要目的是在满足网络面向应用要求的前提下尽可能延长网络的生命周期，而能量资源约束是影响网络生命周期的根本因素。因此，针对节能机制的研究在无线传感器网络研究中处于核心地位。根据无线传感器网络能耗的主要来源，现有的节能机制主要从数据处理与数据传输的节能机制这两个方面展开。

1.　基于数据处理的节能机制研究

　　（1）针对处理器能耗研究。针对处理器的研究工作主要侧重于减小处理器的能量消耗，Trevor Pering 等学者提出了动态电压缩放（Dynamic Voltage Scaling，DVS）技术。这项技术的出发点是在大多数无线传感器节点上计算负载随时间的变化，因此不需要微处理器在任何时刻都保持峰值性能，可通过动态改变微处理器的工作电压和频率，使其刚好满足当时的运行需求，从而在性能和能耗间取得平衡。L. Benini 等学者则提出了动态电压管理（Dynamic Power Management，DPM）技术，该技术的基本思想是尽可能使系统各部分运行在节能模式下。常用的管理策略是关闭空闲模块，在这种状态下，部分无线传感器节点将被关闭或处于低功耗状态，直到有感兴趣的事件发生，这项技术是无线传感器网络中媒体访问控制（MAC）协议设计的基础。美国麻省理工学院的 A. Sinha 等学者则提出了能量可扩展数字信号处理（DSP）算法设计的概念，以进一步减小处理器能耗。基本思想是将传统 DSP 算法的执行操作按影响结果的显著程度进行排序，先执行影响结果程度大的操作，这样就可以在能耗与结果的精确程度之间寻求平衡。美国麻省理工学院的 J. T. Ludwig 等学者则将这一概念用于滤波算法的设计，发现大多数算法都可以转换为类似的能量可扩展 DSP 算法。

　　（2）针对数据管理的节能研究。数据管理指的是在应用层面上将整个网络视为一个虚拟的数据库系统，在其上构造查询处理系统，以方便获取数据库中的信息。数据管理问题涉及的技术包括数据存储技术、数据查询技术、数据分析技术、数据融合技术及数据挖掘技术。其中，数据查询技术的研究主要包括查询语言的研究、查询操作算法的研究、查询优化技术的研究、查询分布式处理技术的研究；数据分析技术的研究主要包括联机分析处理（On Line Analytical Processing，OLAP）技术的研究、统计分析技术的研究及其他复杂分析技术的研究；数据挖掘技术的研究主要包括相关规则等传统类型知识的挖掘、与感知数据相关的新知识模型及其挖掘技术的研究、分布式挖掘技术的研究等。

2．基于数据传输的节能机制研究

数据传输的能耗涉及网络通信的各个协议层，现有研究工作关注节能无线传输技术、媒体访问控制（MAC）技术及节能路由技术。其中，节能多址接入技术主要解决的问题是如何构造一个能量最优化的拓扑及如何调度各节点的睡眠以节能。而节能路由技术是在拓扑构造好后，解决如何根据采集参数确定最优数据传输路由的问题。节能无线传输技术则是在路由确定后，解决如何传输数据以最小化能耗的问题。根据对无线传感器网络能耗特点的分析，节能无线传输技术占据了能耗的主要部分，而节能无线传输技术又是其他技术的基础，因此，其性能的优劣会从根本上影响整网的能耗。

（1）节能无线传输技术。节点的主要能耗来源是数据无线传输，考虑减小数据无线传输时的能耗往往能获得很好的节能效果。而且，传感器网络中的各项网络通信技术都涉及数据无线传输，使得节能无线传输技术成为各项技术的基础，也成为影响整网能耗的根本。因此，研究节能无线传输技术对无线传感器网络的实用化具有举足轻重的作用。

（2）节能路由技术。节能在无线传感器网络中具有核心地位，而路由技术是传感器网络技术中不可或缺的部分，因此，研究者根据传感器网络节点众多、分布式操作、数据冗余等特点，提出了具有节能特点的路由技术。无线传感器网络的路由技术按其网络结构和工作方式，可以分为平面式和层状式。现有的路由技术研究主要根据无线传感器网络的特点（如能量受限、以数据为中心、节点密度高等），设计相关路由算法，能耗最小化是其中重要的考虑因素。

近年来，无线传感器网络在很多需要实时性、可靠性要求的领域内得到应用，路由算法作为数据传输的重要组成部分，也必须考虑端到端传输服务质量保证的问题。目前已有一些初步工作开始考虑无线传感器网络上的服务质量（Quality of Service，QoS）路由问题，如 Tian He 等人根据控制理论提出的 SPEED 路由协议就考虑了软实时性保证问题。另外，由于无线传感器网络与物理通信环境的耦合程度远高于其他网络，而无线传感器网络的物理通信环境较复杂，且动态性较强，因此为有效节省能量、保证传输的可靠性，无线传感器网络的路由协议设计应考虑物理通信环境的特点，如射频传播不规则性、多径衰落等。

（3）节能多址接入技术。节能多址接入技术是无线传感器网络可靠通信的保证，无线传感器网络的特点使得其上 MAC 协议设计与传统网络的 MAC 协议设计有很大不同，也给研究者带来了新的挑战，目前已有大量工作关注无线传感器网络的 MAC 协议设计。对于无线传感器网络，能量浪费主要来源于以下几个方面：数据包冲突造成的能量浪费，比如多个节点向同一个节点传输数据造成数据包碰撞，重传造成能量浪费；不必要侦听造成的能量浪费；无线模块长期处于空闲状态造成的能量浪费；收发节点没有协调好造成的不必要数据发送，比如当发送端发送数据时，接收端处于睡眠状态，此时发送的数据会造成能量的浪费。根据无线传感器网络的能量有限、节点密度高、环境动态变化快等特点，节能多址接入协议应具备以下特点：减小能量消耗，延长网络生命周期；可扩展性，即协议的设计应具备分布式特点，以适合在大规模环境下使用；自适应能力，能适应网络规模、节点密度及拓扑等的动态变化，能有效处理节点死亡或新节点加入所带来的问题。

1.3.3 无线媒体接入技术

媒体访问控制层（Media Access Control Layer，MAC Layer）位于数据链路层，在无线传感器网络中，该层主要用于解决无线信道合理共享的问题。

1．MAC 协议的主要特性及面临的问题

在无线传感器网络中，MAC 协议主要用来控制节点的以下几个方面的性能。

（1）能量有限性。在 WSN 中节点的能量是有限的，一旦用尽，就无法得到补充。为了使 WSN 能够长时间地运作、延长网络的寿命，需要 MAC 协议控制节点在进行信息采集和传输的过程中节省能量。

（2）可扩展性。无线传感器网络是时刻变化的，例如，汇播、组播能够瞬间增大信道内的流量，这就要求 MAC 协议控制节点能够适应拓扑或信道环境的动态变化。

（3）网络效率。是指网络的整体性能，需要设计新型 MAC 协议来提高网络的公平性，提高信道的吞吐量、带宽利用率，减小网络的延迟等。不同的应用所侧重的网络性能不同，因此新型的 MAC 协议需要满足各种应用的性能要求。

在设计 MAC 协议时，主要考虑以下几个方面的问题。

（1）空闲监听。因为节点不知道邻居节点的数据何时到来，所以必须保持自己的射频部分处于接收模式，形成空闲监听，这就造成了不必要的能量损耗。

（2）冲突（碰撞）。如果两个节点同时发送，并相互产生干扰，那么它们的传输都将失败，发送包被丢弃，此时，用于发送这些数据包所消耗的能量就将被浪费。

（3）控制开销。为了保证可靠传输，协议将使用一些控制分组，如 RTS/CTS，虽然没有数据在其中，但必须消耗一定的能量来发送它们。

（4）串扰（串音）。无线信道为共享介质，且每个节点都是以广播的形式发送消息的，这使得节点有时会收到发送到其他节点的数据包，此时也会造成能量的消耗。

2．MAC 协议的分类

根据分配信道资源策略的不同，MAC 协议可分为以下三类。

（1）固定分配 MAC 协议：TRAMA 协议、TDMA-W 协议、基于分簇网络的 MAC 协议。

（2）随机竞争 MAC 协议：S-MAC 协议、T-MAC 协议、B-MAC 协议、WiseMAC 协议。

（3）混合 MAC 协议：Z-MAC 协议。

3．MAC 协议介绍

（1）TRAMA（Traffic-Adaptive Medium Access，流量自适应介质访问）协议。固定时槽分配的优点是在通信过程中不会产生碰撞冲突，不过其缺点也很明显：能量的消耗很大，并

且空闲监听比例随着网络负载的变小而变小。为了减小能耗，将流量自适应技术加入 TDMA 协议，可动态调整占空比。

TRAMA 协议将每个物理信道分成多个时隙，通过对这些时隙进行复用，来为数据和控制信息提供信道。这些时隙分为随机接入和分配接入两部分，通过使用特定算法，给每个时隙分配发送节点和接收节点。在节点开始运行后，采用 NP（邻居）协议。根据 NP 协议，在随机接入时隙内处于接收状态，同时，所有节点彼此交换控制信息，包括局部两跳内的邻居信息，将一段时间划分为连续时隙，由于采用分布式调度机制，因此每个时隙的发送方都不会发生冲突。同时，它采用了一些措施，比如避免给无流量的节点分配时隙，让非发送和接收节点处于睡眠状态，这样就可以降低功耗。TRAMA 协议包含三部分，分别是 NP 协议、AEA（自适应时隙选择）算法和 SEP（调度交换协议）。NP 协议能让所有节点获得一致的两跳内邻居信息，AEA 自适应时隙选择算法决定当前时隙的活动方案，而 SEP 调度交换协议建立和维护接收方与发送方的调度信息。图 1-3-9 所示为 TRAMA 传输时间安排分组格式。

域长度/bit	32	8	8	8	4	4	4
组成域	源节点地址	超时时间	宽度	时隙数	预留时隙	放弃时隙	保留位

图 1-3-9　TRAMA 传输时间安排分组格式

TRAMA 协议比较适用于周期性地进行数据采集和监测的网络应用。TRAMA 协议也有一些不能回避的缺点：

① 不容易实现，因为对存储和处理计算能力的要求严格；

② 使用的 AEA 算法，将两跳邻居信息保存在本地节点里面，增大了空闲监听的概率，导致功耗增大；

③ 开销大，因为对时间同步依赖大；

④ 端到端的时延较大，因为访问信道存在随机性和分配性。

（2）TDMA-W 协议。TDMA-W 协议使用固定时槽来收发数据，它是在对 TRAMA 协议改进后形成的。在分配初始时刻，先根据特定的分布式算法为所有节点划分时槽，再分配两个时槽给每一帧节点：唤醒槽（可以公用）用来唤醒处于睡眠状态的节点，发送槽用来发送数据。在使用信道的时刻，节点为自己的邻居节点存储计数器，这些计数器分别对应于输入链路和输出链路。数据每成功传输一次，接收方和发送方的计数器值相应增 1，在没有通信活动的情况下，计数器值递减。计数器的值用来确认节点是否应该发出唤醒信号，为 0 则发出。此算法能够保证在流量较小的情况下，节点有充分的睡眠时间，同时能够减小唤醒信号的发送次数。

TDMA-W 协议适用于基于事件的数据量不大的网络应用，它的主要缺点如下：

① 存储开销比较大，这是因为它需要保存所有两跳内邻居节点的调度信息；

② 时延大；

③ 发生冲突碰撞的概率大，不适合在网络拓扑复杂时使用。

（3）基于分簇网络的 MAC 协议。基于分簇网络的 MAC 协议将所有的节点分成一个个的簇群，每个小簇群都有一个簇头，各个簇头管理其所在的簇群网络。簇群里面的节点的时隙分配都是由簇头分配的，它们的数据也经由簇头转发给汇聚节点。簇内节点与簇头的通信是单跳的，簇头负责数据的融合，节点分簇网络如图 1-3-10 所示。所有的节点都处于这 4 种状态之一，分别是感知、转发、感知并转发和非活动。处于感知状态的节点负责采集传感数据，并利用路由把数据发送给邻居节点；处于转发状态的节点负责将邻居节点转发过来的数据再次转发给它的下一跳邻居节点；处于感知并转发状态的节点完成前面两种功能；非活动状态指的是节点没有数据需要感知或发送时节点可以进入的状态。

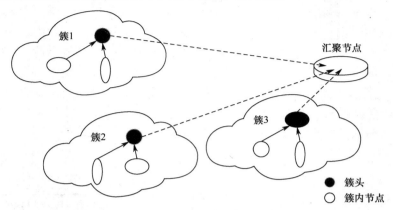

图 1-3-10　节点分簇网络

基于分簇网络的 MAC 协议的工作主要分为两个阶段进行。第一个阶段为随机访问阶段，在这一阶段，簇内节点向簇头发送自己的信息数据包，这个信息数据包包括自己的网络任务流量信息大小 Info 和自己的节点编号 ID，当簇头收到这个信息数据包时，发送一个确认包，表示数据包已被接收，否则在一段时间内簇内会重传这个信息数据包。簇头接收到整个簇内节点的信息数据包后，建立一个调度访问表，这个调度访问表就是簇内所有节点的工作时隙。然后进入第二个阶段——调度访问阶段，在这个阶段的第一时隙内，簇头向所有簇内节点广播包含这些信息的数据包，簇内节点在收到这个包后，将自己的调度周期设置为这个包内字段，然后立刻进入休眠状态，在未来的分配给自己的时隙段的时间间隔内醒来，开始进行工作，并在下一循环时刻重新进行上面的操作。

（4）S-MAC（Senor-MAC，传感器媒体访问控制）协议。S-MAC 协议是由 Ye Wei 和 Estrin 在 2002 年提出来的，它以 IEEE 802.11 协议为基础，降低了能耗，以适用于传感器网络。它的工作机制如图 1-3-11 所示，为了降低空闲监听，让节点周期性地休眠，唤醒后进入监听状态，并监听包括同步信息 SYNC、RTS 和 CTS 在内的消息，RTS/CTS 帧中带有目的地址和本次通信的持续时间，接收到该帧后，如果目的地址为本地地址，那么进行数据通信，如果目的地址不是本地地址，那么节点会马上进入睡眠状态，并将此次通信的持续时间存储在本地的 NAV（Network Allocation Vector，网络分配矢量）中，NAV 会随着本地时钟的运行而递减，节点在 NAV 值非零期间都会处于睡眠状态，这在很大程度上避免了串扰数据包的接收。它的冲突避免机制也与 IEEE 802.11 协议类似，同时，S-MAC 协议对 IEEE 802.11 消息传输机制进行了改良，解决了隐藏终端和开销过大的问题。

S-MAC 将周期性地进行睡眠调度的运用，展现了很多优点，如空闲监听的降低功耗、扩展性的延伸，正因如此，以后的很多 MAC 协议都借鉴这一思路，将 S-MAC 协议当成范本对比。从另一个能量高效的方面来思考，S-MAC 协议的帧长度及占空比（Duty Cycle）是固定值，帧长度取决于缓存及对时延的考虑，如果网络负载不大，那么显得空闲监听时间依然不

短。节点周期睡眠使得通信时延叠大，降低了网络吞吐量。综上所述，S-MAC 协议不适用于
时间性要求严格的领域。

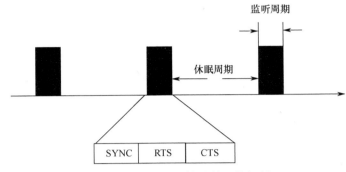

图 1-3-11　S-MAC 协议的工作机制

（5）T-MAC（Timeout-MAC，超时媒体访问控制）协议。T-MAC 协议与 S-MAC 协议的
实现机制大致相同，都采用了帧的概念，它们最大的不同在于 T-MAC 协议额外引入了动态任
务比调节机制，以应对各种情况下可能产生的负载
的变化。T-MAC 协议基本机制如图 1-3-12 所示。
T-MAC 定义了周期帧定时器溢出、信道上收到数
据包、监测到通信活动、节点数据发送完毕及邻居
节点发送完成这样 5 个激活事件，当活跃期（Time
Active，TA）内没有激活事件发生时，就认为信道

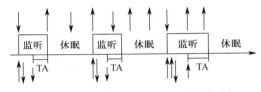

图 1-3-12　T-MAC 协议基本机制

处于空闲期，转为睡眠状态。依据网络流量的变化即可适时改变每一帧的 TA，延长节点的睡
眠时间，降低功耗。关于 TA，T-MAC 协议进行了如下规定：当邻居节点处于通信状态时，
节点不应该进行睡眠，因为节点可能是接下来的信息接收方，节点发现串扰的 RTS 或 CTS 都
能够触发一个新的监听间隔，为了确保节点能够发现邻居节点的串扰，TA 的取值必须保证该
节点能够发现串扰的 CTS，因此 TA 的取值范围为

$$T_A > C + R + T \tag{1-3-7}$$

式中，C 为竞争信道的时间，R 为发送 RTS 所需要的时间，T 为 RTS 发送结束到开始发送 CTS
的时间。

（6）B-MAC（Berkeley-MAC）协议。S-MAC 协议与 T-MAC 协议对时钟同步的依赖性很
强，从而确保以精确的时序关系把握节点的唤醒/睡眠调度。而 B-MAC 协议、WiseMAC 协议
引入了竞争协议中的"抢占"原则，降低了对时钟同步的要求，且使睡眠调度更具主动性。

B-MAC 协议在信道的抢占上利用了空闲信道评估技术，并采用低功率监听（LPL）与
扩展前导技术降低通信能量。在 B-MAC 协议中，每个节点都周期性地被唤醒，使用空闲信
道评估检查无线传感器网络来判断当前信道是否有活动。如果信道处于活动状态，那么节
点保持活动状态以接收可能传入的数据包。传输数据包之前，发送方发送一个称为前导序
列的"唤醒信号"，信号持续的时间略长于接收方的睡眠时间。该策略可以确保接收方在发
送方发送前导序列过程中至少唤醒一次，允许每个节点都根据自己的时间表来选择唤醒或
睡眠。周围邻居节点醒来后收到前导序列，则保持活动状态直到前导序列结束，序列结束
后，接收节点接收数据分组。

B-MAC 协议比 S-MAC 协议的吞吐量和时延大得多，因为 S-MAC 协议不用对调度信息共享，这样大大缩短了唤醒时间，但在功耗节能上并无多大改进，有时还会出现串音现象。

（7）WiseMAC 协议。为了改进 B-MAC 协议，WiseMAC 协议在前导长度上做了变化，接收节点在最近的 ACK 报文中捎带了下次的唤醒时间，使发送方了解每个下游节点的采样调度，从而缩短了前导长度，通过随机唤醒前导策略来降低前导冲突的可能性。但 WiseMAC 协议中的存储开销与网络密度成正比，且该协议使用非持续载波监听多路访问（CSMA）减少空闲监听，无法解决隐藏终端问题，因此，该协议适用于网络负载较小的结构化网络中下行链路 MAC 协议。

（8）Z-MAC 协议。Z-MAC 协议是 CSMA 协议与 TDMA 协议的混合协议。CSMA 协议适用于流量小时，可提升信道利用率和降低时延；TDMA 协议适用于流量大时，降低冲突与串音的干扰。不同于 TDMA 协议中划分时槽的传输方式，Z-MAC 协议不论何时都可传输数据帧。当某个节点时槽空闲时，其余节点就以 CSMA 方式竞争信道；竞争激烈时，节点会发布明确竞争通告（ECN），若节点在最近 t_{ENC} 时间内收到某一两跳邻居节点发出的 ECN，则获胜为高竞争级（HCL）节点。此技术具备很强的竞争控制能力。

Z-MAC 协议与 B-MAC 协议相比，在网络流量越大时，其吞吐量也越大，同时功耗也越小，但流量小时，其性能不如 B-MAC 协议。正因为混合了 CSMA 协议与 TDMA 协议，所以它比 TDMA 协议具有更高的可靠性和容错力。Z-MAC 协议也存在不足：初始化时要同步全局时钟；只能在初始阶段为节点划分时槽，不能周期性地重新划分时槽；在 LCL（低竞争级）状态下无法解决隐藏终端问题；在 HCL 状态下，数据只能在有限的时槽传输，增大了传输时延，ECN 机制易产生内爆。

1.3.4　信息融合技术

1. 信息融合技术概述

物联网技术设备所采集的信息通常为多方面、多类型的不同信息，不便于信息的提取与选择应用，而多层次信息融合是解决以上问题的重要途径，信息融合算法的研究具有重要的理论意义和实践价值。通过信息融合，可以更好地获取设备所采集的重要信息，提高关联信息的利用率，体现信息价值。

图 1-3-13　信息融合过程

信息融合是利用计算机技术对按时序获得的若干传感器的观测信息在一定准则下加以自动分析、综合处理，以完成所需的决策和估计任务而进行的信息处理过程。从其定义中可以看出，多传感器系统是信息融合的硬件基础，多源信息是信息融合的加工对象，协调优化和综合处理是信息融合的核心。信息融合过程如图 1-3-13 所示。

2. 信息融合技术的分类

按照层次不同，信息融合技术一般可分为数据级（像素级）融合、特征级融合及决策级融合三类。下面对这三类进行简单介绍。

（1）数据级（像素级）融合。数据级融合是将原始数据利用经典的方法直接结合，以便得到特征级和决策级不具备的细微原始信息。数据级融合的优点是数据损失量较小、精度较高，缺点是实时性差、要求传感器是同类的、数据通信量大、抗干扰能力差及处理的数据量大。此类型的典型算法有卡尔曼滤波算法等。数据级融合过程如图 1-3-14 所示。

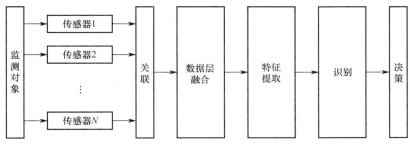

图 1-3-14　数据级融合过程

（2）特征级融合。特征级融合是对传感器采集到的原始数据进行特征提取，然后利用分类算法进行融合，特征级融合过程如图 1-3-15 所示。特征级融合可以在大大减小数据量的同时保持原始数据的重要信息，降低了数据传输中网络和带宽的压力。特征级融合的方法有神经网络、聚类等。

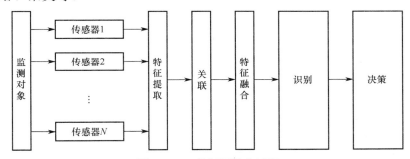

图 1-3-15　特征级融合过程

（3）决策级融合。决策级融合是指结合实体的位置信息、属性或身份信息得出最终的解决方案，决策级融合过程如图 1-3-16 所示。决策级融合的优点是需要处理的信息量较小、融合模式简单实用、容错性较强，且传感器是异类的。缺点主要是会损失大量的信息，尤其是细节性的信息，性能较前两种融合差。决策级融合的方法主要有贝叶斯推理、D-S 证据理论等。

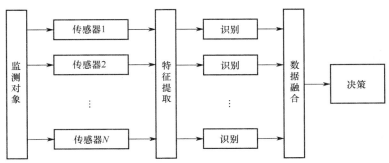

图 1-3-16　决策级融合过程

三类信息融合技术的优缺点对比如表 1-3-1 所示。

表 1-3-1　三类信息融合技术的优缺点对比

	数据级融合	特征级融合	决策级融合
传感器类型	同类	同类/异类	异类
处理信息量	最大	中等	最小
信息量损失	最小	中等	最大
抗干扰性能	最差	中等	最好
容错性能	最差	中等	最好
算法难度	最难	中等	最易
融合性能	最好	中等	最差

3. 信息融合技术的典型算法

（1）基于贝叶斯推理的融合算法。假设有 m 个传感器用于感知特定的物理对象，设 $O_1, O_2, \cdots, O_n$ 为关于特定物理对象的所有可能的 n 个目标，$D_1, D_2, \cdots, D_m$ 表示 m 个传感器各自对于特定物理对象属性的说明。$O_1, O_2, \cdots, O_n$ 实际上构成了传感器感知对象的 n 个互不相容的穷举事例，则

$$\sum_{i=1}^{n} P(O_i) = 1 \qquad\qquad (1\text{-}3\text{-}8)$$

$$P(O_i / D_j) = \frac{P(D_j / O_i) P(O_i)}{\sum_{i=1}^{n} P(D_j / O_i) P(O_i)} \qquad i = 1, 2, \cdots, n; j = 1, 2, \cdots, m \qquad (1\text{-}3\text{-}9)$$

基于贝叶斯推理的信息融合框图如图 1-3-17 所示。

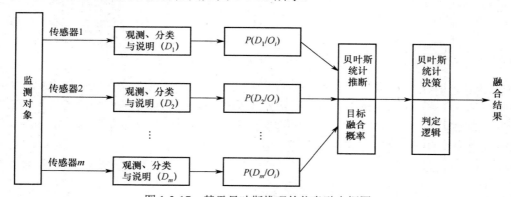

图 1-3-17　基于贝叶斯推理的信息融合框图

（2）基于 D-S 证据理论的融合算法。Dempster-Shafer（D-S）证据理论为不确定信息的描述和组合提供了强有力的方法，主要用于决策级融合。基于 D-S 证据理论的信息融合框图如图 1-3-18 所示。

由图 1-3-18 可知，系统的数据融合过程如下。

① 通过每个传感器采集到感知对象的状态测量值，获得关于各个命题的观测证据；

② 依靠人的经验和感觉给出各个命题的基本概率分配；

③ 根据基本概率分配计算出对应的置信度和似然度，即可得到命题的证据区间；

④　在所有证据的联合作用下，根据 D-S 证据组合规则计算基本概率分配值、置信度和似然度，最后根据给定的判决规则得出系统的最终融合结果。

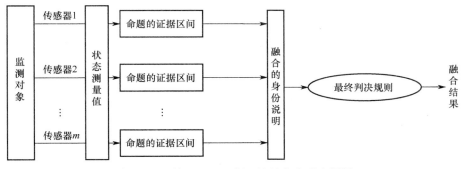

图 1-3-18　基于 D-S 证据理论的信息融合框图

（3）基于人工神经网络的融合算法。人工神经元是一个多输入单输出的系统，其输入-输出关系为

$$y = g\left(\sum_{i=1}^{n} k_i \mu_i - \theta\right) \qquad (1\text{-}3\text{-}10)$$

式中，y 是神经元的输出值；g 是激活函数，它决定了神经元如何转换输入信号到输出信号，常见的激活函数包括 Sigmoid、ReLU 等；n 是输入的数量；k_i 是第 i 个输入的权重系数；u_i 是第 i 个输入的值；θ 是偏置项，它为神经网络提供了一个额外的参数来调节整个神经元的激活阈值。

将信息或数据输入模拟的人脑神经系统中进行数据处理，系统的输出就是需要的结果。在将神经网络用于信息融合中时，其输入是多源传感器采集到的环境信息，将得到的输出结果进行转换处理，便可以得到结果的状态估计。基于人工神经网络的信息融合框图如图 1-3-19 所示。

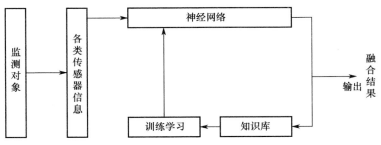

图 1-3-19　基于人工神经网络的信息融合框图

1.3.5　网络抗毁技术

无线传感器网络作为由大量传感器节点所构成的分布式网络系统，能够有效采集与传输各种环境和目标信息，在诸多领域得到了实际的应用。但在实际应用中，由于受到规模巨大、网络异构、传输时延、有向传输等内在因素及外部环境干扰因素的共同作用，无线传感器网络难以长时间稳定、可靠地运行。抗毁性问题已经成为制约工业无线传感器网络规模化应用的主要技术瓶颈。网络抗毁性研究具有多种不同的角度与方法，导致对网络抗毁性的评估的

差异也较大，对网络抗毁性没有统一定义。总体而言，网络抗毁性的研究主要集中于对网络结构的研究及网络遭受攻击后的恢复机制，本节将从这两个研究方向介绍一些提升网络抗毁性的方法。

1．博弈论

博弈论，有时也称为对策论或者赛局理论，是一门研究多个个体或团队之间在特定条件制约下的对局中利用相关方的策略，而实施对应策略的学科。博弈论将决策者之间的相互作用公式化，实现了使用者的利益最大化或风险最小化，其本质是一种最优化策略。

博弈论一般由以下几个要素构成。

（1）局中人。是指在一场竞赛或博弈中具有决策权的人。一场博弈需要两个及以上的局中人。

（2）策略。是指一局博弈中，每个局中人选择的实际可行的指导整个行动的方案。局中人的一个可行的自始至终全局筹划的行动方案称为这个局中人的一个策略。一般而言，局中人在一场博弈中会有许多可选策略，这些策略的集合称为该局中人的策略空间。局中人的策略可分为纯策略与混合策略，纯策略指局中人根据所获信息在自己的策略空间中选择自己认为最优的一种策略，而混合策略则是在此基础上，以某一分布概率在其策略空间中随机选择策略。

（3）得失。博弈结局时的结果称为得失。每个局中人在一局博弈结束时的得失，不仅与该局中人自身所选择的策略有关，而且与全体局中人所取定的一组策略有关。所以，一局博弈结束时，每个局中人的"得失"是全体局中人所取定的一组策略的函数，通常称为支付（payoff）函数。

（4）结果。对于博弈参与者来说，存在着一个博弈结果。

在博弈论中，假定决策主体是完全理性的，博弈的目的是最大化自己的利益，在策略选择中会按照自己的信念与预期去选择最优策略。

依据不同的标准，博弈模型具有多种不同的分类，主流分类有三种，如图1-3-20所示。

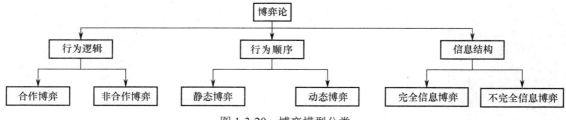

图1-3-20　博弈模型分类

在无线传感器网络的网络抗毁性研究中只有非合作博弈的应用，因此此处只对非合作博弈进行介绍。

非合作博弈是指在策略环境下，非合作的框架把所有人的行动都当成个别行动。它主要强调一个人进行自主的决策，而与这个策略环境中的其他人无关。但非合作并非指没有合作，而是指他们的决策均出于自身利益，参与者可以沟通，但任何协议、威胁或承诺均无效。这意味着博弈并非只包含冲突的元素，往往在很多情况下，既包含冲突元素，又包含合作元素，即冲突和合作是重叠的。

纳什在1950年提出了"均衡点的概念"，即纳什均衡。这个概念在博弈论中尤为重要，通俗地讲，它是非合作博弈过程中所达到的一种状态，因此也被称为非合作博弈均衡，此时，单个参与者的策略变动无法提高自己的利益。

随着无线传感器网络的发展，其网络的鲁棒性不强问题日益突出，而博弈论中的非合作博弈可以很好地应用于无线传感器网络的拓扑结构构建及网络损毁恢复，因此，研究博弈论与无线传感器网络的结合具有很强的现实意义。

2. 人工神经网络

人工神经网络（Artificial Neural Network，ANN）是一种模拟人脑的神经网络，以期能够实现类人工智能的机器学习技术。人工神经网络对网络抗毁性能的提升主要在于通过对多个网络进行训练学习，然后得到最符合研究者要求的抗毁性指标权重，从而构建符合要求的网络。

（1）人工神经网络结构。首个基于数学和算法的计算 ANN 模型由 Warren McCulloch 和 Walter Pitts 于 1943 年提出，该模型称为 M-P 模型，其结构如图 1-3-21 所示。该模型通过模拟生物学上的神经细胞的原理和过程，描述了人工神经元的数学理论与网络结构，并证明了单个神经元可以实现逻辑功能，从而开启了 ANN 研究的时代。

一个基本的 ANN 的结构由输入层、隐藏层及输出层组成，并且通常为全连接神经网络（Full Connected Neural Network，FCNN）。全连接指当前层的每个神经元都与前一层的所有神经元相连，即前一层神经元的输出作为当前层神经元的输入，每个连接都有一个权值，位于同一层的神经元之间没有连接。FCNN 结构如图 1-3-22 所示。

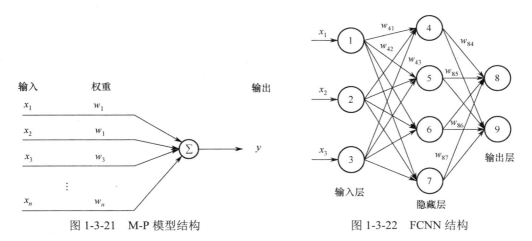

图 1-3-21　M-P 模型结构　　　　　　　　　图 1-3-22　FCNN 结构

（2）人工神经网络分类。人工神经网络模型主要考虑网络连接的拓扑结构、神经元的特征、学习规则等。根据连接的拓扑结构，人工神经网络可分为前向网络和反馈网络。前向网络指前一级网络的输出为后一级网络的输入，网络中不存在反馈，这种网络的结构简单，易于实现，BP 神经网络、感知机、径向基网络（RBF）等属于前向网络；反馈网络则指网络内的神经元间存在反馈，Hopfield 神经网络、玻耳兹曼机等属于反馈网络。

学习是神经网络的另一项重要的研究内容，根据学习环境的不同，可以将神经网络的学习分为监督学习、非监督学习和强化学习。监督学习是指在神经网络的训练过程中有训练样本，神经网络通过对训练样本进行学习，来调整神经网络内的权值，最终达到所要求的性能，使用监督学习的有 BP 神经网络、感知机等；非监督学习则指神经网络的训练没有样本数据，直接将网络置于环境中，学习与工作一起进行；强化学习不需要预先给定任何数据，它的参数更新主要依托于环境对其动作的奖励（反馈），当其学习主体的某个行为得到了环境的正向奖励（强化信号）时，该主体产生这个行为的趋势便会变强，强化学习就是通过这种机制来认识环境、做出正确行为的。

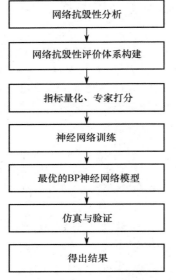

图 1-3-23　防空反导指控网络抗毁性评估流程图

人工神经网络在网络抗毁性中的应用主要在于确定一个网络中各个抗毁性指标的权重，图 1-3-23 所示为一个基于 BP 神经网络的防空反导指控网络抗毁性评估流程图，首先对防空反导指控网络进行抗毁性分析，得到研究者需要的网络抗毁性指标，然后将这些指标量化，并请防空反导指控专家对不同网络的这些指标进行打分，将这些量化了的指标作为样本对神经网络进行训练，得到最优的 BP 神经网络模型，最后另请 10 位专家对另一些网络进行评估，作为 BP 神经网络的测试集并进行仿真验证，得到最终的结果。

总体而言，人工神经网络在网络抗毁性中的应用研究还不十分深入，这是因为训练一个人工神经网络需要大量的训练样本，而网络抗毁性的指标往往不同，所以往往得不到足够多的训练集，但如果能获得足够的训练集，那么人工神经网络的作用将大大提升，因此，对其在网络抗毁性方面的研究依旧是很有意义的。

3. 冗余技术

冗余技术又称为储备技术，是指当一台设备或某个部件出现故障时，另一台设备或部件能主动介入并承担其相应工作，以此来缩短系统的故障时间。在真实网络中，为了提升网络的可靠性，往往会在关键设备处使用冗余技术，减小关键数据流上任意一点失效所带来的损失。冗余技术一般可以分为链路层网络冗余技术和网络层网络冗余技术。

（1）链路层网络冗余技术。链路层网络冗余技术的主要方式有生成树协议、快速生成树协议、多生成树协议、环网冗余和主干冗余。

生成树协议主要采用了生成树算法，其基本思想是从一个图形结构中计算出一棵没有循环路径的树形结构，如图 1-3-24 所示，因此，在网络中，生成树协议主要用于防止在网络拓扑中形成二层环路，其机制为阻塞可能会导致环路的冗余路径，以确保网络中所有目的地之间只有一条逻辑路径，其余路径均作为备用路径。快速生成树协议在生成树协议的基础上，提升了收敛速度，解决了生成树协议主设备与备用设备切换慢的问题。多生成树协议则是在快速生成树协议的基础上，解决了阻塞路由不承载任何流量导致网络中数据流量的负载不均衡的问题。

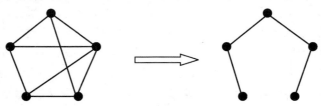

图 1-3-24　图形结构转换为树形结构

环网冗余是一种应用于环形网络的技术,环形网络指网络中的设备由一个连续的环连接在一起,这种网络能保证一台设备上发送的信号可以被环上其他所有的设备接收,这些设备中有一个核心设备,所有的数据都发送到这个设备。环形冗余是指在这种网络中,当某一设备出现线缆连接中断的情况时,设备接收到此信息,激活其后备端口,恢复通信。例如,在由三个设备 A、B、C 构成的 A-B-C-A 的环形网络中,以 A 作为核心,则正常的数据传输方向为 B-A、C-A,当 A 与 B 之间的链路断开连接时,B 通过环网冗余机制快速倒换,形成 B-C-A 的数据发送链路。

主干冗余将不同设备的多个端口设置为主干端口,并建立连接,则这些设备之间可以形成一个高速的骨干链接,不但成倍地提高了骨干链接的网络带宽、增大了网络吞吐量,而且提供了另一种功能,即冗余功能。如果网络中的骨干链接产生断线等问题,那么网络中的数据会通过剩下的链接进行传输,保证网络通信正常。

(2)网络层网络冗余技术。网络层的主要冗余技术有 VSS、VRRP、HSRP、GLBP 等。

虚拟交换系统(Virtual Switching System,VSS)是一种典型的网络虚拟化技术,它可以将多台交换机组合为单一虚拟交换机,从而大大加强了设备的转发能力、性能规格且增大了设备的可用端口数量。图 1-3-25 所示为 VSS 双机冗余架构,其中测试机 A 作为主用虚拟交换机,控制所有的控制功能,测试机 B 作为备用虚拟机,同样承担数据交换任务,当测试机 A 发生故障时,VSS 双机将自动实现控制层面、数据层面的快速切换,测试机 B 能瞬间承担全部路由、交换任务。

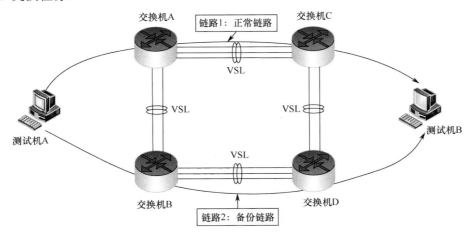

图 1-3-25　VSS 双机冗余架构

虚拟路由冗余协议(Virtual Router Redundancy Protocol,VRRP)的工作原理是将一组承担网关功能的路由设备加入 VRRP 备份组中,这些设备根据优先级选择一个主设备,主设备通过发送 ARP 报文将自己的虚拟 MAC 地址通告给与它连接的设备或主机,然后开始周期性地发送 VRRP 报文,当主设备故障或链路阻断时,VPPR 备份组里的备用设备根据优先级重新选取主设备,重新发送 ARP 报文及 VRRP 报文。

热备份冗余协议(Hot Standby Redundancy Protocol,HSRP)的工作原理是主设备和备用设备的双机系统通过高频率的发送及监听专用组播报文来检测对方设备的工作情况,当网络发生故障且在预设时间内无法监听到专用组播报文时,就会触发系统的故障切换。

网关负载均衡协议(Gateway Load Balancing Protocol,GLBP)是 HSRP 的扩展,主要用

于解决 HSRP 在负载均衡方面的不足。在 HSRP 中，只有活动路由器可以转发数据包，而在 GLBP 中，每个路由器都可以进行数据包转发。

冗余技术虽然会带来一定的资源浪费，但它所带来的网络可靠性的提升是巨大的，因此，冗余技术在网络抗毁性的研究中占据很重要的地位，如何在保证网络可靠性的前提下最小化冗余技术的资源浪费是学者们致力研究的内容。

1.3.6 中间件技术

1. 中间件技术的简介

物联网中存在大量的异构系统，为解决异构系统之间的访问，人们提出了中间件技术。中间件是介于应用系统和系统软件之间的一类软件，它使用系统软件所提供的基础服务（功能），衔接网络上应用系统的各个部分或不同的应用，能够达到资源共享、功能共享的目的。中间件位于客户机/服务器的操作系统之上，管理计算机资源和网络通信，是连接两个独立应用程序或独立系统的软件。对于相连接的系统而言，即使它们具有不同的接口，通过中间件也能交互信息。

中间件能够屏蔽操作系统和网络协议的差异，可以自由地构建物联网系统，为应用程序提供多种通信机制，并提供相应的平台以满足不同的需求，且在此情况下，还可对物联网系统进行有效的管理，为物联网的有效开发与稳固运行提供了保障。物联网内的中间件对底层硬件具备屏蔽功能，同时对网络中的异常情况具备屏蔽功能，正是其所具有的这种特殊功能，保证了物联网在未来应用中能够在硬件设备中独立存在和运行，从而为其提供技术上的支持。中间件在系统中的位置如图 1-3-26 所示。

物联网中间件的特点如下。

（1）独立于架构。物联网中间件独立于物联网设备与后端应用程序，并能与多个后端应用程序连接，降低维护成本。

（2）数据流。物联网的目的是将实体对象转换为信息环境下的虚拟对象，因此数据处理是中间件最重要的功能之一，中间件具有数据收集、过滤、整合与传输等功能，能够将正确的对象信息传输给上层应用系统。

（3）处理流。物联网中间件采用程序逻辑及存储转发的功能提供顺序消息流，具有数据流设计与管理的功能。

（4）标准化。物联网中间件具有统一的接口和标准。

2. 中间件技术的分类

中间件技术根据其在系统中所起作用的不同，可以分为以下 5 类。

（1）数据访问中间件。数据访问中间件是指连接应用程序和数据库的软件。它通过在系统中建立应用资源互操作模式，来实现异构环境下的数据库连接，使在网络中进行虚拟缓冲存取、格式转换等操作更为方便。其结构如图 1-3-27 所示。

（2）远程过程调用中间件。远程过程调用中间件使用远程过程调用（Remote Procedure Call，RPC）进行远程操作，实现通信同步并屏蔽不同操作系统和网络协议，其结构如图 1-3-28 所示。远程过程调用中间件在客户、服务器方面优于数据访问中间件。

（3）面向消息中间件。该中间件利用高效可靠的消息传输机制进行数据传输，并在数据通信的基础上进行分布式系统的集成。该中间件的数据传输支持同步、异步，且对应用程序结构无特定要求，程序也不受网络复杂度的影响，且通过数据传输，该中间件可以在分布式环境下扩展进程间的通信。其结构如图 1-3-29 所示。

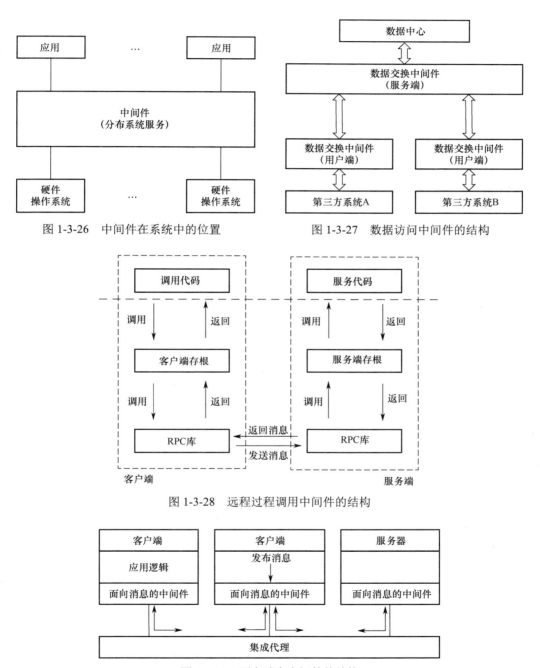

图 1-3-26　中间件在系统中的位置　　　　　　　　图 1-3-27　数据访问中间件的结构

图 1-3-28　远程过程调用中间件的结构

图 1-3-29　面向消息中间件的结构

（4）面向对象中间件。该中间件是对象技术和分布式计算发展的产物，为异构的分布式计算环境提供了一个通信框架,透明地进行对象请求消息的传输。在该中间件中,客户和服务器没有明显的界定。其结构如图 1-3-30 所示。

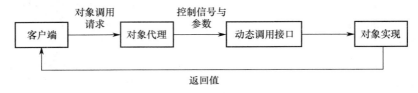

图 1-3-30　面向对象中间件的结构

(5)事物处理中间件。该中间件最初主要应用于大型机中,为大型机提供支持大量事务处理的可靠运行环境,现在它是一种为分布、异构环境中的交易完整性和数据完整性提供保障的环境平台,是一种提升复杂环境下分布式应用的速度和可靠性的解决方案。

1.3.7　基础支撑技术的特点

基于已有的各种通信标准和网络服务,物联网的基础支撑技术具有以下几个特点。

(1)感知识别普适化。作为物联网的末梢,自动识别和传感网技术近年来发展迅猛、应用广泛,仔细观察就会发现,人们的衣食住行都能折射出感知识别技术的存在。无所不在的感知与识别将物理世界信息化,将传统上分离的物理世界和信息世界高度融合。传感器是机器感知物理世界的"感觉器官",为物联网系统的处理、传输、分析和回馈提供原始的信息。随着电子技术的不断发展,传统的传感器正逐步实现微型化、智能化、信息化和网络化。

(2)异构设备互联化。尽管物联网应用中的硬件和软件平台千差万别,各种异构设备(不同型号和类别的 ZigBee 模块、RFID 标签、蓝牙模块、传感器、手机和笔记本电脑等)利用无线通信模块和标准通信协议构建自组织网络,在此基础上运行不同协议的异构网络之间通过网关互联互通,实现网络间的信息共享及融合。

(3)联网终端规模化。物联网时代的一个重要特征是物品触网,每件物品都具有通信功能,并成为网络终端。据预测,未来联网终端的规模有望突破百亿大关。

(4)管理调控智慧化。物联网将大规模数据高效、可靠地组织起来,为上层行业应用提供智能的平台,数据存储、组织及检索成为行业应用的重要基础设施。与此同时,各种决策手段(包括运筹学理论、机器学习、数据挖掘、专家系统等)广泛应用于各行各业。面向物联网的传感网主要涉及以下几项技术:测试及网络化测控技术、智慧化传感网节点技术、传感网组织结构及底层协议技术、对传感网自身的检测与自组织技术、传感网安全技术。

1.3.8　未来技术的发展方向

物联网技术在不断地发展、深化,并和多领域技术交叉融合,未来将重点从硬件系统和软件系统的革新方面来确立物联网技术的发展方向。

(1)硬件系统方面的未来技术发展方向侧重于物联网的末梢网络技术发展,将与新材料和智能传感器设备的研究紧密结合,将包含微缩事物的纳米材料技术和智能化的微机电技术引入物联网的硬件系统,降低网络系统的功耗并提高系统感知终端技术的智能性。

(2)软件系统方面的未来技术发展方向主要涉及协议规范、体系结构、算法设计三个方面的技术革新。其中，在协议规范发展方面，其自身协议在网络时间同步、容量极限、安全机制、能效利用、抗干扰性等方面仍存在亟待研究和发展的问题，特别是 ZigBee 协议与其他协议标准无线网络（如蓝牙网络、Wi-Fi 网络）的技术共存问题的研究，是其未来协议标准发展的一个重要方向；在体系结构发展方面，主要涉及物联网环境下处理海量多样性信息的软件系统层次结构设计、体系结构组成、子系统相互作用机制构建、可重构技术拓展及并行开发与测试管理等；在算法设计研究方面，主要涉及物联网感知复杂事件语义模型建模算法、传感器节点感知跟踪、行为建模及感知交互算法，以及资源控制、优化和调度算法。

1.4 人工智能关键技术

随着科技的不断进步，人工智能、云计算和雾计算、软件定义网络、深度学习、复杂网络、普适计算和大语言模型等新技术不断普及，大大推动了物联网技术的发展。本节将这些技术与物联网技术结合起来进行简单介绍。

1.4.1 人工智能基本概念

人工智能（Artificial Intelligence，AI）于 1956 年提出，从一开始的受限于计算能力及算法精度不尽如人意，到 2010 年深度学习在语音识别和图像处理领域取得突破性进展，再到 2016 年 AlphaGo 战胜李世石，人工智能彻底进入公众的视野，成为新一代的技术浪潮。如今，各领域的研究者纷纷开始研究人工智能，以期在各自领域实现突破。

1. 人工智能的定义

人工智能在刚被提出时，不同的研究者从不同的角度对其进行研究，使其存在不同的定义。

（1）像人一样行动的系统。该定义起源于 1950 年图灵提出的一个测试：让一段程序与人交谈 5min，然后让人判断交谈对象是人还是程序，若在 30%的测试中，程序成功地欺骗了人，则通过了测试。该测试的核心不是问"机器人能否思考"，而是问"机器人能否通过关于行为的智能测试"。

（2）像人一样思考的系统。当时研究者的研究普遍集中于程序是否实现了想要得到的功能，而这一定义的研究者则另辟蹊径，更加关注程序的推理步骤轨迹与人类个体求解同样问题的步骤轨迹的异同。这一定义的研究者试图通过将 AI 的计算模型与来自心理学的实验技术相结合，来创立一种精确且可检验的人类思维工作方式。

（3）理性地思考的系统。这一定义主要由 AI 领域的逻辑主义者提出。19 世纪时，逻辑主义者就发展出可以描述世界上一切事物及其彼此关系的精确的命题符号，到 1965 年，理论上，已经有程序可以求解任何用逻辑符号描述的可解问题，因此，AI 领域的逻辑主义者希望能研究出上述程序来实现智能系统。

（4）理性地行动的系统。这一定义的研究者认为，智能体应该不仅可以正确地推理，而且能正确地行动。其核心思想是智能体要通过自己的行动获得最佳的结果，或者在不确定的情况下获得最优结果。

以上 4 种人工智能的定义的比较如图 1-4-1 所示。前两种定义希望能直接模拟人的思考或行为，后两种定义则希望得到最理性的结果。

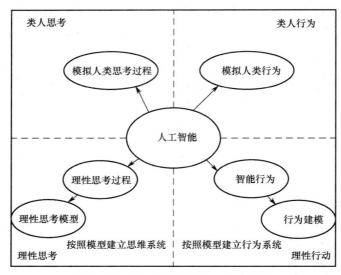

图 1-4-1　4 种人工智能的定义的比较

（5）具备上述 4 种定义特点的系统。随着科技（尤其是计算机技术）的不断发展，人工智能也得到了极大程度的发展，研究者慢慢地不再局限于上述 4 种中的某一种定义，而开始希望实现具备上述所有能力的智能体。

2. 人工智能的分类

人工智能可分为弱人工智能、强人工智能和超人工智能三类。

（1）弱人工智能。弱人工智能是指智能体不具备思考能力，只是看上去是智能的，但实际上并非智能。例如，让一个机器学习打招呼，你对它挥挥手并告诉它你挥了个手，它应该挥手并跟你打个招呼，那么它就会执行命令，而不会去思考别的东西。总而言之，弱人工智能只能学习特定的能力并实现一定的功能，而没有自己的独立判断能力。现在对于人工智能的研究基本处于弱人工智能。

（2）强人工智能。强人工智能是指具备推理能力、有思考能力的智能体。它们已经和人类相差无几了，它们具有自己的价值观与世界观，有独立思考的能力，有生物的本能，如隐私需求、休息需求等。依旧以挥手为例，假设面前有一根电线，弱人工智能依旧会百分百地听从命令，甚至会碰到电线，但强人工智能不会，它会拒绝挥手，或者到一个安全的地方挥手。

（3）超人工智能。超人工智能是指具备超越人的能力的智能体。这些智能体可以只超越人类一点点，也可以具备超越人类几万倍的能力，将这样的智能体称为超人也不为过，它们可以拥有计算机的计算能力，拥有钢铁般的身躯，通过计算机带来的强大的计算处理能力，它们可以比人类更有创造力，但这仅仅处于理论阶段。

3. 人工智能的原理

实际上，现阶段的人工智能仅仅是用编程的方式实现一系列数学计算公式的一门技术。

例如，1997 年 IBM 设计的计算机，它赢了国际象棋冠军，但实际上它实现的仅仅是在"穷举"算法的基础上进行了一定的优化算法，用计算机强大的计算能力将每一步棋计算清楚，寻求最优解。再到 2016 年的 AlphaGo，由于围棋的变化远远多于象棋，因此，"穷举"难以完全实现，这时，程序员们便多加了一层算法，即先计算哪里需要计算、哪里需要忽略，再有针对性地计算。AlphaGo 中多加的这层算法即现在人工智能研究的核心内容：学习，学习的算法一般称为"神经网络"。但机器学习的方式与人类不同，机器学习需要大量的数据来进行训练，才能准确地认知，其原理如图 1-4-2 所示。

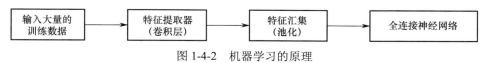

图 1-4-2　机器学习的原理

1.4.2　云计算和雾计算

云计算（Cloud Computing）是一种能够通过网络以便利的、按需付费的方式获取计算资源并提高其可用性的模式，其核心思想是对大量用网络连接的计算资源统一进行管理和调度，构成一个计算资源池并向用户提供按需服务。其核心思想与电力公司相似，在工业时代初期，电力是保障所有产业运作、生产的前提，而当时还没有电力公司这类机构，因此，为了保证生产，企业不得不自己配备发动机，甚至建发电厂以保证供电，而后发电公司这类机构兴起，企业不再在电力设备及其维护方面耗费巨资，只需交纳电费即可从电力公司获得足够的供电。对于云计算而言，云计算平台即为电力公司，所有对计算资源有需求的用户就是工业时代的企业，其只需要缴纳足够的费用即可享受云计算带来的计算资源，这就是云计算的终极目标——让人们可以像使用水、电那样使用计算机资源。云计算原理图如图 1-4-3 所示。

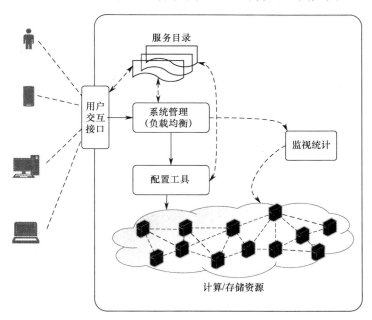

图 1-4-3　云计算原理图

1．云计算的发展史

云计算的雏形起源于 1963 年美国国防部高级研究计划局（Defense Advanced Research Projects Agency，DARPA）让麻省理工学院启动的 MAC 项目，该项目要求麻省理工学院开发"多人可同时使用的电脑系统"技术。当时麻省理工学院构想了云计算的核心思想，即"计算机公共事业"，让计算资源能像水、电一样供应。

而后互联网的出现及 20 世纪 90 年代虚拟机的流行，推动了云计算基础设施即服务的发展，但随后而来的互联网泡沫使公众对云端应用的未来前景失去了信心，云计算跌入低谷。直到 2006 年谷歌、亚马逊和 IBM 先后提出了云端应用，才使其重新回到公众的视野。随后在 2006 年 8 月的搜索引擎会议上，云计算的概念首次被提出。该概念一经提出，便很快席卷全球，成为全球的信息技术企业的转型目标。

2．云计算的服务类型

云计算共有三种服务类型，基础设施即服务（IaaS）、平台即服务（PaaS）、软件即服务（SaaS）。在云计算出现以前，企业需要自己部署、维护所有的计算机，在云计算出现以后，用户可以选择需要的服务。基础设施即服务即云计算公司为用户提供服务器、存储和网络设备等；平台即服务即云计算公司为用户提供开发平台，让软件开发者不许安装本地开发工具，直接在远端进行开发；软件即服务即云计算公司直接提供软件供用户使用。云计算的三种服务类型在后面会详细介绍，此处只做简单介绍。

3．雾计算

在云计算提出并井喷式地发展了一段时间后，人们发现虽然云计算提升了数据的存储与处理能力，但随着移动设备、嵌入式设备和传感设备等智能设备的不断创新与普及，万物互联时代到来，数据的量呈几何式增长，且新型的应用程序对服务质量的要求越来越严苛，云计算难以满足延迟敏感的应用程序，如视频流、在线游戏等；对移动场景的支持不足，特别是对于高速移动的车载网络环境，难以做到数据的实时传输；无法满足与地理位置分布相关的感知环境的实时要求等问题越来越突出。为了解决这些问题，各大公司纷纷提出了各类解决方案，这些方案的本质基本一致，都希望"计算去中心化"。而后于 2011 年，思科公司正式提出了雾计算（Fog Computing）这一概念，并强调这是依托于现今无处不在的 IoT 应用而产生的一种新型计算模式。

总体而言，雾计算是云计算的一种延伸，因此，其发展时间很短。雾计算于 2011 年提出，距今仅发展了十几年的时间，但其对云计算带来的提升是巨大的。雾计算主要具有以下几个特征。

（1）能提供与云计算一样的服务，但其所提供的资源远少于云计算。

（2）以分布式的方式部署，更接近用户。相较于云计算的集中式处理，雾计算更分散，更贴近用户，就如现实中的云与雾一样，云位于天空，难以企及，但雾触手可及。这大大缩短了用户请求的响应时间，满足了高速移动场景和地理位置分布的场景需求，减小了网络核心的带宽负载。

（3）强调数量。雾计算采用大量计算能力一般的计算设备，它不强调单个设备的能力，但强调数量，要求每个设备不论计算能力多弱，都要发挥其作用。

（4）安全性与隐私性得到了提升。

4．云计算和雾计算与物联网

对于物联网而言，随着其快速发展，需要处理的数据也越来越多，而物联网自身的计算能力有限，难以处理收集的大量数据的问题日益突出，云计算的出现为这个问题提供了解决方案。

云计算的使用使物联网具备实时动态管理和智能分析自身中以兆计算的各类物品的能力。通过云计算，物联网可以在各行业中充分利用自身具备的射频识别技术、传感技术、纳米技术等，充分连接各种物体，而且可以通过无线网络将采集到的各种实时动态信息传输给计算机处理中心进行汇总、分析和处理，从而高效动态地处理大规模资源。

云计算的发展解决了物联网自身计算能力有限、难以处理收集的大量数据的问题，但是云计算系统也有缺点，最主要的是高时延、高能耗。为克服云计算的这些缺点，人们提出了雾计算。

对于物联网来说，本身需要进行大量而快速的运算，云计算带来的高效率的运算模式正好可以为其提供良好的应用基础。而雾计算的提出则很好地解决了云计算的高时延、高能耗的问题，使物联网得到了极大的发展。

1.4.3　软件定义网络

1．软件定义网络简史

随着网络的快速发展，传统的网络基础架构设计不合时宜且难以进化发展的问题越来越突出，为了解决这个问题，美国 GENI 项目于 2006 年资助斯坦福大学开设了 Clean Slate 课题。开设该课题的目的就是重构网络架构，找到一种更适合现代网络发展的网络架构。随后在 2007年，一个由斯坦福大学学生领导的关于网络安全与管理的项目 Ethane 为 Clean Slate 课题研究团队带来了灵感，Ethane 项目希望通过一个集中式的控制器，让网络管理员可以方便地定义基于网络流的安全控制策略，并将这些安全控制策略应用到各种网络设备中，从而实现对整个网络通信的安全控制。基于这个项目及之前的一些研究，Clean Slate 课题研究团队在 2008年提出了软件定义网络的核心概念——OpenFlow，又经过一年的研究，基于 OpenFlow 为网络带来的可编程的特性，研究团队正式提出了软件定义网络（Software Defined Network，SDN）这一概念，随后该概念入围了 Technology Review 年度十大突破性技术，自此获得了学术界和工业界的广泛认可与大力支持。到 2009 年 12 月，发布了第一个可用于商业化的产品，随后 SDN 开始得到推广。到 2012 年，谷歌部署 SDN 等重要事件将 SDN 推到了全球瞩目的高度，且在同年，SDN 延展到电信网络。

2．软件定义网络简介

软件定义网络是一种基于软件理论的自动化网络架构技术。业界规模最大、最活跃的 SDN标准化组织之一——开放网络基金会（Open Networking Foundation，ONF）对 SDN 的定义如下：SDN 是一个新出现的、转发与网络控制相解耦的、可直接编程的网络架构。其核心是 OpenFlow 概念，如 Ethane 项目所希望达到的目的一般，其工作原理只是将安全策略延伸到所有数据，即通过一个集中式的控制器，让网络管理员可以方便地定义基于网络流的数据控制策略，并将这些数据控制策略应用到各种网络设备中，从而实现对整个网络通信的数据控制。SDN 主要有以下几个特点。

（1）简单化。SDN 可以实现中心控制，使很多复杂的协议处理得到简化。

（2）快速部署与维护。相较于传统网络，SDN 能被更快速地部署与维护。

（3）开放性。OpenFlow 的数据转发功能和网络控制功能是分离的，使用户可以有更多的选择来自定义网络，可以出现多家设备共存的情形，且用户可以根据自己的需求在任何时候方便地升级。

（4）安全性。SDN 的集中式控制为网络带来了安全性能的提升。例如，当网络中出现恶意软件时，通过网络结构，用户可以迅速地在集中控制平面阻止这个恶意软件的扩散爆发，而不需要访问多个路由器或交换机。

3．软件定义网络与物联网

对于物联网而言，软件定义网络（SDN）的主要功能是帮助物联网解决设备管控、数据有效传输及逻辑分析等问题。物联网作为改变生活的前沿技术，具有极高的研究价值和广阔的市场空间，但随着科技的发展，其面临的问题也越来越多，而 SDN 在应对计算机网络未来挑战方面发挥了巨大的作用，使研究人员看到了其潜力，开始尝试将其应用于物联网中，以期将 SDN 的优点加入物联网，解决部分物联网面临的问题。

1.4.4　深度学习

随着机器学习技术的加入，物联网具备了智能化分析数据的能力，但物联网中较大的数据量和较复杂的数据内容使得传统机器学习技术对于物联网数据的处理存在一些缺点，如大量的特征提取等，为了解决这些问题，物联网引入了深度学习技术。

1．深度学习简介

深度学习是机器学习中的一个分支，它具有深层次的网络结构，相较于传统机器学习而言，它的优势在于去掉了机器学习中所需要的大量特征处理过程，只需将数据直接传输到网络，便可得到结果，且可以针对不同问题自动提取新特征，可以精确地学习多媒体信息的高级特征，提高处理多媒体信息的效率。

2．深度学习的典型模型

深度学习的典型模型有卷积神经网络（Convolutional Neural Network，CNN）模型、循环神经网络（Recurrent Neural Network，RNN）模型、生成对抗网络（Generative Adversarial Network，GAN）模型、深度信任网络（Deep Belief Network，DBN）模型、图神经网络（Graph Neural Network，GNN）模型和堆栈自编码网络（Stacked Auto-encoder Network，SAE）模型等。

（1）卷积神经网络模型。卷积神经网络是仿造生物的视觉感知机制构建的，是一类包含卷积计算且具有深度结构的前馈神经网络，可以进行监督学习和非监督学习，其通过共享隐含层中的卷积核参数以及层间连接的稀疏性，使其处理格点化特征时能够以较小的计算量实现高效的学习。卷积神经网络的提出可以追溯到日本学者福岛邦彦（Kunihiko Fukushima）提出的 neocognitron 模型，该模型基于神经元之间的局部连接和分层组织图像转换，将有相同参数的神经元应用于前一层神经网络的不同位置，得到一种平移不变神经网络结构形式。而后，Le Cun 等人在该模型的基础上，用误差梯度设计并训练卷积神经网络，在一些模式识别任务上得到优越的性能。直到 2012 年 AlexNet 出现，卷积神经网络得到了 GPU 的支持，计算能力大大提升，各种卷积神经网络如雨后春笋般不断出现。LeNet-5 及 AlexNet 卷积神经网络模型分别如图 1-4-4 和图 1-4-5 所示。

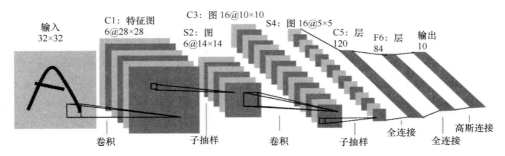

图 1-4-4　LeNet-5 卷积神经网络模型

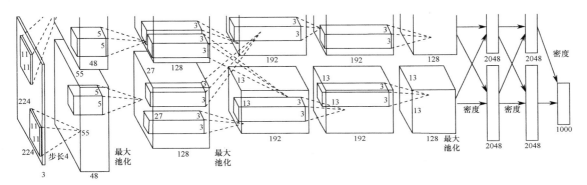

图 1-4-5　AlexNet 卷积神经网络模型

（2）循环神经网络模型。循环神经网络是一种特殊的神经网络，被设计来处理序列数据，这种数据的特点是前后之间存在着依赖关系，如时间序列数据、语音、文本等。循环神经网络通过其独特的循环结构，能够在序列的不同时间步之间传输信息，这使得它们能够捕捉到序列数据中的长期依赖关系。具体来说，循环神经网络通过一个隐藏状态（Hidden State）来存储关于过去序列的信息，并在每个时间步更新这个隐藏状态。在处理当前时间步的数据时，循环神经网络会将上一时间步的隐藏状态和当前时间步的输入一起考虑，然后产生当前时间步的输出和新的隐藏状态。这种循环结构使得循环神经网络在处理动态变化的序列数据时具有独特的优势。然而，传统的循环神经网络在实践中存在梯度消失或梯度爆炸的问题，这使得它们难以学习长序列数据中的长期依赖关系。为了解决这个问题，研究者提出了许多循环神经网络的变体，如长短期记忆网络（LSTM）和门控循环单元（GRU），这些变体通过引入门控机制来更好地捕捉长期依赖关系。循环神经网络及其变体在自然语言处理、语音识别、时间序列预测等领域有着广泛的应用。长短期记忆网络和门控循环单元的架构图如图 1-4-6 和图 1-4-7 所示。

长短期记忆网络（LSTM）是一种特殊的循环神经网络（RNN），它通过引入三个门结构（输入门、遗忘门和输出门）与一个细胞状态，来更好地控制和保持序列中的信息。在处理序列数据时，LSTM 首先通过遗忘门决定哪些信息从细胞状态中丢弃，然后通过输入门决定哪些新的信息被添加到细胞状态中。细胞状态根据遗忘门和输入门的结果进行更新。最后，LSTM 通过输出门决定下一个隐藏状态和输出。这种结构使得 LSTM 在处理长序列数据时能够捕捉到长期依赖关系，解决了传统 RNN 在处理长序列数据时遇到的梯度消失和梯度爆炸问题。

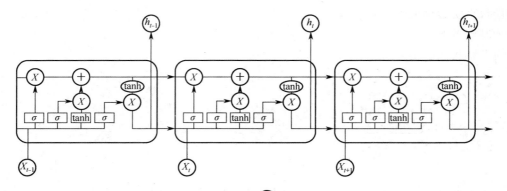

σ 全连接层和激活函数　　Ⓧ 按元素运算符

图 1-4-6　长短期记忆网络架构图

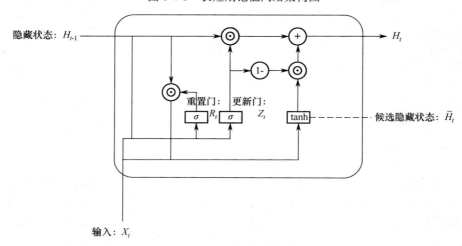

图 1-4-7　门控循环单元架构图

门控循环单元（Gated Recurrent Unit，GRU）是循环神经网络（RNN）的另一种变体。GRU旨在解决传统 RNN 在处理长序列数据时遇到的梯度消失和梯度爆炸问题，以及 LSTM 模型的复杂性。GRU 通过引入重置门与更新门来控制信息的流动，使得模型能够捕捉到长序列数据中的长期依赖关系。在处理序列数据时，GRU 首先通过重置门决定是否将新的输入信息与之前的隐藏状态结合起来。然后，GRU 通过更新门决定隐藏状态中有多少信息需要被更新。与 LSTM不同，GRU 将隐藏状态和细胞状态合并为一个单一的隐藏状态，简化了模型的结构。最后，GRU 根据重置门和更新门的结果生成新的隐藏状态和输出。由于其结构比 LSTM 简单，参数更少，因此在某些情况下，GRU 可以更快地训练，并且在小规模数据集上表现得更好。

（3）生成对抗网络模型。生成对抗网络（GAN）是一种深度学习框架，由 Ian Goodfellow等人在 2014 年提出。GAN 由两种不同的神经网络——生成器和判别器——组成，它们通过博弈的方式进行训练。生成器的目标是生成逼真的数据，而判别器的目标是区分真实数据和生成器生成的假数据。在训练过程中，生成器和判别器交替训练，生成器试图欺骗判别器，而判别器试图不被欺骗。这种博弈最终导致生成器能够生成越来越逼真的数据。

生成器接收一个随机噪声向量作为输入，并尝试生成看起来像真实数据样本的输出。判别器接收真实数据或生成器生成的数据作为输入，并尝试判断输入是真实的还是生成的。生成器和判别器的损失函数通常基于它们在区分真实数据和生成数据方面的表现。生成对抗网络的模型结构如图 1-4-8 所示。

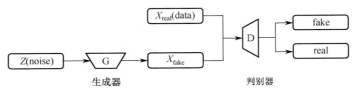

图 1-4-8　生成对抗网络的模型结构

GAN 在图像生成、视频生成、文本到图像合成、图像超分辨率、数据增强等任务中有着广泛的应用。由于 GAN 能够生成高质量、高分辨率的数据，它在计算机视觉和多媒体处理领域具有重要的应用价值。然而，GAN 的训练过程通常是不稳定的，容易导致模式崩溃和生成器无法生成多样化的数据。为了解决这个问题，研究者提出了许多 GAN 的变体，如条件 GAN（Conditional GAN）、WGAN（Wasserstein GAN，瓦瑟斯坦 GAN）等。

（4）图神经网络模型。图神经网络（GNN）是一种深度学习模型，专门设计用于处理图结构数据，如图像、社交网络、知识图谱等。GNN 通过在图上的节点和边上传输信息来学习节点的表示。GNN 的核心思想是利用节点之间的关系来更新节点的特征表示，从而捕捉图结构数据中的依赖关系。

在处理图数据时，GNN 首先初始化每个节点的特征表示。然后，GNN 通过邻接矩阵或邻接列表来获取节点之间的关系信息。接下来，GNN 通过聚合邻居节点的特征表示来更新当前节点的特征表示。这种聚合操作可以基于不同的策略，如求和、平均、最大池化等。GNN 还可以引入注意力机制来加权邻居节点的特征表示，从而更好地捕捉节点之间的关系。

GNN 在节点分类、图分类、链接预测、社交网络分析、推荐系统等领域有着广泛的应用。由于 GNN 能够处理图结构数据，它在生物信息学、化学、物理学等领域也具有重要的应用价值。随着图结构数据的广泛应用，GNN 的研究和应用也在不断发展和完善，以解决更复杂的问题。

（5）深度信任网络模型。深度信任网络模型由 Geoffrey Hinton 在 2006 年提出，该模型可以解释为贝叶斯概率生成模型，通过训练其神经元间的权重，可以让整个神经网络按照最大概率来生成训练数据。该模型的多层神经元可以分为显性神经元和隐性神经元，显性神经元用于接收输入，隐性神经元则用于特征提取。在该模型的网络结构中，最上面的两层是无向对称连接的，后面的层则得到来自上一层自顶向下的有向连接，底层单元的状态为可见输入数据向量。深度信任网络的组成元件是受限玻耳兹曼机（Restricted Boltzmann Machines，RBM），深度信任网络的训练过程是一层一层进行的。在每一层中，用数据向量来推断隐藏层，再把这一隐藏层当作下一层（高一层）的数据向量。深度信任网络模型的结构如图 1-4-9 所示，图中，W 表示权重矩阵，H 表示隐藏层神经元状态向量，V 表示可见层神经元状态向量。

（6）堆栈自编码网络模型。堆栈自编码网络模型与深度信任网络模型相似，由若干结构单元堆栈组成，不同之处在于其结构单元是自编码模型（auto-en-coder）而不是 RBM。堆栈

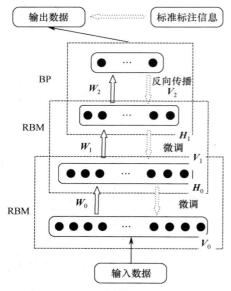

图 1-4-9　深度信任网络模型的结构

自编码网络模型是一个两层的神经网络，第一层称为编码层，第二层称为解码层。

3．深度学习在物联网中的应用

深度学习作为一种大数据分析工具，已经成为视觉识别、自然语言处理和生物信息学等许多信息学领域的重要处理方法。目前已经有深度学习在物联网中的应用，如深度学习根据智能电表收集的数据对家庭用电量进行预测、基于深度学习的物联网灌溉系统等。由于高效地研究复杂数据具有实用性，因此深度学习将在未来的物联网服务中发挥非常重要的作用。

1.4.5　复杂网络

1．复杂网络简介

18 世纪数学家欧拉提出的"Konigsberg 七桥问题"引起了人们对网络这一概念的研究，在之后的很长一段时间内，数学家们都认为真实系统各因素之间的关系可以用一些规则的结构表示，一直到 20 世纪 50 年代末，Erdos 和 Renyi 提出了随机网络模型（ER 随机网络模型），在该模型提出之后，科学家们放弃了原先的规则网络，开始研究随机网络。随着计算机的存储能力和计算能力的提升，研究者们经过大量的实验发现，现实世界网络与一直研究的 ER 随机网络模型不同。到 1998 年，Watts 和 Strogatz 提出了小世界网络模型，揭示了网络的小世界性，即虽然复杂网络的规模很大，但是网络中任意两点间的平均最短路径径很小。1999 年，Albert 和 Barabasi 发现大多数现实网络的度分布近似服从"幂律分布"，他们将这种网络称为无标度网络。规则网络模型、小世界网络模型及随机网络模型如图 1-4-10 所示。

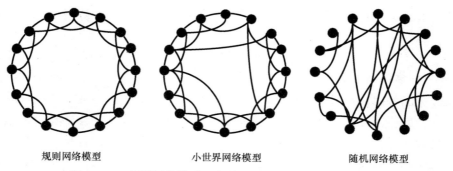

规则网络模型　　　　小世界网络模型　　　　随机网络模型

图 1-4-10　规则网络模型、小世界网络模型及随机网络模型

复杂网络是指具有自组织、自相似、吸引子、小世界、无标度中的部分或全部性质的网络。目前，复杂网络的研究内容主要包括以下几个方面：网络的几何性质、网络的形成机制、网络演化的统计规律、网络的模型性质，以及网络的结构稳定性、网络的演化动力学机制等问题。

从字面就可以看出，复杂网络是指高度复杂的网络，其复杂性主要表现在以下几个方面。

（1）结构复杂。复杂网络具有庞大的节点数量，且网络结构呈现多种不同特征。

（2）连接多样性。节点之间的连接权重不同，且可能存在方向性。

（3）动力学复杂性。节点集可能属于非线性动力学系统，节点状态随时间而发生复杂变化。

（4）节点多样性。任何事物都可以成为复杂网络中的节点。

（5）多重复杂性融合。以上的复杂性会相互影响，使整个网络显得更加复杂，变化更加难以预料。

2．复杂网络与物联网

物联网的网络结构具有以下几个特点。

（1）网络规模大。无线传感器网络往往需要部署大量的传感器节点以获得精确的信息，因此无线传感器网络的规模都很大。

（2）自组织增长性。传感器网络在实际应用中往往难以完全人工部署，例如，当通过飞机将大量的传感器节点散播到面积广阔的原始森林时，网络必须拥有自组织能力，节点能自动进行配置和管理。在使用过程中，节点可能因为各种原因损坏而减少，或者为提高监测精度而补充节点导致节点增多，这就需要网络的拓扑结构随之动态变化。

（3）优先连接性。当传感器网络中有新节点加入时，新节点更易与度大的节点相连。

（4）小世界性。传感器网络具有较小的平均路径长度，满足小世界性。

物联网所具备的上述 4 个特征符合无标度网络拓扑结构的 4 个特征，因此物联网属于复杂网络，所以，对复杂网络的研究对物联网的发展具有很大的参考价值，同样，物联网的发展也对复杂网络的研究具有借鉴作用，两者相辅相成。

1.4.6　普适计算

普适计算［Ubiquitous Computing（ubicomp）、Pervasive Computing］又称普存计算、普及计算、遍布式计算、泛在计算，是一个强调和环境融为一体，而计算机本身则从人们的视线中消失的计算概念。在普适计算的模式下，人们能够在任何时间、任何地点以任何方式进行信息的获取与处理。

1．普适计算提出的目的

计算机技术的发展往往伴随着计算模式的变更，每一次计算模式的变更都意味着计算机技术的跨越式发展。计算模式的第一次变更在 20 世纪 80 年代，由主机计算模式进入桌面计算模式，这使得计算机从实验室进入了普通的办公室和家庭，极大地推动了计算机技术和产业的发展。在主机计算模式时，人们以计算机为中心进行计算，此时用计算机完成一项任务需要与计算机进行很繁杂的对话，如手工配置计算机的软硬件环境和把计算任务映射到应用程序中，这使得人们的注意力主要集中于计算机而非任务本身，这种计算模式违背了人们的初衷，不符合人类的习惯。当进入桌面计算模式时，主机计算模式的缺陷得到了极大的改善，但依旧存在不足：使用计算机时，人们必须坐在计算机前，而不能自由移动，因此，计算机依旧未能与人类的生活环境融合。

在进入桌面计算模式后，经过几十年的发展，计算机技术开始与通信、数字媒体等技术相结合，这些技术的结合集中体现为互联网的发展。除此之外，计算机在计算能力和存储能力提高的同时，其设备发展趋于迷你化，人们希望将计算机的计算与存储能力嵌入可穿戴的联网设备中。因此，传统的桌面计算模式也渐渐被淘汰，为了满足计算机的发展需求、将计算机真正融入人们的工作和生活，使其如空气、水、电般成为人们的生活必需品，人们提出了普适计算。计算模式的发展过程如图1-4-11所示。

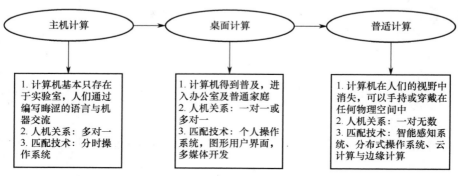

图1-4-11　计算模式的发展过程

2．普适计算的特性

普适计算最早是1991年Mark Weiser在 *Scientific American* 的 "The Computer for 21st Century" 中提出的，强调把计算机嵌入环境或日常工具，让计算机从人们的视野中消失，使人们的注意力集中到任务上。人们对普适计算的研究从此开始，关于普适计算的定义，不同的研究者有不同的理解，但他们的最终目的都是 "建立一个充满计算和通信能力的环境，同时使这个环境与人们逐渐地融合在一起"。较普遍的定义为普适计算是信息空间与物理空间的融合，在这个融合的空间中，人们可以随时随地、透明地获得数字化的服务。根据其目的与定义，普适计算必须具备如下几个特性。

（1）普适性。用户可以随时随地得到嵌入于环境中的众多计算设备所带来的计算服务。

（2）透明性。透明性是指系统的计算和学习过程对于用户而言是不可见的，用户可以将自己的注意力集中于任务本身，就如人们在写字时，纸和笔不会分散人的注意力，对于人们的注意力而言，纸和笔是透明的。这样做可以最大程度地减少人们在配置、操作和协调设备上耗费的精力。

（3）动态性。在普适计算环境中，用户和移动设备都是处于不断移动状态的，这使得特定空间内的用户集合及计算机系统的结构都在发生动态变化。

（4）自适应性。计算机系统会通过不断感知和推断用户需求来自发地为用户提供需要的信息服务。

（5）永恒性。计算系统不会关机或重启，计算模块可以根据需求、系统错误或系统升级等情况加入或离开计算系统。

3．普适计算的实现

通过普适计算的特性可以看出，其对计算机科学的各个层次研究都提出了新的要求和挑战。在硬件和接入层次上，需要有新的嵌入环境和各种便携式设备，这些设备包括传感设备、显示设备等；在网络层次上，传统的有线网络难以为无处不在的具有计算、感知能力的物体提供互联通信能力，因此普适计算必须完全使用无线网络；在系统软件层次上，需要解决各种异质的具有计算、传感能力的物体之间的数据交互与任务协作等问题，以及在传感器无处不在的情况下的数据安全、用户隐私的保密问题；在人机交互层次上，普适计算需要实现透明的蕴涵式交互，这需要研究新的交互模式和感知接口。

经过这些年的发展，研究者围绕上述 4 个方面进行了研究，取得了一定的成果。目前普适计算的主要研究内容包括觉察上下文计算、系统软件、智能空间、可穿戴设备及游牧计算。下面对这几项研究内容进行介绍。

（1）觉察上下文计算（Context Aware Computing）。觉察上下文计算是指"当用户需要时，利用与用户任务相关的上下文给用户提供相关的信息或服务"。这些上下文是指用来表征实体状态或情形的任何信息，其中实体可以是环境信息、设备信息，也可以是包含身份、情绪、性格等用户特征的用户信息。

觉察上下文计算是为了实现普适计算的蕴涵式交互方式，它要求系统能察觉用户所在的环境并根据环境提供与交互任务相关的上下文，不同于桌面计算中固定的或人为设置的上下文，普适计算中的上下文需要跟随任务的变化而变化，且由于工作环境具有实时性，上下文也需要实时发生变化，因此对其动态性提出了很高的要求。上下文在交互中的重要性体现在以下几个方面：首先，不同的上下文对同样的输入可能有不同的语义；其次，在人与人之间的交谈中应用上下文会提高交互的效率，充分觉察环境中的上下文可以减少用户分散在环境中的注意力，例如，当用户在跟踪长颈鹿时，设备拥有可以自动记录和发现长颈鹿位置的一种应用，使得用户可以专心地观察和记录，而不用查看 GPS（全球定位系统）的读数；最后，在普适计算中，物理接口是被多人共享的，而非个人专有，因此在交互过程中，实现接口和服务也需要上下文信息。

在实际使用中，为了方便，一般将上下文分为计算上下文、用户的上下文及物理的上下文三类。计算上下文包括网络的连接情况、通信成本、通信带宽和附近的资源（打印机、显示器和工作站等）；用户的上下文包括用户的特性、位置、事件、附近的人员、当前的人际关系；物理的上下文包括光照、噪声、交通、温湿度等。

觉察上下文计算中的关键技术包含上下文的获取技术、支持觉察上下文计算的软件结构等。

上下文信息主要来源于各类传感器所采集的信息，包括日期、日程表、天气预报等在内的已有信息，以及用户与任务模块中的信息。除这些来源方式外，上下文信息也可由用户直接设定。获取的这些上下文一般分为底层上下文和高层上下文，底层上下文一般指由传感器获得的信息，如"门窗是否开着""室内温度是多少"等，而高层上下文一般需要将收集到的数据信息经过一定的处理和判断才能得到，如"用户是否忙碌""比赛是否开始"等。相较于底层上下文，人们往往对高层上下文更感兴趣。高层上下文与底层上下文通常是相互联系的，有时高层上下文是由底层上下文假设而来的。由于在人机交互时，上下文可能需要重复出现，因此，上下文的记忆在觉察上下文中占据极其重要的作用。对于底层上下文而言，上下文值的变化比值本身更加重要，如在检测物体移动时，需要记忆物体的位置变化；对于高层上下文而言，需要分析过去的上下文，需要知道什么改变了、什么没有改变，以得出合理的结论，例如，用户在过去 10min 内一直在浏览物联网类网页，说明用户对物联网感兴趣。

由于上下文的种类、数据格式和精度各不相同，且提供的事件互不同步，因此开发察觉上下文计算的应用系统较为困难。在建立觉察上下文计算的软件支持环境过程中需要解决的第一个问题是上下文信息的建模，由于各种上下文的特性不同，因此对不同的上下文所建立的模型也不同，且不同的系统采用的建立上下文的方法不同，这导致不同上下文系统的信息交互难以实现，因此需要建立一个能表示各种上下文信息的通用数据结构；第二个问题是系统结构，普适计算的计算量很大，建立一种合适的系统结构对其而言至关重要。普适计算主要有两种系统结构：一种是集中式结构，这种结构较为简单，但通常会有尺度问题；另一种是分布式结构，这种结构避免了可能的瓶颈问题，但会增大系统的计算和通信负载。图 1-4-12 所示为觉察上下文计算系统模型。

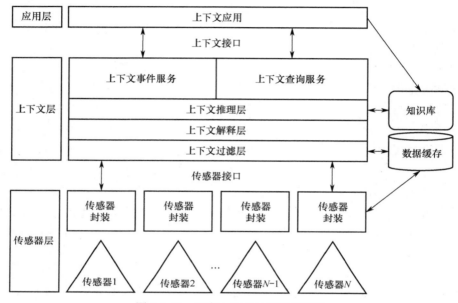

图 1-4-12　觉察上下文计算系统模型

　　传感器层主要用于采集原始数据，传感器封装了传感器的数据访问和功能控制接口；上下文层主要负责上下文管理，包括上下文过滤、解释、推理、融合等操作；应用层针对具体的应用，从上下文层获取所需的信息。

　　（2）系统软件（System Software Infrastructure）。系统软件的功能是调度、监控和维护计算机系统，管理计算机中各种独立的硬件，使得它们可以协调工作。系统软件的这种功能使得计算机可以被当成一个整体，而无须考虑其底层硬件是如何工作的。系统软件必须能在人们日常生活的空间中提供上述各种功能和服务，而不局限于特定的环境中。在普适计算的系统软件实现过程中，移动计算与分布式计算解决了一部分问题，但距离普适计算所期望达到的目标还有差距。普适计算系统软件区别于其他分布式系统的两个主要的需求是物理集成与自发的互操作性。物理集成主要指普适计算系统中涉及计算节点与物理环境的某种集成，如在一个会议室内，椅子上的压力传感器用于感知是否有人坐在椅子上，室内的温度传感器用于感知室内温度是否合适，投影机中的嵌入网络通信设备用于实现会议室中的任意 PAD（Portable Android Device，平板电脑）都可以将自己的桌面传输到投影机中的功能等。普适计算系统可以分为基础设施和移动设备两部分，移动设备随着用户的移动而移动，其附近的基础设施也在不断变化，因此，为了不影响设备的功能，普适计算中的软件部分需要适应这样的变化，可以自发地进行互操作，即不需要人为地重新设置或添加软件模块，模块间就可以自发地建立联系和进行功能上的协作。图 1-4-13 所示为普适计算的系统软件架构。

硬件抽象层构架在各种硬件平台之上，通过系统调用的方式被上层引用；内核层是系统软件架构的核心层，起着承上启下的作用，用于实现实时性和非实时性的响应；协议对话层是内核层与应用架构层的桥梁，可分为数据链路层、嵌入式 TCP/IP 层、嵌入式网络应用层及动态协议加载管理层；计算层可分为本地服务计算层、连续性管理层、协作计算层、协作管理层，前两层为本地提供所需的计算服务和服务的连续性管理，后两层为众多普适计算设备协同工作提供服务。

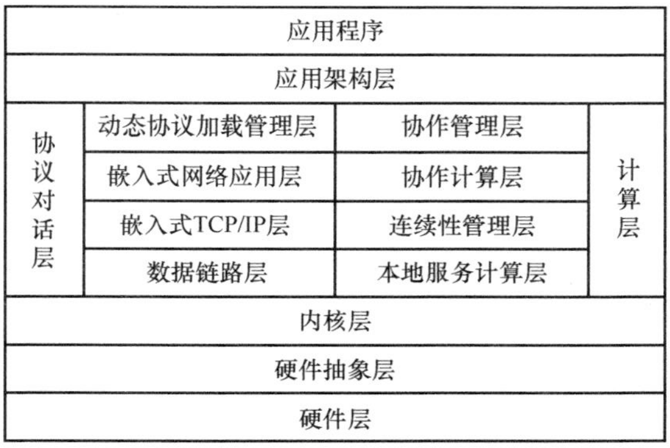

应用程序		
应用架构层		
协议对话层	动态协议加载管理层	协作管理层	计算层
	嵌入式网络应用层	协作计算层	
	嵌入式TCP/IP层	连续性管理层	
	数据链路层	本地服务计算层	
内核层		
硬件抽象层		
硬件层		

图 1-4-13 普适计算的系统软件架构

普适计算的系统软件的关键技术主要有以下几种。

① 发现技术。发现技术所要解决的问题是当一个普适计算系统中出现新设备或系统增加新模块时，此设备或模块如何发现其他可用的服务与设备及自身与这些模块需要进行哪些交互，以及在普适计算系统中如何在不重启系统或重写已有代码的条件下进行扩展过程。

② 自适应技术。普适计算中的设备多且复杂，各设备的计算能力、存储容量、电池容量、交互手段及在不同环境中可用的无线网络带宽都是不同的，这就需要解决自适应的问题。自适应技术包含两部分：第一部分为内容的转化，该部分解决数据传输过程中因为资源的限制而对数据进行处理的问题；第二部分为交互界面的转化，该部分的转化因为设备的交互机制不同，需要把同一个交互接口映射到不同的交互机制下来完成。

③ 物理实体的管理技术。在普适计算系统中，物理实体在信息空间中都有其意义，因此需要相应的管理技术对这些物理实体进行管理。这里的管理有两层含义：第一层是指能够掌握物理实体的位置、结构、功能及其实时状态，这需要觉察上下文计算的支持；第二层是指当物理实体嵌入传感、计算等能力时，必须为其提供高层接口。

④ 模块间的协调机制。普适计算系统采用的是分布式结构，因此，用一种统一的方式来组织、管理各种分布的模块之间的互联、通信及协作，从而使系统具有协调的行为和功能，这就是协调机制的作用。

⑤ 增强鲁棒性的技术。从普适计算的特点可以看出，理想化的普适计算系统需要有很强的鲁棒性，因此增强鲁棒性的技术对于普适计算系统而言至关重要。普适计算系统的脆弱性主要体现在以下几个方面：第一，普适计算系统使用了无线通信和便携式设备，这使得系统的出错概率远大于固定的有线式分布系统；第二，在自发操作过程中，模块间的联系会经常不可预见地丢失和恢复；第三，在普适计算系统中，一些设备的故障会导致整个系统崩溃。在普适计算系统增强鲁棒性技术的研究中，应着重加强对这些方面的研究。

⑥ 增强安全性的技术。网络安全问题是一个自计算机技术诞生之初就一直存在的问题，随着计算机技术的发展，该问题也日益突出，在普适计算系统中也存在很严重的网络安全问题，因此需要在安全性技术上进行深入研究。

（3）智能空间（Smart Space）。智能空间是普适计算在房间、建筑物这个尺度上的体现，是指嵌入了计算、信息设备和多模态的传感装置的工作或生活空间。用户可以通过这个空间的这些便捷的交互接口，非常方便地获得计算机的系统服务，从而进行高效的工作。智能空间应具备的功能和应能提供的服务包括以下几点：第一，能对用户及其动作与目的进行识别和感知，能理解和预测用户在完成任务过程中的需要；第二，用户及其携带的移动设备可以很方便地与智能空间相关模块进行交互；第三，能提供丰富的信息显示；第四，有记忆功能，能存储在智能空间中发生的事情；第五，智能空间应支持多人协同工作及与远程用户的沉浸式的协同工作。智能空间是实现普适计算系统过程中非常重要的一环，该技术已逐渐应用在实际生活中，最主要的应用场景为智能会议室、智能图书馆、智能家居等。图1-4-14所示为图书馆智能空间的模型。

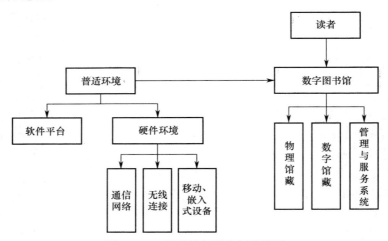

图 1-4-14　图书馆智能空间的模型

（4）可穿戴计算（Wearable Computing）。可穿戴计算是指将计算机等交互设备容纳在可穿戴的设备中，这些设备一直处于开机状态，因此用户可以随时使用它们。随着普适计算概念的提出，个人计算机将被各式各样的可穿戴设备所取代的想法逐渐得到人们的认可。近些年来出现了各种可穿戴设备和移动终端，这些设备和终端具有一定的智能信息服务功能，且由于其具有更强的感知功能、更便捷的携带方式和更便利的交互功能，因此衍生出了许多个人计算机无法提供的服务。可穿戴设备的关键技术包括传感技术、数据计算技术和交互技术三部分。传感技术主要通过各种不同类型的传感器获取来自环境、人体等不同来源的信息，并对这些信息进行存储、分析和计算，进而支持上层应用服务和交互行为，目前广泛采用的传感技术主要有三种：微机电系统传感技术、生理信息传感技术和深度传感技术。数据计算技术主要指云计算及大数据技术，单一的可穿戴设备受限于舒适性和体积等方面的要求，在硬件资源上相对有限，因此，如果单纯依赖可穿戴设备自身，那么其功能与应用场景将会大受限制，而通过云计算及大数据技术，可以大大拓宽可穿戴设备的应用场景。交互技术主要负责可穿戴设备的交互性，近些年来，可穿戴设备的交互技术有了长足的进步，主要体现在以下几个方面：体感交互、语音交互、脑机交互和触感交互。

（5）游牧计算（Nomadic Computing）。游牧计算是指通过便携式计算装置和现代化的移动通信技术，用户可以在世界上的任何地方、任何时间访问互联网、家庭或工作所需的计算机上的数据。它融合了无线通信技术、移动技术、定位技术、微机电系统技术及纳米技术等技术。虽然游牧计算是一种新兴技术，但事实上它已经出现在我们的生活中很久了，用户出门旅游或出差时，随身携带的笔记本电脑、手机、PAD 等都属于游牧计算领域。游牧计算是实现普适计算的重要一环，可以使用户随时随地使用网络，但该技术还存在一些问题，如安全问题、网络带宽问题等。

1.4.7 大语言模型

大语言模型，也称大型语言模型（Large Language Model，LLM），是一种旨在理解和生成人类语言的人工智能模型。

LLM 通常指包含数百亿或更多参数的语言模型，它们在海量的文本数据上进行训练，从而获得对语言深层次的理解。目前，国外的知名大语言模型有 GPT-3.5、GPT-4-turbo、Gemini、Claude 和 LLaMA 等，国内的则有文心一言、讯飞星火、通义千问、ChatGLM、百川等。

为了探索性能的极限，许多研究人员开始训练越来越庞大的语言模型，例如拥有 1750 亿个参数的 GPT-3 和 5400 亿个参数的 PaLM。尽管这些大型语言模型与小型语言模型，例如 3.3 亿个参数的 BERT 和 15 亿个参数的 GPT-2 使用相似的架构与预训练任务，但它们展现出截然不同的能力，尤其在解决复杂任务时表现出了惊人的潜力，这被称为"涌现能力"。以 GPT-3 和 GPT-2 为例，GPT-3 可以通过学习上下文来处理少样本任务，而 GPT-2 在这方面表现得较差。因此，科研界给这些庞大的语言模型起了个名字，称之为"大语言模型"。LLM 的一个杰出应用就是 ChatGPT，它是 GPT 系列 LLM 用于与人类对话式应用的大胆尝试，展现出了非常流畅和自然的表现。

1. 大语言模型的发展历程

语言建模的研究可以追溯到 20 世纪 90 年代，当时的研究主要集中在采用统计学习方法来预测词汇，通过分析前面的词汇来预测下一个词汇，但在理解复杂语言规则方面存在一定局限性。

随后，研究人员不断尝试改进，2003 年深度学习先驱 Bengio 在他的经典论文 "A Neural Probabilistic Language Model"中，首次将深度学习的思想融入语言模型。强大的神经网络模型相当于为计算机提供了强大的"大脑"来理解语言，让模型可以更好地捕捉和理解语言中的复杂关系。

2018 年左右，Transformer 架构的神经网络模型开始崭露头角。通过大量文本数据训练这些模型，使它们能够通过阅读大量文本来深入理解语言规则和模式，就像让计算机阅读整个互联网一样，对语言有了更深刻的理解，极大地提升了模型在各种自然语言处理任务上的表现。

与此同时，研究人员发现，随着语言模型规模的扩大（增大模型规模或使用更多数据），模型展现出了一些惊人的能力，在各种任务中的表现均显著提升，这一发现标志着大型语言模型时代的开启。

目前，这些大语言模型已经能够理解和生成自然语言文本，并在翻译、问答、文本摘要、文本生成等任务中表现出色。随着模型规模的进一步扩大，研究者开始探索多模态模型，如能够同时处理文本和图像的模型，其将大语言模型与图像生成技术相结合，从而实现基于文本描述生成图像的功能。

在上述模型中，大语言模型首先理解和处理输入的复杂文本描述，将其转换为富含语义信息的嵌入向量。然后，这些向量被用作条件引导，输入图像生成模型，如图像生成对抗网络（GANs）、变分自动编码器（VAEs）、多模态变换器或扩散模型。这些模型通过训练学习将文本嵌入向量转换为视觉图像数据，生成与原始文本描述相匹配的图像。整个过程涉及文本理解、嵌入转换和图像合成等多个步骤，使得 AI 能够从简单的文本提示生成复杂的视觉内容，为创意产业、游戏开发、虚拟现实等领域带来了巨大的创新潜力。

大语言模型的发展历程是一个不断创新和突破的过程，从简单的统计模型到复杂的神经网络模型，再到如今的巨大规模和多模态能力，它们在自然语言处理领域取得了革命性的进展。随着技术的不断进步，未来大语言模型将在更多领域发挥重要作用。

2．大语言模型的特征

（1）大参数量。区别于传统的预训练模型，大语言模型有着更大的参数量，对于 Bert 模型而言，BERT-base 的参数量是 110M（$1.1×10^8$），BERT-large 的参数量是 340M（$3.4×10^8$），一般意义上认为，至少要达到 0.5B（$5×10^8$），即五亿大小的参数量级才能算作大语言模型，如通义千问系列中的 Qwen1.5-0.5B-Chat，大部分常见的开源大语言模型的参数量级基本呈现为以 13B（$1.3×10^{10}$）为中心区间的正态分布。

（2）智慧涌现（Wisdom Emergence）。智慧涌现是指随着模型的规模增长，当规模超过一定阈值时，对某类任务的效果会出现突然的性能增长，或涌现出新的能力。

（3）缩放定律（Scaling Laws）。缩放定律是指随着模型规模的逐步增大，其在任务中的表现越来越好。

（4）情景学习（In-Context Learning）。语言模型能根据提示词 prompt 中给定的情景或者 few-shot 样例进行学习，在情景学习后，大语言模型能显著地提升推理能力。

（5）思维链（Chain-of-Thought）。和人类的思考习惯相似，如果让大语言模型将问题拆解成更小的子问题并一步步以链式的形式思考解决，往往能得到更好的回复结果。

3．大语言模型当前存在的问题

（1）幻觉（Hallucination）。大语言模型可能会输出错误的、并不存在的或者和真实世界感知相违背的观点、事件等。

（2）有害性（Harmfulness）。大语言模型在海量的数据上进行无监督训练，因此不可避免会学习到来自互联网数据中的负面信息，从而可能输出对社会有威胁的内容。

（3）无用性（Uselessness）。大语言模型可能会输出和需求无关的回答，需要保证大语言模型输出的质量，避免重复性的回答、毫无逻辑和意义的无用回答等。

针对以上问题 OpenAI 的论文中用 3H 概括了它们的优化目标，具体如下。

首先是有用（Helpful），现在很多大模型都可以用来完成日常的对话聊天，但能否保证回复对用户是有帮助的。

其次是诚实性（Honest），由于其生成是基于概率计算下一个词的生成，因此大模型常常会出现广泛提及的"幻觉"问题（模型生成不正确、无意义或不真实的文本），这也是非常有挑战性的问题。

最后是无害（Harmless），因为语言模型在训练时使用了非常大的数据量，其中包含好的与不好的，所以很重要的一步是要让它的目标和人类价值观对齐一致，不要产生具有冒犯性、歧视性、有害的内容。

4. 大语言模型的应用与影响

大语言模型已经在许多领域产生了深远的影响。在自然语言处理领域，它可以帮助计算机更好地理解和生成文本，包括写文章、回答问题、翻译语言等。在信息检索领域，它可以改进搜索引擎，让我们更轻松地找到所需的信息。在计算机视觉领域，研究人员还在努力让计算机理解图像和文字，以改善多媒体交互。最重要的是，大语言模型的出现让人们重新思考了通用人工智能（AGI）的可能性。AGI 是一种像人类一样思考和学习的人工智能。大语言模型被认为是 AGI 的一种早期形式，这引发了对未来人工智能发展的许多思考和计划。

（1）作为基座模型支持多元应用的能力。在 2021 年，斯坦福大学等多所高校的研究人员提出了基座模型（Foundation Model）的概念，清晰了预训练模型的作用。这是一种全新的 AI 技术范式，借助海量无标注数据的训练，可以获得适用于大量下游任务的大模型（单模态或者多模态）。这样，多个应用可以只依赖一个或少数几个大模型进行统一建设。

大语言模型是这个新模式的典型例子，使用统一的大模型可以极大地提高研发效率。相比每次开发单个模型的方式，这是一项本质上的进步。大模型不仅可以缩短每个具体应用的开发周期，减少所需的人力投入，也可以基于大模型的推理、常识和写作能力，获得更好的应用效果。因此，大模型可以成为 AI 应用开发的大一统基座模型，这是一个一举多得、全新的范式，值得大力推广。

（2）支持对话作为统一入口的能力。让大语言模型真正火爆的契机，是基于对话聊天的 ChatGPT。业界很早就发现了用户对对话交互的特殊偏好，微软早在 2016 年就推进过"对话即平台（Conversation as a Platform）"的战略。此外，苹果 Siri、亚马逊 Echo 等基于语音对话的产品也非常受欢迎，反映出互联网用户对于聊天和对话这种交互模式的偏好。虽然之前的聊天机器人存在各种问题，但大语言模型的出现再次让聊天机器人这种交互模式重新涌现。用户愈发期待像钢铁侠中"贾维斯"一样的人工智能，无所不能、无所不知。这引发我们对于智能体（Agent）类型应用前景的思考，Auto-GPT、微软 Jarvis 等项目已经出现并受到关注，相信未来会涌现出很多类似的以对话形态让助手完成各种具体工作的项目。

总之，大语言模型是一种令人兴奋的技术，它让计算机更好地理解和使用语言，正在改变着我们与技术互动的方式，同时引发了对未来人工智能的无限探索。

1.5　思考与扩展

（1）简述物联网体系的基本特征，参照以下"技术定义"角度，从"服务应用"的角度来总结、分析物联网的特征。

从技术定义的角度来看，物联网体系有三个基本特征：①全面感知，即利用射频识别（RFID）技术、传感器、二维码等随时随地获取物体的信息；②可靠传输，通过各种电信网络与互联网的融合，将物体的信息实时准确地传输出去；③智能处理，利用云计算、模糊识别等各种智能技术，对海量的数据和信息进行分析与处理，对物体实施智能化的控制。

（2）从多种内涵角度简述物联网基本概念的定义，并参照以下思路提示来总结说明：物联网内"物"类型的广泛性和联系"物"的技术手段多样性。

　　思路提示：物联网是通过射频识别设备、红外传感器、全球定位系统、激光扫描仪等信息传感设备，按照约定的协议，把各种物体与互联网相连接，进行信息交换和通信，以实现对物体的智能化识别、定位、跟踪、监控和管理的一种网络。特别注意，物联网中的"物"，不是普通意义的万事万物，这里的"物"要满足以下条件：①要有相应信息的接收器；②要有数据传输通路；③要有一定的存储功能；④要有处理运算单元（CPU）；⑤要有操作系统；⑥要有专门的应用程序；⑦要有数据发送器；⑧要遵循物联网的通信协议；⑨要在网络世界中有可被识别的唯一编号。

　　（3）简述深度学习技术在物联网中的应用，并分析深度学习技术如何提升物联网的智能数据处理能力。

　　思路提示：①考虑物联网中数据的特点，如大量性、复杂性、多样性等；②了解深度学习技术如何处理这些数据，尤其是在特征提取和模式识别方面；③探讨深度学习模型（如卷积神经网络、循环神经网络、生成对抗网络等）在物联网中的应用案例；④思考深度学习技术在物联网中可能遇到的挑战和限制，以及如何解决这些问题。

1.6　本章小结

　　本章首先对物联网的不同定义、应用领域、发展历程及基本特征进行了介绍，阐述了物联网的起源、发展过程、目的；然后介绍了物联网的主要支撑技术及发展趋势，并从硬件和软件两个方面阐述了物联网未来技术的发展方向；最后对人工智能关键技术进行了介绍，阐述了人工智能、云计算和雾计算、软件定义网络、深度学习、复杂网络、普适计算、大语言模型等现代化技术在物联网中的应用。通过学习这些内容能构建一个物联网的整体框架，从而对物联网有全面、准确的认知。

1.7　习题 1

　　1.1　从服务应用角度进行总结，物联网体系的基本特征主要包括哪几个方面？

　　1.2　物联网中的"物"需要满足哪些条件？

　　1.3　请简述深度学习技术在物联网中的应用，并分析其如何提升物联网的智能数据处理能力。

　　1.4　雾计算与云计算相比有哪些优势？

　　1.5　普适计算的核心是什么？

　　1.6　大语言模型目前存在哪些问题？

　　1.7　大语言模型对人工智能发展有什么影响？

　　1.8　分析物联网中"物"的类型及其与互联网连接的多样性。

　　1.9　讨论物联网中的数据安全问题，并提出相应的解决方案。

　　1.10　分析物联网与人工智能结合的潜在应用场景，并讨论其优势和挑战。

　　1.11　讨论物联网的未来发展趋势，并展望其在未来社会中的角色。

第 2 章　物联网体系标准与协议架构

在当今快速发展的技术时代，智能物联网已经成为连接物理世界与数字世界的重要桥梁。随着智能设备和传感器的普及，物联网的应用场景变得越来越广泛，从智能家居到工业自动化，从健康监测到智慧城市，智能物联网正在深刻改变着我们的工作和生活方式。为了实现这些多样化应用，一个统一、高效、可靠的物联网体系标准与协议架构至关重要。

本章将重点关注智能物联网的体系标准与协议架构，深入探讨近场无线通信技术标准及协议，包括 Bluetooth、高速 WPAN、ZigBee、WLAN 和高速 WMAN，分析它们在智能物联网环境中的角色和适用场景。此外，本章还将详细介绍物联网体系架构的三个关键层级：感知层、网络层和应用层，以及它们如何共同工作以实现智能物联网的互操作性。进一步地，本章将探讨智能物联网的架构和应用，包括物联网智能架构、物联网专家系统和物联网工程应用。这些内容将为读者提供一个全面的视角，了解如何利用智能物联网技术来构建更智能、更互联的系统和服务。

通过本章的学习，读者将获得对智能物联网体系标准与协议架构的深入理解，为在实际项目中设计和实施智能物联网解决方案打下坚实的基础。

2.1　近场无线通信技术标准及协议

无线通信技术是实现物联网的关键技术，根据传输距离，可以将无线通信技术分为近场无线通信技术和远距离无线通信技术。本书仅对各类近场无线通信技术的标准及应用进行介绍，主要包括基于 IEEE 802.15.1 的 Bluetooth 标准、基于 IEEE 802.15.3 的高速 WPAN 标准、基于 IEEE 802.15.4 的低速 ZigBee 标准、基于 IEEE 802.11 的 WLAN 标准、基于 IEEE 802.16 的高速 WMAN 标准，蓝牙、Wi-Fi 及 ZigBee 等近场无线通信技术在智慧城市信息资源智能化服务中的应用。

2.1.1　Bluetooth 标准介绍

1. Bluetooth 技术特征

蓝牙（Bluetooth）这个概念源于 1994 年，当时的 ERICSSON 公司对无电缆情况下的移动电话和其他设备产生了浓厚的兴趣，为此，ERICSSON 公司联合 IBM、Intel、NOKIA 和 Toshiba 这 4 家公司，发起了一个用于将计算机与通信设备、附加部件和外部设备，通过短距离的、低功耗的、低成本的无线信道连接的无线标准的项目的开发，这个项目称为蓝牙。

所谓蓝牙，是一种可实现固定设备、移动设备和楼宇个域网之间的短距离数据交换（使用 2.4~2.485GHz 的 ISM 波段的 UHF 无线电波）的无线技术标准。IEEE 将蓝牙技术列为 IEEE 802.15.1，但如今已不再维持该标准。对于对功耗要求较高且需要和手机、计算机等设备直接交互的物联网产品而言，蓝牙的低功耗、短距离通信等特点很好地满足了其需求，因此，蓝牙在物联网中得到了广泛的应用。相较于蓝牙 4.0，蓝牙 5.0 在传输速度及传输极限距离上都有了较大的性能提升，另外，在抗干扰方面，蓝牙 5.0 也得到了有效提升，能够有效地抵御多种电磁干扰。但蓝牙同样有一些缺陷，即无法保证数据传输的安全性，因此，对其的研究还需要进一步深入。

总体而言，蓝牙主要有以下几个特点。

（1）工作频段全球通用。蓝牙的载频选用全球可用的 2.45GHz 工业、科学、医学（ISM）频带，这使得全球范围内的用户均可以对其进行无界限的使用，解决了蜂窝式移动电话的"国界"障碍。蓝牙技术可以使拥有蓝牙功能的设备很方便、快速地搜索到另一个蓝牙技术产品，并与其建立连接，然后可以通过控制软件在两个设备间进行数据传输。

（2）兼容性和抗干扰能力强。目前，蓝牙技术已经能够发展成为独立于操作系统的一门技术，且对各种操作系统都具有良好的兼容性。蓝牙技术具有跳频功能，该功能可以有效地避免 ISM 频带遇到干扰源，大大提高了蓝牙技术的抗干扰能力。

（3）传输距离较短。蓝牙技术是一门短距离无线通信技术，因此，传输距离短也是蓝牙的一个特点。现阶段的蓝牙技术的主要工作范围为 10m 左右，增大射频功率后的蓝牙技术可以在 100m 的范围内进行工作，只有在工作范围内才能保证蓝牙技术的传输速度不受影响。而且，蓝牙技术的连接过程可以大大减小该技术与其他电子产品之间的干扰，从而保证自己可以正常运行。

（4）低功耗。蓝牙设备在通信连接的状态下，具有激活、呼吸、保持和休眠模式，激活模式时蓝牙处于正常工作状态，而其他模式则是为了节能所规定的低功耗模式。

2．Bluetooth 系统组成

蓝牙功能一般是通过模块来实现的，但实现方式不同，有些采用外加的方式，有些则将蓝牙模块嵌入设备平台。蓝牙系统由无线射频单元、基带与链路控制单元、链路管理单元及蓝牙软件（协议栈）单元组成，其结构框图如图 2-1-1 所示。

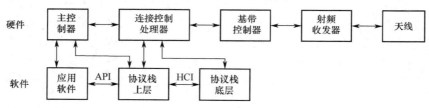

图 2-1-1　蓝牙系统结构框图

（1）无线射频单元：该单元主要负责数据和语音的接收，具有距离短、功耗低的特点。体积小、质量小的微带天线——蓝牙天线位于该单元。

（2）基带与链路控制单元：该单元主要用于射频信号与数字或语音信号的相互转换，实现基带协议和其他底层连接规程。

（3）链路管理单元：该单元主要用于管理蓝牙设备间的通信，以及建立、验证、配置链路。

（4）蓝牙软件（协议栈）单元：该单元包含完整的蓝牙协议，包括核心协议部分和协议子集，其中，核心协议包括基带协议、链路管理协议、逻辑链路控制和适配协议及业务搜寻协议。

3．蓝牙低功耗协议栈

蓝牙 5.0 标准协议与 4.0 版本相似，也包含两种无线通信技术，即基础速率（Basic Rate，

BR）和蓝牙低功耗（Bluetooth Low Energy，BLE）。相较于 BR，BLE 主要用于小批量数据的传输，在功耗方面有很大的优势，特别适用于在功率方面有严格要求且数据传输量不大的无线通信应用场合。蓝牙低功耗协议栈如图 2-1-2 所示。

图 2-1-2　蓝牙低功耗协议栈

协议栈主要包含两部分：控制层和主机层。主机层规定了低功耗蓝牙中许多数据包的格式、低功耗蓝牙系统所采用的安全模式和一些不可缺少的协议规范。控制层主要负责各类接口及其数据传输。

物理层（PHY）的工作频率为 ISM 2.4GHz，传输速率为 1Mb/s，连接距离为 5～10m，采用自适应跳频技术（GFSK）来减小干扰和降低信号的衰减。

链路层（LL）控制着设备的状态，共有 5 种状态：就绪、广播、扫描、发起及连接。广播状态指在没有连接的情况下对外传输数据；扫描状态指监听是否有广播数据；发起状态指设备对广播发出回应，请求加入网络；如果发送广播的设备接收，那么广播状态和发起状态的设备都将进入连接状态，设备将会充当主机或从机，发起连接的设备称为主机，同意连接请求的设备称为从机。

主机控制接口层（HCI）是控制层和主机层之间的桥梁，控制层和主机层之间的通信、交互都通过该层的标准接口完成。

逻辑链路控制和适配协议层（L2CAP）主要提供数据的封装，提供逻辑上数据端到端的传输。

安全管理层（SM）定义配对的方式和密钥的分布，提供层与层之间及设备与设备之间安全的连接和安全的数据交换。

通用访问层（GAP）直接提供应用程序和框架的接口，直接管理设备的连接状态和设备的识别，另外，它还负责初始化设备的安全特性。

属性协议（ATT）允许设备将一组数据（属性）发送给另一台设备。

通用属性协议层（GATT）是一个定义子进程使用 ATT 的服务框架。在 BLE 中，设备之间所有的数据传输都通过 GATT 的子进程，因此，所有应用或文件都可直接使用 GATT。

4．Bluetooth 关键技术

（1）跳频技术。跳频技术是指在一次连接中，频带被分为若干跳频信道，无线电收发器

会按照一定的码序不断地从一个信道跳到另一个信道，只要收发双方是按照这个规律进行通信的，就会使得其他干扰不可能按照同样的规律进行干扰。前面提到了蓝牙的载频选取了全球可用的 2.45GHz 的 ISM 频段，而该频段是对所有无线电系统都开放的，因此，在使用该频段时不可避免地会遇到难以预测的干扰，因此，蓝牙技术采用了跳频技术，大大提高了该技术的抗干扰能力。跳频通信原理如图 2-1-3 所示。

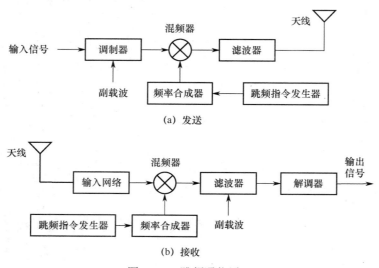

图 2-1-3 跳频通信原理

（2）微微网和分散网。当 2~8 台蓝牙设备成功建立链路时，微微网便形成了。在微微网中，只有一台主设备，剩下的设备均为从设备，但这并不意味着进入微微网的蓝牙设备有主、从之分，网内的所有蓝牙设备都是对等的，主、从任务仅在微微网生存期内有效，在微微网取消后，主、从任务也随之取消。每个微微网中的每个设备都可以为主设备或从设备，主单元主要用于定义微微网及控制信息流量并管理接入。微微网结构如图 2-1-4 所示。在蓝牙中，每个微微网都有特定的跳频序列，在一个微微网中，所有设备均使用该跳频序列进行同步，因此它允许大量的微微网同时存在，微微网间通过跳频序列来区分。在同一区域内，几个相对独立的、以特定方式连接在一起的微微网可构成一个分散网，图 2-1-5 所示为一个蓝牙分散网。

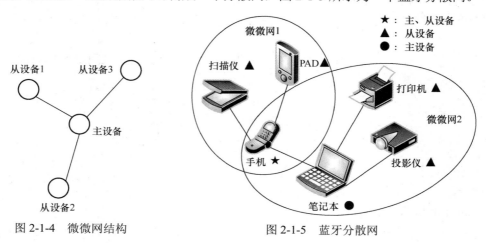

图 2-1-4 微微网结构   图 2-1-5 蓝牙分散网

（3）时分多址（TDMA）的调制技术。时分多址是一种在一个宽带的无线载波上，把时间分成周期性互不重叠的帧，再将每一帧分割成若干互不重叠的时隙，每个时隙作为一个通信信道分配给一个用户的技术。它使多个用户可以共享一个载波频率，很好地满足了蓝牙的需求。

2.1.2　高速 WPAN 标准介绍

WPAN 是无线个人局域网通信技术（Wireless Personal Area Network Communication Technologies）的简称，是一种采用无线连接的个人局域网，常被称为无线个人局域网或无线个域网。WPAN 指的是能在便携式通信设备和电器之间进行短距离特别连接的网络。定义中的"特别连接"包含两层含义：一是指设备既能承担主控功能，又能承担被控功能；二是指设备具有加入或离开现有网络的方便性。WPAN 关注的是个人的信息和连接需求，包括将数据从计算机同步到便携式设备、便携式设备之间的数据交换，以及为便携式设备提供 Internet 连接。相较于无线广域网（WWAN）、无线城域网（WMAN）、无线局域网（WLAN），无线个域网（WPAN）是一种覆盖范围较小的无线网络。WPAN 在网络构成上位于整个网络链的末端，主要用于实现同一地点终端与终端间的连接，如计算机与蓝牙键盘的连接。人们通常按照传输速率将 WPAN 分为低速 WPAN、高速 WPAN 及超高速 WPAN，本书仅介绍高速 WPAN。

IEEE 802.15 WPAN 工作组为了满足物理层（PHY）数据传输速率和媒体访问控制层（MAC）服务质量（Quality of Service，QoS）的要求，建立了一个 IEEE 802.15.3 高速率 WPAN 任务组。经过授权，该组已经创建一个高速率的 WPAN 标准，提出这个标准的目的是连接下一代便携式消费者电器和通信设备，支持各种高速率的多媒体应用。高速 WPAN 主要具有以下几个特点：能为多媒体业务提供具有 QoS 支持的特别连接；可以很方便地加入和离开现有网络；具有先进的功率管理功能，可节省电源消耗；通信距离小于 10m 时的通信效果最优，成本、复杂性低；支持高达 55Mb/s 的高数据速率，可传输高质量影像和声音。

在高速 WPAN 实现过程中，超宽带（Ultra Wide Band，UWB）技术起到了至关重要的作用，下面将对该技术进行介绍。

1. UWB 简介

超宽带是一种基于 IEEE 802.15.3 的超高速、短距离无线接入技术。它在较宽的频谱上传输极低功率的信号，能在 10m 左右的范围内实现几百 Mb/s 的数据传输速率，具有抗干扰性强、传输速率高、带宽极宽、消耗电能低、保密性好、发送功率小等诸多优势。UWB 与传统的采用载波承载信息的通信技术不同，它不采用载波，而是利用纳秒至微秒级的非正弦窄脉冲传输数据，因此信号更易生成，其所占用的频谱范围很宽。美国联邦通信委员会对 UWB 技术的规定为：在 3.1~10.6GHz 频段中占用 500MHz 以上的带宽。UWB 实质上是以占空比很低的冲激脉冲作为信息载体的无载波扩谱技术，它在一个非常宽的频带进行信息调制过程，并且以这一过程中所持续的时间来决定带宽所占据的频率范围，然后直接发射脉冲进行通信，其数据通过直接发送脉冲无线电信号来传输。UWB 无线传输系统一般由发射部分、脉冲调制模块、低噪声放大器模块和接收部分组成，其基本模型如图 2-1-6 所示。

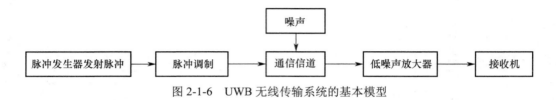

图 2-1-6　UWB 无线传输系统的基本模型

2．UWB 特点

（1）频带宽。UWB 信号频谱在 3.1～10.6GHz 范围内，所用带宽为 500MHz～7.5GHz。这样的频带远大于传统无线通信技术，且 UWB 系统还可以和目前的窄带通信系统互不干扰地同时工作，在频带资源日益紧缺的今天，开辟了一种全新的高速无线通信方式。

（2）功耗低。UWB 系统采用低占空比脉冲间歇性地发送数据，大大降低了功耗。在高速通信时，系统的耗电量仅为几百微瓦至几十毫瓦。UWB 设备功率一般仅有传统无线通信设备的几百分之一到几十分之一。因此，相较于传统无线通信设备，UWB 设备具有更长的寿命、更小的辐射。

（3）系统结构简单，成本低。相较于传统无线通信技术，UWB 不需要进行射频调制和解调，这使其发射器可以直接用脉冲小型激励天线，接收机利用相关器即可进行信号检测，大大降低了系统复杂度与成本。

（4）传输速率高。在 UWB 最优传输距离内，其传输速率可达到 500Mb/s。

（5）多径分辨率极高。传统无线通信的射频信号大多为连续信号或其持续时间远大于多径传播时间，这使其通信质量和数据传输速率都受到了多径传播效应的限制。而 UWB 采用了持续时间极短的窄脉冲，其时间、空间分辨力都很强，因此系统的多径分辨率极高。

（6）定位精确。冲激脉冲的定位精度很高，因此，UWB 技术可以很容易地将定位与通信结合，这是常规无线电难以做到的，且 UWB 具有很强的穿透能力，使其可以很好地进行室内和地下定位。

（7）安全性高。UWB 信号的能量一般会弥散在极宽的频带范围内，这使得 UWB 信号在一般的通信系统中相当于白噪声，而且在大多数情况下，电子噪声的频谱密度是高于 UWB 信号的，而从电子噪声中检测脉冲信号是很困难的，这使得 UWB 信号在传输时很难被攻击方检测到。

3．基于 UWB 的高速 WPAN 的应用

随着生活水平的提高，各种智能家电得到了普及，由于这些家电设备之间的接口标准存在差异，因此采用有线连接方式无疑是极为困难的。这使得人们将目光转向了 UWB 技术，UWB 技术具有很高的传输速率和频谱利用率，且家庭环境符合短距离通信的要求，这使得这些家电之间的无线多路高速流媒体传输成为可能。通过基于 UWB 的高速 WPAN，人们可以将各种电子设备纳入一个智能家电内，从而实现多设备之间的无线互联，形成一个智能家电网。在这个智能家电网中，UWB 技术为各种视频、音频数据的传输提供高达几百 Mb/s 的传输速率，WPAN 则帮助网络同计算机相连，进而连入互联网，从而达到对家电进行远程控制的目的，实现家电的智能化和数字化。除在家电领域外，基于 UWB 的高速 WPAN 在计算机和外设中也有很好的应用，最直观的应用为无线 USB 连接技术。

2.1.3　ZigBee 标准介绍

1. ZigBee 技术特征

近年来，以传感器、无线通信和微机电技术为核心的物联网技术高速发展，其在环境监测、物流跟踪、医疗监护、家庭娱乐等领域的大量工程运用中，要求实现技术具备低成本、低功耗、自组织等特点。以传感器和自组织网络为代表的无线应用具有传输带宽占用小、传输时延短、功率消耗低、组网灵活等众多特点，符合物联网的自身特点，并且在物联网的广泛应用中需要一种符合低端传感器的、面向控制的、应用简单的专用标准，而 ZigBee 的出现很好地满足了这一系列物联网应用的技术需求。

ZigBee 技术是一种短距离、低复杂度、低功耗、低数据传输速率、低成本的无线通信标准，以 IEEE 802.15.4 无线通信技术为基础，涉及网络、安全、应用方面的软件协议。ZigBee 技术被 IEEE 确定为低速率无线个人局域网标准，其作为低成本、低功耗、双向近距离无线通信标准，已经成为物联网研究领域的核心支撑技术。ZigBee 技术自身所具备的优势与特点，使其与物联网领域的开发、应用完美结合，成为物联网的重要支撑技术。

（1）工作频段灵活。已经可以使用的频段有 2.4GHz、868MHz（欧洲）及 915MHz（美国），都是可以免除执照的频段。

（2）速率低。虽然在不同的工作频段 ZigBee 的数据传输速率不同，但是都处在较低的速率上。在 868MHz 频段，有一个数据传输速率为 20kb/s 的传输信道；在 915MHz 频段，有 10 个数据传输速率为 40kb/s 的传输信道；在 2.4GHz 频段，有 16 个数据传输速率为 250kb/s 的传输信道。

（3）功耗低。ZigBee 的时间分为工作期和非工作期。由于 ZigBee 技术的数据传输速率较低，传输的数据量很小，因此在工作时的信号收发时间短。而在非工作时，ZigBee 节点处于休眠模式。在低功耗的待机模式下，一般 ZigBee 节点由两节普通 5 号干电池供电，可使用 6 个月以上，从而免去了充电或频繁更换电池的烦琐。

（4）通信范围有限。ZigBee 低功耗的特点决定了设备具有较小的发射功率，一般两个 ZigBee 节点的有效通信距离为 10～75m，基本可以覆盖普通家庭和办公室。

（5）成本低。由于 ZigBee 的数据传输速率较低、协议简单，因此其成本较低，而且其协议不收取专利费。ZigBee 降低了其自身对通信控制器的要求，可以采用 8 位单片机进行控制，从而大大降低了硬件成本。

（6）时延短。ZigBee 的通信时延和从休眠状态到启动的时延都很短，该特征对时间敏感的信息是至关重要的，此外还可以减小能量消耗。

（7）数据传输可靠。ZigBee 采用了载波侦听/冲突检测（CSMA/CA）防碰撞机制，给需要带宽固定的通信业务预留专用时隙，避免在发送数据时产生冲突与竞争。在 MAC 层采用了确认数据传输机制，当传输过程中出现问题时可以重新发送，从而建立可靠的数据通信模式。

（8）网络容量大。ZigBee 设备有协调器、路由器和终端三种类型。每个 ZigBee 网络最多可支持 255 个设备，通过网络协调器的连接，整个网络可扩展至 64000 个 ZigBee 网络节点的规模，可以满足大面积无线传感器网络的布建需求。

（9）组网方式灵活。ZigBee 组网方式较为灵活，除了可以组成星形网（Star）、簇形网（ClusterTree）和网状网（Mesh）等方式，网络还可以随节点设备的加入或退出呈现动态变化。

（10）自配置。在有效的通信范围内，ZigBee 可以通过网关自动建立自己的网络，其采用的是 CSMA/CA 的方式接入信道；它的节点设备可随时加入或退出，拥有一种自组织的、自配置的组网连接模式。

（11）安全模式。ZigBee 支持认证与鉴权，并在数据传输过程中提供了三个等级的安全处理。第一级是无安全模式，例如，在某些应用中安全问题并不重要或上层已经给予足够多的安全保护，设备就可以选择这种方式来传输数据。第二级是接入控制安全模式，设备通过使用接入控制列表（ACL）来防止非法设备获取数据，这种安全模式不采取加密措施。第三级是高级加密安全模式，在数据传输过程中采用高级加密标准（AES.128）的对称密码，AES可以保护数据净荷和防止攻击者冒充合法的设备。

ZigBee 技术具有的上述优点，使之可以和物联网完美地结合在一起，成为物联网应用的重要支撑技术。

2．ZigBee 网络架构

ZigBee 网络存在全功能设备（Full-Function Device，FFD）和精简功能设备（Reduced-Function Device，RFD）两种类型的物理设备。其中，全功能设备具备 IEEE 802.15.4 标准所指定的所有功能和特征，发挥网络控制器的作用并担任网络协调器的角色，提供信息的双向传输并支持网络构建。而精简功能设备只具备 IEEE 802.15.4 标准所指定的部分功能和特征，在网络中通常作为路由器和终端设备。ZigBee 具有强大的组网能力，可用功能设备构成包括星形网、簇形网和网状网在内的多种类型的拓扑架构。图 2-1-7 所示的三种节点分别是：协调节点（每个 ZigBee 网络中必须有一个），用于初始化网络信息；路由节点（路由功能），用于存储转发网络中的路由信息；终端节点，根据实用网络的需要携带各种不同信息。

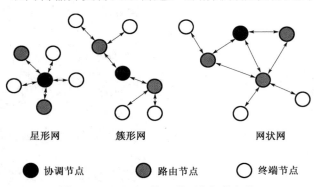

图 2-1-7 ZigBee 的三种网络拓扑架构

3．ZigBee 技术层次

IEEE 802.15.4 标准定义了开放式系统互联参考模型最下面的两层：物理（PHY）层和媒体访问控制（MAC）层。该标准描述了低速率无线个人局域网中物理层和媒体访问控制层标准，并把低功耗、低速率传输、低成本作为重点目标，旨在为个人或家庭范围内的不同设备之间的低速互联提供统一的标准。IEEE 802.15.4 标准提供三种物理层的选择（868MHz、915MHz 和 2.4GHz），并且都采用直接序列扩频（DSSS）技术和使用相同的包结构，以缩短作业周期、减小运作功耗和数字集成电路成本。IEEE 802.15.4 标准促使物理层与 MAC 层协作，从而扩大了网络应用的范畴。ZigBee 联盟提供了网络层和应用层（APL）框架的设计。其中，应用层的框架包括应用支持子层（APS）、ZigBee 设备对象（ZDO）及由制造商指定的应用对象，应用层可基于应用目标由用户灵活地开发利用。ZigBee 技术层次如图 2-1-8 所示。

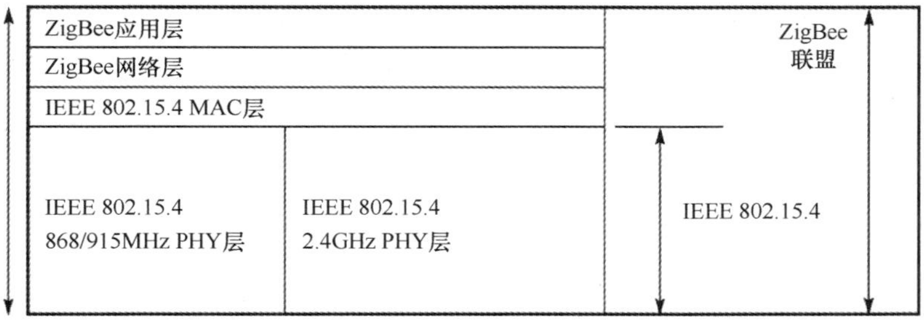

ZigBee应用层		ZigBee 联盟
ZigBee网络层		
IEEE 802.15.4 MAC层		
IEEE 802.15.4 868/915MHz PHY层	IEEE 802.15.4 2.4GHz PHY层	IEEE 802.15.4

图 2-1-8　ZigBee 技术层次

（1）物理层 PHY（Physical Layer）。物理层定义了物理无线信道和 MAC 层之间的接口，提供物理层数据服务和物理层管理服务，实现对数据的传输和物理信道的管理。数据传输包括数据的发送与接收，管理服务包括信道能量监测（ED）、链路质量指示（LQI）和空闲信道评估（CCA）等。

（2）媒体访问控制（Media Access Control，MAC）层。MAC 层提供两种服务：MAC 层数据服务和 MAC 层管理服务，前者保证 MAC 数据单元在数据服务中的正确收发，后者实现 MAC 的管理活动。IEEE 802.15.4 MAC 层实现设备间无线链路的建立、维护与断开，确认模式的帧传输与接收，信道接入与控制，帧校验与快速自动请求重发，预留时隙管理及广播信息管理等功能。MAC 层处理所有物理层无线信道的接入。MAC 层通用的帧结构如表 2-1-1 所示。

表 2-1-1　MAC 层通用的帧结构

信标帧结构							
字节：2	1	4～10	2	K	M	N	2
帧控制	序列号	地址域	超帧描述字段	GTS 分配字段	带转发数据目标地址	信标帧负荷	帧校验
MAC 帧头			MAC 数据服务单元				MAC 帧尾
数据帧结构							
字节：2	1	4～20	N			2	
帧控制	序列号	地址域	数据帧负荷			帧校验	
MAC 帧头			MAC 数据服务单元			MAC 帧尾	
确认帧结构							
字节：2		1			2		
帧控制		序列号			帧校验		
MAC 帧头				MAC 帧尾			
帧控制	序列号	地址域	命令类型	数据帧负荷		帧校验	
MAC 帧头			MAC 数据服务单元			MAC 帧尾	

MAC 协议是在 ZigBee 的底层驱动程序的基础上实现的，主要包括芯片射频模块接口和一个操作系统抽象。ZigBee 协议 MAC 层逻辑模型结构如图 2-1-9 所示。

（3）网络层框架。网络层负责拓扑结构的建立和维护、命名和绑定服务，它们协同完成寻址、路由及安全这些必需的任务。网络层管理实体提供网络管理服务，允许应用与堆栈相

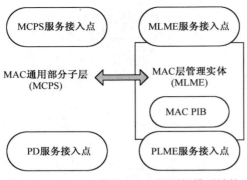

图 2-1-9　ZigBee 协议 MAC 层逻辑模型结构

互作用。网络层数据实体为数据提供服务，当在两个或多个设备之间传输数据时，它将按照应用协议数据单元的格式进行传输，并且这些设备必须在同一个网络中，即在同一个内部无线个域网中。网络层数据实体可提供生成网络层协议数据单元、指定拓扑传输路由、确保通信的真实性和机密性等服务。网络协议数据单元（网络层帧结构）如表 2-1-2 所示。

（4）应用层框架。ZigBee 应用层框架包括应用支持层（APS）、ZigBee 设备对象（ZDO）和制造商所定义的应用对象。应用支持层的功能包括：维持绑定表、在绑定的设备之间传输消息。所谓绑定，就是基于两台设备的服务与需求，将它们匹配地连接起来。APS 数据包格式如表 2-1-3 所示。

表 2-1-2　网络层帧结构

字节：2	2	2	1	1	0/8	0/8	0/1	变长	变长
帧控制	目的地址	源地址	广播半径域	广播序列号	IEEE 目的地址	IEEE 源地址	多点传输控制	源路由帧	帧的有效负荷
网络层帧报头								网络层的有效负荷	

表 2-1-3　APS 数据包格式

帧控制	接收节点	簇识别码	配置文件识别码	发送节点	数据
帧类型、传输模式、非直接地址模式、安全有无、ACK 有无等信息	接收节点的 ID	用来判断所传输的数据包	应用的标识 ID	发送节点的 ID	数据负荷

ZigBee 设备对象的功能包括：定义设备在网络中的角色（如 ZigBee 协调器与终端设备）、发起和响应绑定请求、在网络设备之间建立安全机制。ZigBee 设备对象还负责发现网络中的设备，并且决定向它们提供何种应用服务。

2.1.4　WLAN 标准介绍

1．WLAN 简介

无线局域网（Wireless Local Area Network，WLAN）是计算机网络与无线通信技术相结合的产物，它通过无线通信技术在一定局部范围内建立网络，从而实现传统有线局域网的功能，使用户真正实现随时、随地、随意的宽带网络接入。典型的 WLAN 结构如图 2-1-10 所示。

无线网络的历史起源可以追溯到"二战"时期美国陆军研究出的一套无线电传输技术，该科技加上高强度的加密技术，实现了通过无线电信号进行资料传输的功能。这项技术让许多学者得到了灵感，到 1971 年，夏威夷大学成功地研究出第一个基于封包式技术的无线电通信网络 ALOHNET，该网络包括 7 台计算机，采用双向星形拓扑横跨了 4 座岛屿，至此，无线网络正式诞生。此后，经过近 20 年的发展，IEEE 于 1990 年正式启用了 802.11 项目，标志着无线网络技术逐渐走向成熟，从该项目开展以来，先后有 IEEE 802.11a、IEEE 802.11b、IEEE 802.11g、IEEE 802.11e、IEEE 802.11f、IEEE 802.11h、IEEE 802.11i、IEEE 802.11j、IEEE 802.11n 等标准的制定，目前 IEEE 802.11n 已经得到普遍应用，IEEE 802.11n 技术可以给用户提供高速度、高质量的 WLAN 服务。2003 年，Intel 推出了自己旗下第一款带有 WLAN 无线网卡芯片模块的迅驰处理器，尽管当时的无线网络技术还不很成熟，但该芯片在功耗、性能上都远优于当时的芯片，且 Intel 对其进行了捆绑销售，使许多无线网络服务商看到了商机，从而大大促进了无线网络技术的发展。随着无线通信技术的不断发展，WLAN 已融入人们的生活，成为人们生活中不可或缺的一部分。WLAN 发展史如图 2-1-11 所示。

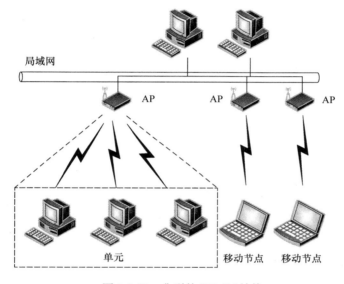

图 2-1-10　典型的 WLAN 结构

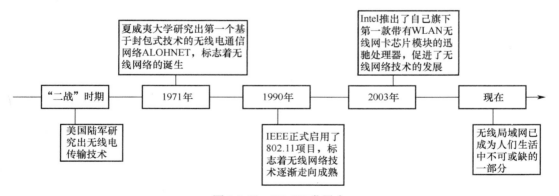

图 2-1-11　WLAN 发展史

2．WLAN 关键技术

WLAN 主要采用了 OFDM 技术、MIMO 技术及跳频技术等，跳频技术在蓝牙技术的相关内容中已经介绍，此处不再赘述。

（1）OFDM 技术。正交频分复用（Orthogonal Frequency Division Multiplexing，OFDM）

技术由多载波调制技术发展而来，是实现复杂度最低、应用最广的多载波传输方案之一。它通过频分复用实现高速串行数据的并行传输，具有较好的抗多径衰弱能力，能够支持多用户接入。OFDM 技术的基本原理为：将信道分成若干正交子信道，将由高速数据信号转换而来的并行的低速子数据流调制到正交子信道上进行传输。为减小子信道之间的相互干扰，正交信号一般在接收端采用相关技术来分开。每个子信道上的信号带宽小于信道的相关带宽，因此每个子信道都可以视为平坦性衰落，从而达到消除码间串扰的目的，而且由于每个子信道的带宽仅仅是原信道带宽的一小部分，因此信道均衡变得相对容易。OFDM 原理图如图 2-1-12 所示。

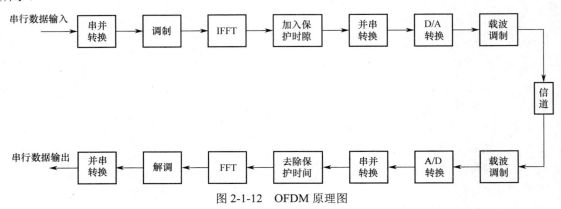

图 2-1-12　OFDM 原理图

（2）MIMO 技术。MIMO 技术是一种能在不增加带宽的情况下，成倍地提高通信系统的容量和频谱利用率的技术。典型 MIMO 系统如图 2-1-13 所示，其中，h 表示不同收发天线间的信道。系统包含 m 个发射天线和 n 个接收天线，根据无线信道的特性，每个接收天线都会接收到不同发射天线的内容，因此不同收发天线间的信道冲激响应均有不同的表现形式。在接收端，MIMO 采用最大比例合并技术，拥有较高的灵敏度，且可以兼容非 MIMO 终端；在传输过程中采用空间复用技术，能同时传输多个数据流，提高了传输速率，单流数据传输速率最高可达 157Mb/s，双流数据传输速率最高可达 300Mb/s。

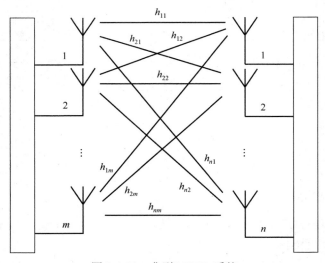

图 2-1-13　典型 MIMO 系统

3. 基于 IEEE 802.11 系列标准的 WLAN 技术 Wi-Fi

Wi-Fi 的概念最早是由澳洲 CSIRO 的 John O Sullivan 提出的，他提出了无线网络环境中进行高保真和有效传输数据的协议。经过长时间的发展，Wi-Fi 不仅得到了普及，而且已经成为一个新型无线生态圈，除标准互联网数据传输功能外，它还能根据不同的工作场景和不同需要以不同版本存在。

Wi-Fi 技术是 WLAN 技术中的一种新科技。与蓝牙技术相似，Wi-Fi 也属于短距离无线通信技术，适合办公与家用。Wi-Fi 的频段与蓝牙相同，选取了 2.4GHz 附近的无须申请的 ISM 无线频段。目前，Wi-Fi 可使用的标准主要是 IEEE 802.11a 和 IEEE 802.11b。Wi-Fi 具有速度快、覆盖范围广、可靠性强等特点，这些特点使其迅速得到市场的认可，在社会中得到普遍使用。

Wi-Fi 是由 AP（Access Point，接入点）和无线网卡组成的无线网络，AP 被当作传统的有线局域网与无线局域网之间的桥梁，其相当于一个内置无线发射器的 HUB（集线器）或路由；无线网卡则是负责接收由 AP 所发射信号的客户端设备。Wi-Fi 的组成结构如图 2-1-14 所示。

Wi-Fi 的优点如下。

（1）较广的覆盖范围。Wi-Fi 的覆盖半径可达 100m 左右，大大超过了蓝牙的覆盖范围，可以覆盖整栋办公大楼。

（2）传输速率高。Wi-Fi 技术的传输速

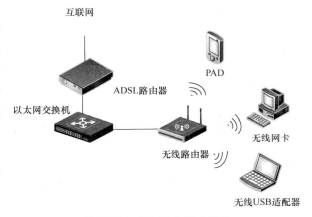

图 2-1-14　Wi-Fi 的组成结构

率可以达到 11Mb/s（IEEE 802.11b）或者 54Mb/s（IEEE 802.11a），适合高速数据传输的业务。

（3）无须布线。Wi-Fi 主要的优势在于不需要布线，可以不受布线条件的限制，因此非常适合移动办公用户的需要；在机场、车站、咖啡店、图书馆等人员较密集的地方设置"热点"，并通过高速线路将互联网接入上述场所，用户只需将支持 WLAN 的移动设备置于该区域内，即可高速接入互联网。

（4）辐射低。在 IEEE 802.11 协议中，规定 Wi-Fi 的发射功率不可超过 100mW，因此，一般的 Wi-Fi 发射功率会控制在 60～70mW 范围内。

除上述优点外，Wi-Fi 也面临许多无线技术面临的问题：安全性低及容易受到频率干扰。但经过多年的发展，人们研究出了网络加密、访问控制等安全机制，从用户上网的各方各面给予了保护，如 WPA（Wi-Fi 网络安全接入）技术通过授权的方式为用户提供数据保护，认证技术可确保用户访问数据安全等，这些技术大大提升了 Wi-Fi 的安全性。

2.1.5　高速 WMAN 协议标准介绍

无线城域网（WMAN）按照 IEEE 802.16 标准在一个城市的部分区域实现无线网络覆盖，由于建筑物之间的位置是固定的，因此 WMAN 需要在建筑物上建立基站，基站之间采用全双工、宽带通信方式工作。基于 IEEE 802.16 标准的 WMAN 结构示意图如图 2-1-15 所示。WMAN 的覆盖范围为几千米到几十千米，能提供语音、数据、图像、多媒体、IP 等多业务的

接入服务，且可以提供支持 QoS 的能力和具有一定范围移动性的共享接入能力。

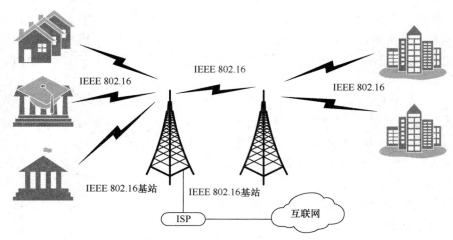

图 2-1-15　基于 IEEE 802.16 标准的 WMAN 结构示意图

1．IEEE 802.16 简介

IEEE 802.16 工作组于 1999 年成立，成立该工作组的目的是开发宽带无线标准，以满足快速发展的宽带无线接入技术的需求。2002 年 4 月，该工作组公布了一个 10～66GHz 的 IEEE 802.16 标准。IEEE 802.16 是当前无线通信领域的前沿技术，是高速连接"最后一公里"的廉价方法，它提供了用户与核心网络之间的连接方式。

IEEE 802.16 工作组又分为三个小工作组：IEEE 802.16.1、IEEE 802.16.2 及 IEEE 802.16.3。这三个小工作组各自负责 IEEE 802.16 标准开发的不同方面：IEEE 802.16.1 负责制定频率为 10～60GHz 的无线接口标准；IEEE 802.16.2 负责制定宽带无线接入系统共存方面的标准；IEEE 802.16.3 负责制定频率在 2GHz 到 10GHz 之间获得频率使用许可的应用的无线接口标准。11GHz 以下范围的非视距特性较理想，树木与建筑物等对信号传输的影响较小，这使得基站的建设不需要架设高大的信号传输塔，只需在建筑物顶部直接安装即可，且 2～11GHz 的系统基本可以满足大多数宽带无线接入需求，因而更适用于"最后一公里"接入领域。为此，IEEE 802.16 工作组于 2003 年 1 月推出了运行于 2～11GHz 的扩展版本标准——IEEE 802.16a，该标准适用于特许频段和 2.4GHz、5.8GHz 等无须许可的频段。2004 年，IEEE 802.16 工作组在原有协议的基础上进行了补充和完善，提出了 IEEE 802.16d，该标准是一个相对成熟的标准，工作在 10～66GHz 和小于 11GHz 的频率范围，可以支持 2～11GHz 非视距传输和 10～66GHz 视距传输，但不支持移动环境，又称为固定 WiMax。2005 年，IEEE 802.16e 作为 IEEE 802.16d 的增强版本被提出，该标准定义了同时支持固定和移动性宽带无线接入系统的空中接口，适用于 6GHz 以下的许可频道。IEEE 802.16 协议栈参考模型如图 2-1-16 所示。

协议栈中，物理层位于底层，由传输汇聚子层（TCL）和物理媒介依赖子层（PMD）组成，主要涉及频率带宽、调制方式、纠错技术及收发信机之间的同步、数据传输速率和时分复用结构等方面，支持时分双工（TDD）和频分双工（FDD）方式。时分双工是指上下行传输占用不同的时段，频分双工则指上下行传输占用不同的频率。

MAC 层由特定服务汇聚子层、MAC 公共部分子层及安全子层组成。特定服务汇聚子层的功能为将服务接入点（SAP）接收到的外部网络数据映射到 MAC 服务数据单元（SDU），并通过 MAC SAP 传输给 MAC 公共部分子层,不同类型的汇聚子层可以为高层提供不同的接口;MAC 公共部分子层主要提供包括系统接入、带宽分配、连接建立及连接维护在内的 MAC 层核心功能;安全子层主要用于提供鉴权、密钥交换和加密功能。

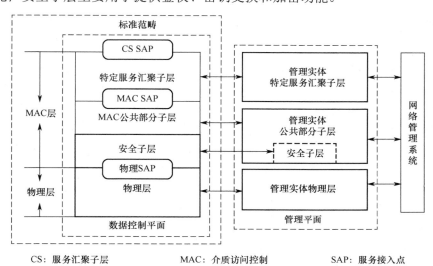

图 2-1-16 IEEE 802.16 协议栈参考模型

2. 基于 IEEE 802.16 系列标准的 WMAN 技术 WiMax

为确保不同供应商产品与解决方案的兼容性,部分 IEEE 802.16 技术的领先供应商于 2003 年 4 月成立了旨在推进无线宽带接入的 WiMax 论坛。如同 Wi-Fi 联盟的强大促进了 WLAN 的快速发展一样,WiMax 联盟的目标也是促进 IEEE 802.16 的应用。

WiMax(World Interoperability for Microwave Access)是全球微波接入互操作性的简称,它是由 IEEE 提出的一种标准化技术,也是当今世界范围内具有极高关注度的无线宽带接入技术。WiMax 2.0 即 IEEE 802.16m 系列标准,于 2011 年 3 月颁布,它是继 IEEE 802.16e 后的第二代移动 WiMax 国际标准,它的数据传输速率远高于 WiMax 1.0。WiMax 技术的下行最高速率可达 1Gb/s,而上行最高速率为 100Mb/s,可满足移动用户各种级别的服务和应用需求。

总体而言,WiMax 作为无线城域网中最关键的技术之一,具有巨大的潜力及广阔的应用前景,WiMax 的技术优势主要体现在以下几个方面。首先,相较于其他无线通信技术,它在保证通信速率的基础上,具有更远的覆盖距离。WiMax 的基站可以提供最高每扇区 75Mb/s 的接入速率,且其最高覆盖范围可达 50km,一般为了保证通信质量,建设时的覆盖范围为 6~10km,因此,通过少量的 WiMax 基站即可实现全城范围的覆盖。然后,WiMax 支持点到多点(PMP)结构和 Mesh 结构,当骨干网络有无法覆盖的区域时,可以采用 WiMax 网状网进行补充,从而全方位覆盖;WiMax 的物理层可以根据实际情况选择多种调制方式,能有效地减小多径衰落的影响,除载波调制方式外,对一些物理层参数也可以进行动态调整,保证了传输质量。

2.1.6 近场无线通信技术在智慧城市信息资源智能化服务中的应用

智慧城市的建设模式主要有 3 种:以物联网产业为驱动的建设模式、以信息基础设施建设为先导的建设模式、以社会应用为突破口的建设模式。其中，以物联网产业为驱动的建设模式日益成为关键的模式，而近场无线通信技术作为物联网的关键技术之一，在智慧城市信息资源智能化服务中也得到了广泛应用。

1. 蓝牙技术的应用

蓝牙技术主要应用于各种设备的统一调度。

（1）家庭应用。随着科学技术的不断发展，家庭中的电子化产品日益增多，使用蓝牙可以便于住户进行统一管理。蓝牙技术所使用的频段是开放的频段，这就使得任何用户都可以方便地应用蓝牙技术，而无须对频道的使用进行付费及其他处理。通过设置密码，用户可以使自家住宅的蓝牙私有化。在家中拥有数台计算机后，蓝牙的存在使用户只使用一部手机就可以对任意一台计算机进行操控。而其他家电（如冰箱、空调等）也可依据类似原理，通过蓝牙进行控制。

（2）办公应用。在办公室中，一个强大的"蓝牙网络"可以使办公信息及时更新，将各类文件高速推送。办公室中的各种内部交流也可以通过这个"蓝牙网络"进行。计算机、手机、打印机等设备均可通过蓝牙交流。蜘蛛网式的会议室也将被淘汰，白板记录仪、摄影机等都可以利用蓝牙来简化操作。

（3）公共场所。在现今的公共场所中，Wi-Fi 变得更加普及，而在应用蓝牙后，设置蓝牙基站的企业可以通过蓝牙技术向覆盖范围内的所有终端传送企业广告。例如，餐厅可以通过蓝牙技术将顾客的点单同步到传送台和后厨，可以大大节约人力和时间成本。

2. Wi-Fi 技术的应用

除为家庭、办公区域、公共区域提供网络外，Wi-Fi 技术也时常被应用于定位系统。

（1）医院资产和人员安全管理。国外医院正迅速采用基于无线局域网的 RFID 实时定位系统，国内医院也非常关注这一新动向。在医院或医疗机构的动态工作环境中，对资产和人员的低可见度往往导致时间与资源的严重浪费，甚至造成无法弥补的后果。基于 Wi-Fi 的 RFID 实时定位系统能够实时地跟踪病人、职员和医疗设备，监视有价值资产的区域安全和环境条件。医疗保健机构采用基于 Wi-Fi 的 RFID 实时定位系统能获得非常大的收益。

（2）物流配送管理。物流行业一直是实时定位技术的典型应用领域，随着物流业的快速发展，无线物流将会成为未来物流发展的趋势。物流分配中心每天会有大量的托盘、拖车进出，需要花费大量的人力、物力去管理这些不断移动的资产，而且人工的操作容易导致很多错误。采用了基于 Wi-Fi 的 RFID 实时定位系统后，这些托盘和拖车的位置会随时被自动记录下来，只要在系统的电子地图上搜索，就可以立即找到它们。一旦发生错误放置，系统就会立即报警。

（3）涉密资产和人员定位管理。在学校、公园等基于人员安全或其他特殊目的的环境中，往往需要随时了解人员所在的位置、行踪和人员状况。另外，针对贵重资产和涉密资产，往往需要提供实时的监护和看管，基于 Wi-Fi 的 RFID 实时定位系统可以很好地应用在这些定位管理上，可以加强资产和人员安全管理。

3. ZigBee 技术的应用

（1）高校智能照明系统。传统的高校照明系统存在教室、图书馆、实验室无人亮灯、人少亮灯，以及楼道、厕所、路灯通夜亮灯等情况。针对上述情况，部分高校将 ZigBee 技术应用到高校照明系统中,将 ZigBee 协议作为理论依据,设计高校路灯照明系统。整个系统基于网状拓扑结构体系,其中硬件采用 CC2530 芯片,软件采用 Z-Stack 协议栈,通过路由器向节点上的终端设备发送信号,终端设备收到信号后进行反馈,进而完成对照明设备的控制。该系统实现了对高校路灯及教学楼、图书馆等楼宇照明的有效控制,达到了节能的目的。

(2)智能家居。基于 ZigBee 技术的智能家居应用,可以把 ZigBee 模块嵌入智能家居环境监测系统的各传感器设备中,实现近距离无线组网与数据传输。由用户 PC 或手机、网关、光线传感器、温湿度传感器、二氧化碳传感器、甲醛传感器、灰尘传感器等设备组成完整系统,实现智慧门禁、智慧家电、智慧安防等,可以提供完整且实时的家庭环境报告,给人们带来更健康的生活。

(3)医疗检测应用。生命体征检测设备由加速度计,陀螺仪,温度、皮电、血压等传感器组成。实时监测和采集心率、呼吸、血压、心电、核心体温、位移等多种身体特征参数。生命体征检测设备内置 ZigBee 模块,可实时记录病人数据,最终无线传输到终端或工作站实现远程监控。且救护车在去往医院的途中,可以使用该技术提供实时的病人信息,同时可以实现远程诊断与初级的看护,从而大幅缩短救援的响应时间,为病人的进一步抢救赢得宝贵的时间。

2.2　物联网体系架构和互操作性

体系架构可以精确地定义系统的各组成部件及其之间的关系,指导开发人员遵循一致的原则实现系统,保证最终建立的系统符合预期的设想。由此可见,体系架构的研究与设计关系到整个物联网系统的发展。从技术架构上来看,物联网可分为三层:感知层、网络层和应用层,如图 2-2-1 所示。感知层主要包括传感技术、射频技术、组网技术、短距离传输技术等;网络层主要包括各类网络;应用层则包括各种服务支撑技术及各类应用。

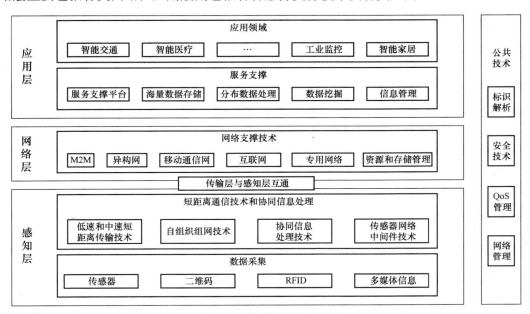

图 2-2-1　物联网的技术架构

2.2.1　感知层

感知层由各种传感器、执行器、短距离无线通信节点、数据网关等构成，包括：传感器、二维码扫描仪、RFID 标签和读写器、摄像头、GPS 等感知终端；步进电机、直流电机、继电器、电磁阀等执行器；ZigBee、Wi-Fi、IPv6、蓝牙等短距离无线通信节点及数据网关等感知层相当于人的眼耳鼻喉和皮肤等感知系统，它是物联网识别物体、采集信息的手段，其主要功能是识别物体、采集信息、数据汇聚等。短距离通信技术在 2.1 节中已介绍，本处只介绍 EPC 技术、RFID 技术及传感器技术。

1．EPC 技术

电子产品编码（Electronic Product Code，EPC）是一种对 EAN·UCC（全球统一标识系统）的条形编码进行扩充后形成的编码系统，是一个完整的、复杂的、综合的系统。建立这个系统的目的是为每一件单品建立全球的、开放的标识标准，实现全球范围内对单件产品的跟踪与追溯，从而有效提高供应链管理水平、降低物流成本。

对于物联网系统而言，在其组成过程中会接入大量的物体，如果在这些物体接入后难以对其进行分辨，那么会大大影响物联网功能的实现，因此使用 EPC 技术对这些物体进行编码，使每个物体都具有全球唯一的编码，对物联网而言是至关重要的。虽然 EPC 技术比条形码技术先进且存储量大，但在物联网中，EPC 并没有取代现行的条形码标准，而将 EPC 编码与现行条形码相结合。

2．RFID 技术

RFID（Radio Frequency Identification）即射频识别技术，俗称电子标签，通过射频信号自动识别目标对象，并对其信息进行标志、登记、存储和管理。

（1）RFID 标准概况。RFID 系统主要由数据采集和后台数据库网络应用系统两大部分组成。目前已经发布或正在制定中的标准主要与数据采集相关，包括电子标签与读写器之间的接口、读写器与计算机之间的数据交换协议、RFID 标签与读写器的性能、一致性测试规范及RFID 标签的数据内容编码标准等。在 RFID 标签的数据内容编码领域，各种标准的竞争最激烈。RFID 主要频段标准及特性如表 2-2-1 所示。

表 2-2-1　RFID 主要频段标准及特性

特性	低频	高频	超高频	微波
工作频率	125～134kHz	13.56MHz	868～915MHz	2.45～5.8GHz
市场占有率	74%	17%	6%	3%
速度	慢	中等	快	很快
潮湿环境影响	无影响	无影响	影响较大	影响较大
方向性	无	无	部分	有
全球适用频率	是	是	部分 （欧盟、美国）	部分 （非欧盟国家）
现有 ISO 标准	11784/85，14223	18000-3.1/14443	EPC C0，C1，C2，G2	18000-4
主要应用范围	进出管理、固定设备、天然气、洗衣店	图书馆、产品跟踪、货架、运输	货架、卡车、拖车跟踪	收费站、集装箱

（2）RFID 系统组成。RFID 系统主要由三部分组成。

① 电子标签：由芯片和标签天线或线圈组成，通过电感耦合或电磁反射原理与读写器进行通信。每个电子标签内部都存储着唯一的识别码（ID）。这个识别码不能修改，也不能进行造假，在使用中保证了产品信息的安全性和可靠性。当电子标签附着在物体上时，电子标签上的识别号就与物体建立了一一对应的关系。

② 读写器：由天线、耦合元件、芯片组成，用于读取（在读写卡中还可以写入）标签信息的设备。

③ 天线：可以内置在读写器中，也可以通过同轴电缆与读写器的天线接口相连。用于在标签和读写器间传输射频信号，即标签的数据信息。

（3）RFID 工作原理。RFID 工作原理如图 2-2-2 所示。读写器将要发送的信息经编码后加载到高频载波信号上再经天线向外发送。进入读写器工作区域的电子标签接收此信号，卡内芯片的有关电路对此信号进行倍压整流、调制、解码、解密，然后对请求、

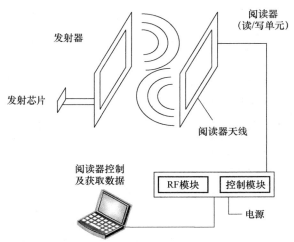

图 2-2-2　RFID 工作原理

密码、权限等命令进行判断。若为读命令，则控制逻辑电路从存储器中读取有关信息，经加密、编码、调制后通过片上天线再发送给阅读器，阅读器对接收到的信号进行解调、解码、解密后送至信息系统进行处理。若为修改信息的写命令，则有关控制逻辑使电子标签内部的电荷泵提高工作电压，提供电压擦写 E^2PROM。若经判断其对应密码和权限不符，则返回出错信息。

（4）RFID 特性。通常来说，RFID 具有如下特性。

① 适用性：RFID 技术依靠电磁波，并不需要连接双方的物理接触，这使得它能够无视尘、雾、塑料、纸张、木材及各种障碍物而建立连接，直接完成通信。

② 高效性：RFID 系统的读/写速度极快，一次典型的 RFID 传输过程通常不到 100ms。高频段的 RFID 阅读器甚至可以同时识别、读取多个标签的内容，极大地提高了信息的传输效率。

③ 独一性：每个 RFID 标签都是独一无二的，利用 RFID 标签与产品的一一对应关系，可以清楚地跟踪每一件产品的后续流通情况。

④ 简易性：RFID 标签结构简单，识别速率高，所需读取设备简单。尤其是随着 NFC 技术在智能手机上的逐渐普及，每个用户的手机都将成为简单的 RFID 阅读器。

3. 传感器技术

传感器技术是物联网的基础技术之一，也是物联网感知层中至关重要的技术。传感器技术的出现早于物联网技术，物联网技术的出现对传感器技术提出了更高的要求，促进了传感器技术的发展。作为物联网的基础单元，传感器在物联网的信息感知与采集层面，是物联网系统特性优良与否的关键。

（1）传感器概述。传感器是指能感受规定的被测量并按照一定的规律转换成可用信号的器件或装置。传感器是各种信息处理系统获取信息的重要途径。在以传感网为核心的物联网中，传感器的作用尤为突出，是物联网中获得信息的主要设备和构成感知层的基本硬件基础。作为物联网中的信息采集设备，传感器利用各种机制把被测量转换为一定形式的电信号，然后由相应的信号处理装置来处理，并产生相应的动作。常见的传感器包括温度传感器、压力传感器、湿度传感器、光传感器、霍尔（磁性）传感器等。

（2）传感器的组成。传感器一般由敏感元件、转换元件、变换电路和辅助电源这 4 部分组成，如图 2-2-3 所示。

敏感元件直接感受被测量，并输出与被测量有确定关系的物理量信号；转换元件将敏感元件输出的物理量信号转换为电信号；变换电路负责对转换元件输出的电信号进行放大调制；转

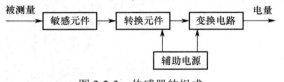

图 2-2-3 传感器的组成

换元件和变换电路一般还需要辅助电源供电。

（3）常见传感器介绍。

① 温度传感器：常见的温度传感器包括热敏电阻、半导体温度传感器、温差电偶。

热敏电阻主要利用各种材料电阻率的温度敏感性，根据材料的不同，热敏电阻可以用于设备的过热保护及温控报警等。

半导体温度传感器利用半导体器件的温度敏感性来测量温度，具有成本低廉、线性度好等优点。

温差电偶则利用温差电现象，把被测端的温度转换为电压和电流的变化；由不同金属材料构成的温差电偶能够在比较大的范围内测量温度，如−200～2000℃。

② 压力传感器：常见的压力传感器在受到外部压力时会产生一定的内部结构的变形或位移，进而转换为电特性的改变，产生相应的电信号。

③ 湿度传感器：湿度传感器主要包括电阻式湿度传感器和电容式湿度传感器两个类别。

电阻式湿度传感器也称为湿敏电阻，利用氯化锂、陶瓷等材料的电阻率的湿度敏感性来探测湿度。

电容式湿度传感器也称为湿敏电容，利用材料的介电系数的湿度敏感性来探测湿度。

④ 光传感器：光传感器可以分为光敏电阻及光电传感器两个大类。

光敏电阻主要利用各种材料的电阻率的光敏感性来进行光探测。

光电传感器主要包括光敏二极管和光敏三极管，这两种器件利用的都是半导体器件对光照的敏感性。光敏二极管的反向饱和电流在光照的作用下会显著变大，而光敏三极管在光照时其集电极、发射极导通，类似于受光照控制的开关。此外，为方便使用，市场上出现了把光敏二极管和光敏三极管与后续信号处理电路制作成一个芯片的集成光传感器。

不同种类的集成光传感器可以覆盖可见光、红外线（热辐射）、紫外线等波长范围的传感应用。

⑤ 霍尔（磁性）传感器：霍尔传感器是利用霍尔效应制成的一种磁性传感器。霍尔效应是指：把一个金属或半导体材料薄片置于磁场中，当有电流流过时，形成电流的电子在磁场中运动时会受到磁场的作用力，使得材料中产生与电流方向垂直的电压差。可以通过霍尔传感器所产生的电压来计算磁场的强度。霍尔传感器结合不同的结构，能够间接地测量电流、

振动、位移、速度、加速度、转速等，具有广泛的应用价值。

⑥ 微机电（MEMS）传感器：微机电系统的英文名称是 Micro-Electro-Mechanical Systems，简称 MEMS，是一种由微电子、微机械部件构成的微型器件，多采用半导体工艺加工。目前已经出现的微机电器件包括压力传感器、加速度计、微陀螺仪、墨水喷嘴和硬盘驱动头等。微机电系统的出现体现了当前器件微型化的发展趋势。

⑦ 智能传感器：智能传感器（Smart Sensor）是一种具有一定信息处理能力的传感器，目前多采用把传统的传感器与微处理器结合的方式来制造。智能传感器能够显著减小传感器与主机之间的通信量，并降低主机软件的复杂程度，使得包含多种不同类别的传感器应用系统易于实现；此外，智能传感器通常能进行自检、诊断和校正。

4. 无线传感器网络技术

无线传感器网络（WSN）是由大量传感器节点通过无线通信方式形成的一个多跳的自组织网络系统，其目的是协作地感知、采集和处理网络覆盖区域中感知对象的信息，它能够实现数据的采集量化、处理融合和传输应用，具有快速展开、抗毁性强等特点，是物联网概念中很重要的内容。WSN 作为物联网前端技术，是一种全新的信息获取平台，是普适计算和未来感知系统的重要技术基础、物联网的重要组成部分和关键技术基础。美国《商业周刊》和《麻省理工科技评论》在预测未来技术发展的报告中，分别将无线传感器网络技术列为 21 世纪最有影响的 21 项技术和改变世界的 10 大技术之一。

（1）无线传感器网络的组成。WSN 的体系结构分为平面拓扑结构及逻辑分层结构。

WSN 平面拓扑结构如图 2-2-4 所示，包括传感器节点（Sensor Node）、汇聚节点（Sink Node）和任务管理节点。在无线传感器网络中，传感器节点采集的环境参数通过路由节点等中间节点最终路由至汇聚节点，各汇聚节点通过互联网等通信方式将数据传输到任务管理节点，用户可以通过任务管理节点对数据进行查看和其他操作，对传感器节点进行配置管理。

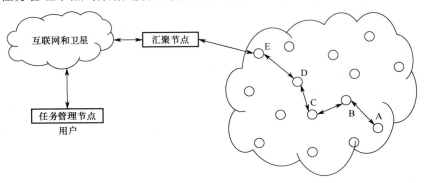

图 2-2-4　WSN 平面拓扑结构

逻辑分层结构是无线传感器网络体系结构的一般形式，WSN 逻辑分层结构如图 2-2-5 所示。

传感器节点是无线传感器网络中最基础与关键的一环，它一般由传感器模块、处理器模块、无线通信模块和能量供应模块这 4 部分组成，其体系结构如图 2-2-6 所示。

其网络协议栈如图 2-2-7 所示。

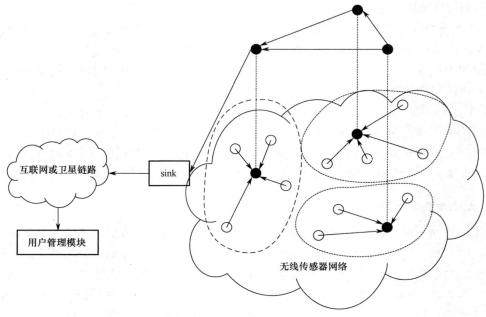

图 2-2-5　WSN 逻辑分层结构

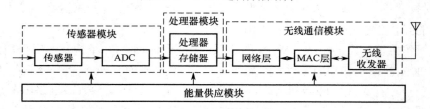

图 2-2-6　传感器节点体系结构

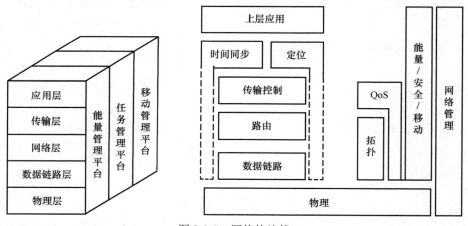

图 2-2-7　网络协议栈

（2）无线传感器网络的特征。

① 大规模。WSN 是集成了监测、控制及无线通信的网络系统，节点数目庞大（成千甚至上万），节点分布密集。

② 自组织网络。对于随机分布的传感器节点，自组织能力能够自主实现传感器对自身参

数的管理和网络配置。

③ 动态性网络。WSN 具有很强的网络动态性。由于存在能量、环境等问题，因此会使传感器节点死亡，或者因节点的移动性会有新的节点加入网络，从而使整个网络的拓扑结构发生动态变化。这就要求 WSN 能够适应这种变化，使网络具有可调性和重构性。

④ 以数据为中心。在 WSN 中，人们主要关心某个区域的某些观测指标，而不关心具体某个节点的观测数据，这就是 WSN 以数据为中心的特点。

⑤ 能量受限。网络节点由电池供电，电池的容量一般不是很大。

⑥ 易受环境的影响。WSN 与其所在的物理环境密切相关，并随着环境的变化而不断变化。

（3）WSN 与 WLAN、WMAN 等无线自组网的区别。

① 从自组织角度看，WSN 与 WLAN、WMAN 都采用 P2P 的自组织的多跳网络结构，但是 WSN 的网络节点兼有主机和路由的功能，节点地位平等，节点之间以平等合作的方式实现连通，WLAN、WMAN 则由无线骨干网提供大范围的信号覆盖与节点连接。

② 从基础设施的角度看，WSN 是无基础设施的网络，WLAN、WMAN 基于基础设施支持。WSN 多为静态或弱移动的拓扑，而 Ad hoc（无线自组网）、WMN（无线网状网）更强调节点的移动和网络拓扑的快速变化。基于有无基础设施的无线网络分类如图 2-2-8 所示。

③ 从网络覆盖范围的角度看，WLAN 在相对比较小的范围内提供 11～54Mb/s 的高速数据传输服务，典型的节点到服务接入点（AP）的距离为几百米。WSN、WMAN 则是由无线路由器组成的骨干网，将接入距离扩展到几千米的范围。

④ 从网络协议的角度看，WSN 与 WLAN 都要完成本地接入业务，而 WSN 除了要完成本地接入业务，还要完成其他节点的数据转发。WSN 和 Ad hoc 采用的是静态路由协议与移动 IP 协议的结合，而 WMN 主要采用生命周期很短的动态按需发现的路由协议。

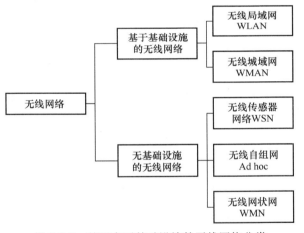

图 2-2-8　基于有无基础设施的无线网络分类

⑤ 从设计思想的角度看，WSN 的主要功能是传输一对节点之间的数据，而 WLAN、WMAN 节点主要传输互联网的数据。WSN 的大多数节点基本是静止不动的，受能量和资源的约束，拓扑变化相对较小。而 WLAN、WMAN 的能量资源相对丰富。

⑥ 从投资成本的角度看，WMAN 和 WLAN 采用的是星形结构，而 WSN 和 WMN 多采用网状结构。WMAN 的投资成本大，而 WSN 的组网设备无线路由器、接入点设备的价格远低于无线城域网基站设备的价格，因此可以降低组网和维护的成本。WSN 具有组网灵活、成本低、维护方便、覆盖范围大、建设风险相对比较小的优点。

（4）软件定义无线传感器网络。软件定义网络（Software Defined Network，SDN）基本架构如图 2-2-9 所示，可以看出软件定义网络由通过 API 互联的三个组件构成。第一个组件是应用平面，用于提供应用平面与各种网络的应用接口；第二个组件是控制平面，主要工作是控制和管理任务，提供网络决策功能；第三个组件是数据平面，各种基础网络设备都位于该组件中。OpenFlow 是由提出软件定义网络的 Clean Slate 科研组为软件定义网络的控制平面与数据平面制定的统一的接口和通信规则，包括控制平面与数据平面的信息通道、通信协议和转发规则表示格式。按照 OpenFlow 标准生产出来的交换机一般称为 OpenFlow 交换机。OpenFlow 标准是实现软件定义网络体系结构的核心。SDN 的工作原理大致如下：控制器根据网络应用需求为不同的数据流制定转发规则，制定完成后，通过 OpenFlow 协议将其传输到该控制器控制的交换机上。为了保证通信的安全性，OpenFlow 交换机专门开设了一条安全通道。随后，OpenFlow 协议将这些转发规则写入交换机的流表，以供其在转发数据流时查阅。通过这种方式，网络管理者能够以数据量为单位，控制所有的交换机，且为了确保集中式的控制，对当前全局信息的把握是不可缺少的，这些信息可以存储在一个数据库中供控制器查阅。

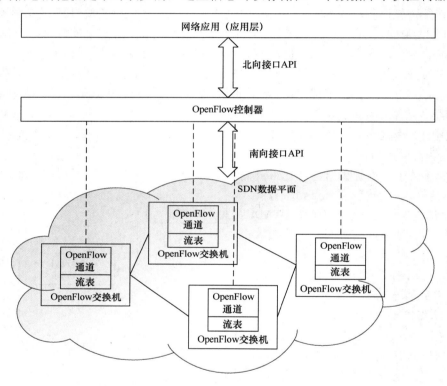

图 2-2-9　SDN 基本架构

软件定义无线传感器网络（Software-Defined Wireless Sensor Network，SDWSN）是指运用软件定义技术进行感知、路由、测量等任务的新型无线传感器网络。WSN 中的节点数量较大，网络拓扑可能随时改变，而且传统 WSN 协议由于受能量的限制，必须考虑通信能耗、负载均衡等问题，很少可以兼顾网络拓扑、节点能量等各方面的算法。并且传统的 WSN 系统通常是根据应用定制的，具有运行简单、开发高效的特点。但由于这些系统与应用绑定密切，难以更新，阻碍了软件创新的进程，因此不适合大规模部署。随着软件定义网络的提出，越来越多的人开始研究用软件定义网络来解决这些问题，软件定义无线传感器网络开始普及。

SDN 技术与 WSN 技术的融合这个课题于 2012 年被提出，该课题一经提出，就得到了众多研究者的关注，最终经过详细的实验论证，研究者得出结论：相较于分布式管理，集中式管理具有更大的优势，主要体现在传感器节点功能的简化、网络的高效管理和诊断、网络的参数配置更合理等方面。因此学术界普遍认为集中式管理可以更好地适应未来 WSN 的需求。相比于分布式 WSN，SDWSN 具有如下明显优势。

① 通过基于流的转发方式实现软件定义的数据包路由，使得传感器节点无须掌握复杂的路由协议，在物理层和 MAC 层借助软件定义无线电与软件定义 MAC 来制定数据收发行为，从而实现异构网络之间的互联共享。

② 集中控制增强网络管理。与 SDN 相同，SDWSN 采取集中控制原则，这使得网络管理者可以充分利用控制面维护的网络全局视图来更好地制定管理策略，从而实现远程动态的配置和改变网络状态及传感器节点行为，大大提高了资源管理效率，降低了网络管理的复杂度。

③ 架构解耦有助于网络创新。SDWSN 通过标准化接口协议来解耦架构各层面之间的依赖性，使相关技术的发展不再受到其他技术的限制，能够快速独立地发展。同时，SDWSN 结合了网络可编程服务，使用户可以方便地部署及测试新协议或算法，提升了网络创新速度和效率。

软件定义无线传感器网络通用架构如图 2-2-10 所示。类似于 SDN 架构，SDWSN 架构总体上分为应用层、控制层和数据层。其中，应用层由用户编程实现的各种应用（如传感应用）构成；控制层由逻辑集中的各种控制器构成，它们可以采取不同的部署方式，一般而言，控制层中的控制器具有不同的功能；数据层则由各种传感器节点组成，这些节点犹如 SDN 中的交换机，在获取传感数据后，依据控制器下发的转发规则进行数据转发，本身不参与路由决策。

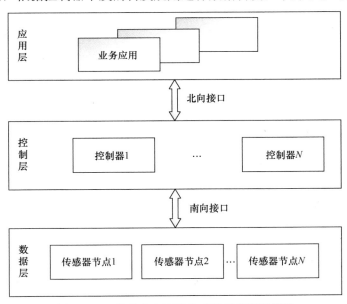

图 2-2-10　软件定义无线传感器网络通用架构

尽管这些年 SDN 技术与 WSN 相结合的研究取得了许多进展和成果，但仍存在着许多问题，如在基于 SDN 的 WSN 网络管理架构和性能评估、面向 WSN 的 SDN 实施技术等方面还有待进一步研究，相信随着研究的深入，SDWSN 会越来越普及。

（5）复杂网络理论。复杂网络（Complex Network）是指具有自组织、自相似、吸引子、小世界、无标度中部分或全部性质的网络。基本上，所有的实际网络均具有小世界性和无标度性，无线传感器网络也不例外。因此，无线传感器网络也属于复杂网络的研究范畴。事实上，无线传感器网络的研究在很大程度上借鉴了复杂网络的研究，因此充分利用复杂网络的研究成果，能够对无线传感器网络的演化规律有更好的认知，并研究出更适合各种环境的模型，从而延长网络生命周期、提高安全性，具有很强的现实意义。

复杂网络主要有 4 个统计特征，这 4 个统计特征描述了复杂网络中的节点间的关系，对了解整个网络的性能具有至关重要的作用。这 4 个统计特征如下。

① 网络节点的度和度分布。在网络中，节点的度是指与该节点相邻的节点的数目，即连接该节点的边的数目。度分布就是整个网络中各节点的度数量的概率分布。对于有向网络，又有出度和入度之分，入度是指指向该节点的边的数量，出度则是指从该节点出发指向别的节点的数量。假设网络中共有 N 个节点，其中有 N_k 个节点的度为 k，则其度分布 $P(k)=N_k/N$。在实际网络中，度分布大多是右偏的，即度比较小的节点占网络中的大多数，度比较大的节点占网络中的少数。在研究中发现，实际网络中的度分布往往趋近于指数分布，即 $P(k) \propto k^{-\gamma}$，这样的网络被称为无标度网络。

② 聚集系数。在网络中，节点的聚集系数是指与该节点相邻的所有节点之间连边的数目占这些邻居节点之间最大可能连边数目的比例。第 i 个节点 C_i 的计算公式为

$$C_i = \frac{2E_i}{(k_i - 1)k_i} \tag{2-2-1}$$

式中，k_i 表示邻居节点的数目，E_i 表示第 i 个节点与周边 k_i 个节点的实际连边数。

而网络的聚集系数则是指网络中所有节点聚集系数的平均值，即

$$C = \frac{1}{N} \sum_{i=1}^{N} C_i \tag{2-2-2}$$

式中，N 表示整个网络的节点总数。

从两个公式可以看出，聚集系数表明网络中节点的聚集情况与网络的聚集性，C_i 越大，则第 i 个节点与邻居节点的连边越密集，C 越大，则整个网络的任意邻居节点间的连边概率越大。

③ 平均路径长度。在网络中，任意两个节点 i、j 之间的距离 d_{ij} 为连接这两个节点的最短路径所包含的边的数目，则在含有 N 个节点的网络中，平均路径长度 L 指网络中 N 个节点对的平均距离，它表明网络中节点间的分离程度，反映了网络的全局特性。其表达式为

$$L = \frac{1}{N(N-1)} \sum_{i \neq j} d_{ij} \tag{2-2-3}$$

④ 介数。介数包括节点介数和边介数。节点介数指网络中所有最短路径中经过该节点的数量比例。假设 N_{jl} 是节点 j 和节点 l 之间的最短路径的条数，$N_{jl}(i)$ 表示节点 j 和节点 l 之间的最短路径经过节点 i 的条数，则节点 i 的介数 B_i 为

$$B_i = \sum_{\substack{\forall j,l \\ j \neq l \neq i}} \frac{N_{jl}(i)}{N_{jl}} \tag{2-2-4}$$

类似的边的介数 B_{ij} 即为网络中所有最短路径经过边 e_{ij} 的比例。

经过几十年的发展，复杂网络演化出许多模型，其中，随机网络模型、小世界网络模型和

无标度网络模型等在研究复杂网络问题过程中被广泛应用，下面对这三种模型进行简单介绍。

① 随机网络模型。随机网络模型起源于 1959 年 Erdos 和 Renyi 提出的随机图理论，随着该理论的提出，复杂网络理论进入了基于数学的系统研究新局面。而由 Erdos 和 Renyi 共同研究的 ER 模型也成为随机网络的一个典型模型，该模型的定义如下。随机给出 N 个节点，每对节点的连接概率均为 p（$0 \leqslant p \leqslant 1$），且节点之间没有影响。最终会得到一个具有 N 个节点的随机网络。随机网络模型的平均度 $k=p(N-1)$，当 N 较大时，平均度趋近于 pN，平均路径长度 $L \propto \ln N / \ln k$，聚集系数 $C \approx p = k / n \ll 1$，度分布服从如下的二项分布

$$P(k) = \binom{N}{K} p^k (1-p)^{N-k} \qquad (2\text{-}2\text{-}5)$$

当 $p=1$ 时，该随机网络模型即为全耦合规则网络，图 2-2-11 所示为当 $N=20$ 时，p 分别为 1 与 0.2 时的随机网络模型。

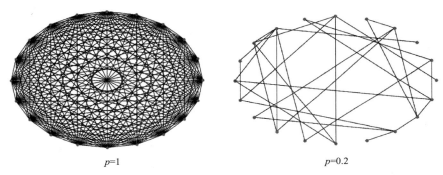

图 2-2-11　随机网络模型

总体而言，随机网络中任意两个节点间的特征路径的长度较小，网络中的每个节点的度近似相等，因此，随机网络在统计的层面上，是一种均匀网络。随着研究的深入，研究者发现真实网络表现出的集聚性往往难以在随机网络中得到体现。虽然如此，随机网络的随机特性依旧符合许多真实网络的连接特性，因此，对其进行的研究到现在仍具有参考价值。

② 小世界网络模型。由于随机网络及当 $p=1$ 时的全耦合规则网络均无法描述真实网络的某些特性，20 世纪末，Watts 和 Strogtz 提出了介于完全规则网络与完全随机网络之间的过渡网络模型，小世界网络模型简称为 WS 小世界模型。WS 小世界模型的构建主要分为两步，首先给定一个含有 N 个节点、每个节点连接 k 个节点的环状最邻近耦合网络，且 k 满足 $N \gg k \gg \ln k \gg 1$，而后以概率 p 重连网络的边。

当 $p=0$ 时，该模型为完全规则网络，当 $p=1$ 时为完全随机网络。图 2-2-12 所示为当 $N=15$、$k=2$ 时，随着 p 的增大，WS 小世界模型的演化过程。

除 WS 小世界模型外，还有一种 NW 小世界模型，它是由 Newman 和 Watts 提出的用于解决 WS 小世界模型构造算法中的随机过程可能破坏网络的连通性这一问题的一种模型。NW 小世界模型的构建也分为两步，第一步与 WS 小世界模型的构建相同，第二步，以概率 p 在随机选取的一对节点之间加一条边（已经连接的节点不再加边）。从本质上来说，WS 小世界模型与 NW 小世界模型基本一致。

③ 无标度网络模型。随机网络模型和小世界网络模型拥有较为均匀的度分布，因此，这两个模型都可以被认为是均匀网络模型，而现实世界中的复杂网络系统的连接度基本都是非

均匀的，没有明显的特征长度，其度分布服从幂律分布。为了描述这种网络，Barabasi 和 Albert 于 1998 年提出了无标度网络模型。

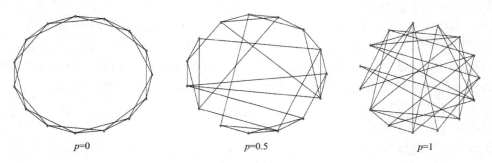

图 2-2-12　WS 小世界模型的演化过程

无标度网络模型有两个主要特性：增长特性和优先连接性。无标度网络模型的构建过程如下：首先，构建一个节点数为 N 的网络，然后，每隔相同的时间加入一个新节点，并将其与初始网络中的任意 M 个节点相连（$M \leqslant N$），新加入的节点与初始网络中节点的连接概率 p_i 如下

$$p_i = \frac{k_i}{\sum\limits_{j} k_j} \qquad\qquad （2\text{-}2\text{-}6）$$

式中，k_i 表示节点 i 的度。从式（2-2-6）可以看出，初始网络中度越高的节点与新加入的节点连接的概率越大。因此，随着时间的推移，加入网络的节点越多，虽然网络中的节点不断增多，但初始网络中度高的节点始终保持着较高的度。无标度网络模型的演化过程如图 2-2-13 所示。

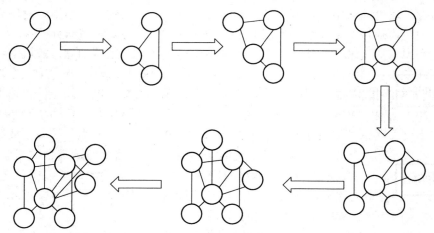

图 2-2-13　无标度网络模型的演化过程

由无标度网络模型的构建过程与特性可以看出，它对随机攻击具有较好的鲁棒性，对于蓄意攻击，网络却十分脆弱。

2.2.2　网络层

网络层由各种私有网络、互联网、有线和无线通信网、网络管理系统、数据服务器等组成，相当于人的神经中枢和大脑，负责传输与处理感知层获取的信息。经过几十年的快速发展，移动通信、互联网等技术已比较成熟，基本能够满足物联网数据传输的需要。

本节主要介绍网络层的 M2M 技术、6LoWPAN 技术、TD-SCDMA 及光纤通信技术。

1．M2M 技术

（1）M2M 与物联网。M2M（Machine-to-Machine）即机器对机器，是一种在系统之间、远程设备之间、机器与人之间建立无线连接，使设备数据可以实时传输的技术，其目标是使所有机器都具备联网和通信能力，核心理念就是网络一切（Network Everything）。M2M 综合了数据采集、远程监控、通信、信息处理等技术，实现了人与机器、机器与机器之间畅通无阻、随时随地的通信。

M2M 技术是首先在物联网中得到广泛应用的技术，对于物联网而言，M2M 是一个点，或者说是一条线，只有当其规模化、普及化，且各个 M2M 系统之间通过网络实现智能的融合和通信时，才能形成物联网。M2M 的发展将极大地推进物联网行业的发展，并彻底改变整个社会的工作和生活方式，提高生产能力及工作效率，使人们的生活更轻松、更便利、更和谐。未来的物联网将由无数个 M2M 系统组成，它们通过中央处理单元协同运作，负责自己的功能处理，最终组成智能化的社会系统。

（2）M2M 系统架构。M2M 系统架构包括应用层、网络传输层和设备终端层，如图 2-2-14 所示。

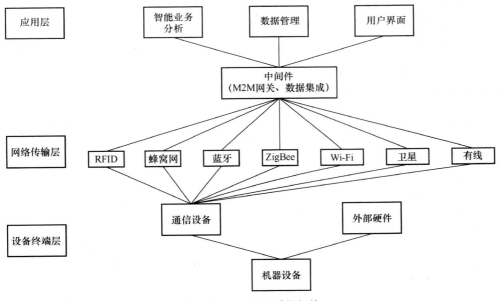

图 2-2-14　M2M 系统架构

① 应用层。应用层主要由中间件、业务分析、数据存储和用户界面 4 部分组成。它的功能是进行数据存储及提供各种应用平台和用户界面。应用层通过中间件与网络传输层相连。

② 网络传输层。网络传输层的主要功能是数据传输。

③ 设备终端层。M2M 终端的功能是将机器设备的数据发送到通信网络，最终传输给服务器和用户。用户可以通过通信网络和控制系统远程控制与操作设备。

（3）M2M 通信协议。M2M 终端可通过 GSM、WCDMA、TD-SCDMA 等不同的移动通信网接入，为了屏蔽不同通信网络、不同通信方式的差异性，便于 M2M 终端设备快速接入 M2M 系统，需要对 M2M 终端设备与 M2M 管理平台之间的通信协议进行规范，因此中国移动提出了无线机器管理协议（Wireless Machine Management Protocol，WMMP）。

WMMP 是为实现 M2M 业务中 M2M 终端与 M2M 平台、M2M 终端之间、M2M 平台与 M2M 平台之间的数据通信过程而设计的应用层协议。WMMP 由 M2M 平台与 M2M 终端接口协议（WMMP-T）和 M2M 平台与 M2M 应用接口协议（WMMP-A）两部分组成。WMMP-T 完成 M2M 平台与 M2M 终端之间的数据通信，以及 M2M 终端之间借助 M2M 平台转发、路由所实现的端到端数据通信。WMMP-A 完成 M2M 平台与 M2M 应用之间的数据通信，以及 M2M 终端与 M2M 应用之间借助 M2M 平台转发、路由所实现的端到端数据通信。

WMMP 主要实现的功能和流程如下。

① M2M 终端序列号的注册和分配，序列号由 M2M 管理平台为其分配。

② M2M 终端登录系统，M2M 管理平台对终端进行审核鉴权，决定是否允许接入平台。

③ M2M 终端退出系统。

④ M2M 连接检查，处于长连接模式的链路保持不变，对短连接模式的链路进行管理和监控。

⑤ 终端上线失败错误状态上报，终端发送报警短信，得到管理平台确认后进入休眠，管理平台可在故障排除后将其激活。

⑥ M2M 终端按照 M2M 管理平台的要求上报采集数据、告警数据或统计数据，以及向 M2M 管理平台请求配置数据。

⑦ M2M 管理平台从 M2M 终端提取所需的数据，或向终端下发控制命令和配置信息。

⑧ M2M 终端软件的远程升级。

2．6LoWPAN 技术

（1）6LoWPAN 技术概述。LR-WPAN 是为短距离、低速率、低功耗无线通信而设计的网络，它是由 IEEE 802.15.4 定义的一种低速无线个域网协议。IEEE 802.15.4 的设备密度很大，迫切需要实现网络化，且为了满足不同设备制造商的设备间的互联和互操作性，需要制定统一的网络层标准，但是该标准只规定了物理层（PHY）和介质访问控制（MAC）层标准，而没有涉及网络层以上的规范，这使得其网络化尤为困难。而 IPv6 具有规模空前的地址空间及开放性，使得人们开始研究 IPv6 技术与 LR-WPAN 技术相结合的技术，以期解决 IEEE 802.15.4 面临的问题，6LoWPAN 应运而生。

6LoWPAN（IPv6 over Low Power Wireless Personal Area Network）是由互联网工程任务组（IETF）定义的一种基于 IPv6 的低速无线个域网标准，即 IPv6 over IEEE 802.15.4。研究该技术的目的是将 IPv6 引入以 IEEE 802.15.4 为底层标准的无线个域网。该技术的出现解决了窄带宽无线网络中的低功耗、有限处理能力的嵌入式设备使用 IPv6 的困难，实现了短距离通信到 IPv6 的接入，推动了短距离、低速率、低功耗的无线个人区域网络的发展。

6LoWPAN 技术底层采用 IEEE 802.15.4 规定的物理层和 MAC 层，网络层采用 IPv6 协议。在 IPv6 中，MAC 层支持的载荷长度远大于 6LoWPAN 底层所能提供的载荷长度，为了实现 MAC 层与网络层的无缝链接，6LoWPAN 工作组在网络层和 MAC 层之间增加一个网络适配层，用来完成包头压缩、分片与重组及网状路由转发等工作。

（2）6LoWPAN 技术优势。IPv6 技术在 LoWPAN 网络中的应用对于 LoWPAN 网络而言，不仅保留了自己原有的优点，还将 IP 技术的优势带入到网络中。

① 普及性。IP 技术是一门已经得到普及并被广泛认可的技术，这使得作为下一代互联网核心技术的 IPv6 在 LoWPAN 网络中的应用更容易得到普及。

② 适用性。IP 技术普及性使得其网络协议栈架构也受到普遍认可，这使得基于 IP 的设备无须翻译网关或授权书就可以很容易地连接到其他 IP 网络。

③ 更多地址空间。IPv6 最吸引 LoWPAN 网络的地方就是其庞大的地址空间，这为 LoWPAN 网络部署大规模、高密度无线个域网提供了可行性。

④ 支持无状态自动地址配置。在 IPv6 中当节点启动时，可以自动读取 MAC 地址，并根据相关规则配置好所需的 IPv6 地址。

⑤ 易接入。使用 IPv6 技术可以使其他基于 IP 技术的网络及下一代互联网更容易地接入网络。

⑥ 易开发。基于 IPv6 的许多技术已经较为成熟，LoWPAN 网络可以根据自己的需求对这些技术进行适当的精简和取舍，简化了协议开发的过程。

应用层
6LoWPAN传输层
6LoWPAN网络层（IPv6）
6LoWPAN适配层
IEEE 802.15.4MAC层
IEEE 802.15.4物理层

图 2-2-15　6LoWPAN 协议栈的体系结构

（3）6LoWPAN 协议栈。6LoWPAN 协议栈的目的是实现无线传感器与 IP 网络的无缝连接，其体系结构如图 2-2-15 所示。简单的 6LoWPAN 协议栈与普通的 IP 协议栈相似，但也有较多区别，首先，对于 6LoWPAN 来说，只支持 IPv6，网络中的 LoWPAN 适配层是定义在 IPv6 之上的优化；其次，在传输协议方面，6LoWPAN 中最常用的用户数据协议（User Datagram Protocol，UDP）可以按照 LoWPAN 格式进行压缩。图 2-2-16 所示为 IP 协议栈和 6LoWPAN 协议栈的比较。

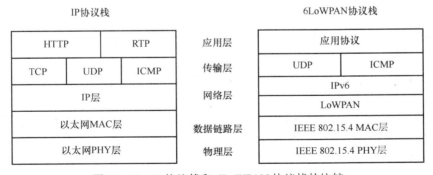

图 2-2-16　IP 协议栈和 6LoWPAN 协议栈的比较

3. TD-SCDMA

TD-SCDMA（Time Division-Synchronous Code Division Multiple Access，时分同步码分多址）是以我国知识产权为主的、被国际上广泛接受和认可的第三代移动通信（简称 3G）标准，也是被国际电信联盟批准的三个 3G 标准之一。TD-SCDMA 的优势主要在于其频谱利用率、频谱灵活性及成本，且由于其采用时分双工的方式，因此上行和下行的特性几乎相同，因此，将其应用于物联网的承载网技术中，能大大推动物联网的发展。

在物联网的承载平台中应用 TD-SCDMA 标准将充分发挥其优势,且可以推动物联网技术在工业控制、农业种植和医疗环保等行业的发展。

4．光纤通信技术

光导纤维通信简称光纤通信,是一种利用光导纤维传输信号,从而实现信息传输的通信方式。在实际应用中,光纤通信系统使用的是由许多光纤聚集在一起而形成的光缆,而不是单根的光纤。采用光纤传导信号,使光纤通信系统具有很多别的通信系统没有的优势,主要有以下 6 点:

（1）频带宽,通信容量大;

（2）传输损耗低;

（3）抗电磁干扰;

（4）保密性强,使用安全;

（5）体积小、质量轻,便于铺设;

（6）材料资源丰富。

这些优点非常符合物联网技术中对海量数据的传输与承载的要求,因此将该技术使用在物联网中,将大大加快物联网的发展进程。

2.2.3　应用层

应用层可以分为两个子层:一个是云应用层,进行数据挖掘、存储、计算和处理;另一个是终端人机世界,主要负责信息的显示。物联网的应用层覆盖自然界的方方面面,如工业、农业、物流、医疗等国民经济和社会领域。

应用层的主要支撑技术为服务与管理技术、云计算和雾计算技术,服务与管理技术在第 2 章已详细介绍,云计算和雾计算技术在第 1 章已介绍,本节将对云计算和雾计算技术进行详细介绍。

1．云计算

（1）云计算的特征。

① 超大规模。"云"所拥有的超强的运算、存储和信息服务功能来自其超大规模的服务器集群。

② 弹性服务。云计算提供的服务规模能够快速伸缩,这使得云计算能够快速调整用户使用的资源,使其与用户业务需求相一致,避免了服务器性能过载或冗余而导致的服务质量下降或资源浪费。

③ 资源池化。通过共享资源池的方式对资源进行统一管理。利用虚拟化技术,将资源分享给不同用户,且资源的放置、管理与分配策略对用户透明。

④ 服务可计费。监控用户资源使用量,并根据资源的使用情况对服务计费。

⑤ 泛在接入。用户可以利用各种终端设备,如 PC、笔记本电脑、智能手机等,随时随地通过互联网使用云计算服务。

⑥ 可靠性。云计算使用了数据多副本容错、计算节点同构可互换等措施来保障服务的可靠性。

云计算是分布式计算、互联网技术、大规模资源管理等技术的融合与发展,其研究与应

用是一个系统工程问题，涵盖了数据中
心管理、资源虚拟化、海量数据处理、
计算机安全等重要问题。云计算与相关
技术的联系如图 2-2-17 所示。

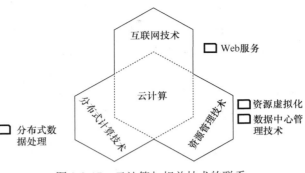

图 2-2-17　云计算与相关技术的联系

（2）云计算的体系架构。云计算的
体系架构如图 2-2-18 所示，从图中可以
看出，其体系架构分为三层：核心服务
层、服务管理层及用户访问接口层。核
心服务层的功能是将硬件基础设施、软
件运行环境、应用程序抽象成具有可靠
性强、可用性高、规模可伸缩等特点的服务；服务管理层的功能是为核心服务提供支持，确
保核心服务的可靠性、可用性与安全性；用户访问接口层的功能是实现端到云的访问。下面
对这三层结构进行详细介绍。

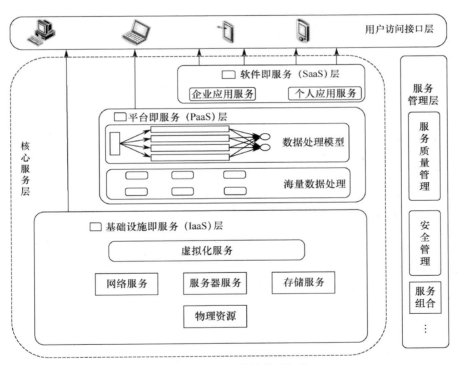

图 2-2-18　云计算的体系架构

① 核心服务层。核心服务层通常分为三个子层：基础设施即服务（IaaS，Infrastructure as
a Service）层、平台即服务（PaaS，Platform as a Service）层、软件即服务（SaaS，Software as
a Service）层。

IaaS 层的功能是将基础设施作为一种服务通过网络提供给消费者使用，消费者能够部署
和运行包括操作系统与应用程序在内的任意软件。消费者没有控制或管理任何云计算基础设
施的权限，但能控制操作系统的选择、存储空间、部署的应用，也有可能获得有限制的网络
组件（如防火墙、负载均衡器等）的控制。

PaaS 是云计算应用程序的运行环境，提供应用程序部署与管理服务。通过 PaaS 层的软件工具和开发语言，应用程序开发者只需上传程序代码和数据即可使用服务，而不必关注底层的网络、存储、操作系统的管理问题。SaaS 是基于云计算基础平台所开发的应用程序，它通过互联网提供按需付费的软件应用程序，云计算提供商托管和管理软件应用程序，允许其用户连接到应用程序并通过全球互联网访问应用程序。

② 服务管理层。

服务管理层的功能是为核心服务层的可用性、可靠性和安全性提供保障。服务管理包括服务质量（Quality of Service，QoS）保证和安全管理等。

云计算平台庞大的规模和复杂的结构使其为用户提供的服务很难完全满足用户的需求，为了解决这个问题，云计算提供商需要和用户进行协商，并制定服务水平协议（Service Level Agreement，SLA），使得双方对服务质量的需求达成一致。用户在云计算提供商提供的服务未能达到 SLA 的要求时，可以得到补偿。

除服务质量外，数据的安全性一直是用户较为关心的问题。云计算数据中心采用的资源集中式管理方式使得云计算平台存在单点失效问题。保存在云计算数据中心的关键数据会因为突发事件（如地震、断电）、病毒入侵、黑客攻击而丢失或泄露。根据云计算服务的特点，研究云计算环境下的安全与隐私保护技术（如数据隔离、隐私保护、访问控制等）是保证云计算得以广泛应用的关键。

除服务质量保证、安全管理外，服务管理层还负责计费管理、资源监控等管理内容，这些管理措施为云计算的稳定运行发挥了重要作用。

③ 用户访问接口层。

用户访问接口层的功能是实现云计算的泛在访问，主要形式有命令行、Web 服务及 Web 门户等。命令行和 Web 服务的访问模式既可为终端设备提供应用程序开发接口，又便于多种服务进行组合。Web 门户则是不同于命令行和 Web 服务的一种访问模式，云计算可以通过 Web 门户将用户的桌面应用迁移到互联网，使得用户可以随时随地通过浏览器访问数据和程序，从而提高工作效率。虽然用户能够通过访问接口便捷地使用云计算提供商提供的服务，但不同云计算提供商提供的接口标准不同，这导致用户数据不能在不同提供商之间迁移。为此，在一些公司的倡导下，云计算互操作论坛（CCIF，Cloud Computing Interoperability Forum）宣告成立，该论坛的目标是建立全球的云团体和生态系统。

2．雾计算

雾计算于 2011 年由思科公司提出，其原理是在用户和云服务层之间增加一个雾层，利用距离用户较近的雾层中的设备提供有弹性的计算资源。雾计算是对云计算概念的一种延伸，因此相较于云计算，既有相似之处，又有诸多不同。在计算模式上，雾计算与云计算类似，都是基于网络的计算模式，雾计算通过互联网上的雾节点提供数据共享、计算、存储等服务；在计算模型上，云计算采用的是一种相对集中的计算模型，利用核心网络中强大的资源处理来自网络环境的请求，在实现高速计算存储等功能的同时带来了更大的网络延迟等问题，而雾计算则采用了一种具有更广泛分布式部署的处理环境，数据的存储和处理更依赖边缘设备，充分利用边缘网络中的资源提供更有效的服务。因此，雾计算并非同云计算一般由性能强大的服务器群组成，而是由性能较弱、更为分散的各种功能计算机组成的，它强调数量，且无论单个计算节点能力多么弱，都要发挥作用。因此，雾计算环境需要大量的边缘设备为用户提供更有效的服务，雾计算的用户通常需要为此支付一定的费用，计算服务设备则可以通过出借自身多余的计算资源来获得一定的收益奖励。

通用的雾计算架构是一个三层的网络结构，如图 2-2-19 所示。底层是终端用户的物联网设备层，主要由智能手机、PC、智能手表等组成；中间层是雾计算层，主要由具有一定计算能力的雾设备（如路由器、网关、小型服务器等）组成；上层是云计算中心层，主要由能够处理和存储大量数据的云服务器组成。

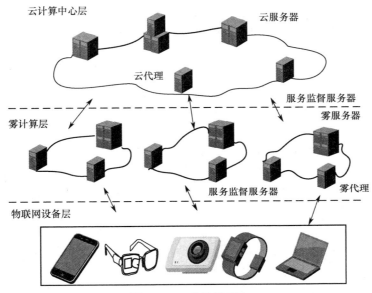

图 2-2-19　雾计算架构

3．基于云计算、雾计算的物联网平台

随着云计算、雾计算技术的发展和成熟，各大厂商都建立了自己的基于云计算、雾计算的物联网平台，这些平台主要分为两类：一类是阿里云这样的平台，这类平台没有为个人用户提供服务的产品，因此只提供云端服务和 App 定制功能；另一类是华为、小米等企业的平台，这类平台拥有为个人用户提供服务的产品，因此，可以提供各种网关服务，便于设备的接入。

图 2-2-20 所示为小米物联网平台架构，小米的物联网平台主要针对智能家居市场，其网关一般通过 Wi-Fi 连接到家庭路由器，能够连接小米旗下的智能设备及与小米合作的厂商的设备，能够提供 BLE、BLE-Mesh、ZigBee、红外遥控等功能。

图 2-2-21 所示为阿里云物联网平台架构，阿里云物联网平台主要提供线上服务。企业接入阿里云之后，在 SaaS 界面将自己的物联网产品功能进行定义，完成定义后，可以选择使用阿里云提供的模组，然后接入云端的物联网平台；也可以选择使用自己的硬件，阿里云会提供大量的软件开发工具包（SDK）。与小米相比，阿里云的物联网方式更为灵活，且涉及面广，除智能家居外，在农业、工业等方面都有涉及。

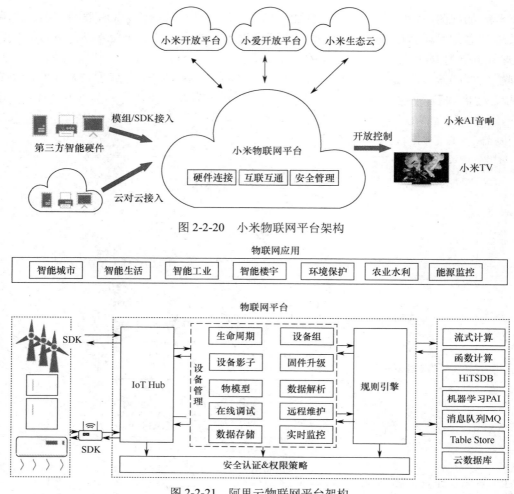

图 2-2-20　小米物联网平台架构

图 2-2-21　阿里云物联网平台架构

2.3　智能物联网架构和应用

2.3.1　智能物联网架构

物联网作为信息产业的核心技术之一，与人工智能的结合是必然的，因此，我国于 2018 年提出了智能物联网的概念。智能物联网是一种在传统物联网信息收集的基础上，融合了人工智能中的机器学习技术，从而实现对收集到的实时数据进行智能化分析的新型物联网。人工智能与物联网结合，为物联网提供了感知、分析、控制与执行的智能化，使得物联网具有更强的感知与识别能力。而对于人工智能而言，物联网采集的信息数据又很好地为其提供了训练数据，两者相辅相成，共同发展。物联网与人工智能作为 21 世纪的研究热点，它们的结合是大势所趋，必将促进社会经济的发展，促使产业升级、体验优化。

AIoT（Artificial Intelligence and Internet of Things，智能物联网）的体系架构主要有三大层级：智能设备及解决方案、操作系统（OS）层及基础设施。智能设备及解决方案主要负责各类数据，如视图、音频、压力、温度等的收集、抓取、分拣及搬运；OS 层的主要功能是连接与控制设备层，对数据进行智能分析与处理，以及将不同场景的核心应用固化为功能模块等，OS 层对各种技术能力（如业务逻辑、统一建模、全链路技术能力、高并发支撑能力等）的要求较高，通常以 PaaS 形态存在；基础设施为整个系统提供服务器、存储、AI 训练和部署能力等的 IT 基础设施。AIoT 的体系架构如图 2-3-1 所示。

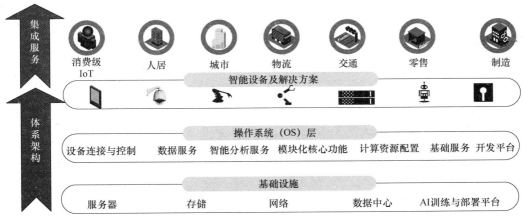

图 2-3-1　AIoT 的体系架构

物联网系统分为机器感知交互层、通信层、数据层和智能处理层 4 个关键层级，每个层级都有其特定的功能和作用，它们共同工作以实现物联网的智能化和自动化。

（1）机器感知交互层。该层是物联网的物理基础，负责从物理世界中收集数据。它包括各种类型的传感器、可编程逻辑控制器（PLC）以及数据接口设备。传感器可以检测和响应某些类型的刺激，如温度、湿度、光照、压力等，而 PLC 通常用于自动化控制过程。

（2）通信层。该层是物联网中信息传输的关键，它确保了数据可以在不同的设备之间以及人与设备之间进行有效传输。它包括本地网络和远程传输网络设备，比如 Wi-Fi、蓝牙、移动网络、卫星通信等，以及相关的接入点、路由器和服务器。

（3）数据层。该层是智能物联网的核心，主要包含模型库、知识库、实时数据库、历史数据库及人工神经网络等。模型库用于存放处理事件所用的抽象数学模型；知识库用于存放对不同类型问题的判读经验；实时数据库用于存放设备物品的状态参数；历史数据库用于存放过去的状态数据或处理结果；人工神经网络则是一种模仿神经网络的行为特征，可以进行分布、并行信息处理的数学模型。

（4）智能处理层。该层主要用于数据处理，具有很强的处理数据能力，其任务包括数据查询、数据分析、数据预测、下达指令及生成报告。智能处理层的智能化水平直接影响整个物联网系统的智能层次，其技术核心与运行状态也直接影响物联网与人工智能相互结合的发展。

这 4 个层级共同构成了物联网，它们相互协作，确保了物联网系统能够高效、智能地运作。

2.3.2　物联网专家系统

物联网专家系统是指物联网中存在的一种计算机智能程序或一种智能机器设备（服务

器），该设备通过网络化部署的专家系统，具有专门的知识及经验，可以实现物联网数据的基本智能处理，其基本结构如图 2-3-2 所示。物联网专家系统给物联网用户提供了有效的智能化专家服务功能。物联网专家功能的实现主要依赖物联网智能终端所采集的数据，它具有以下特点。

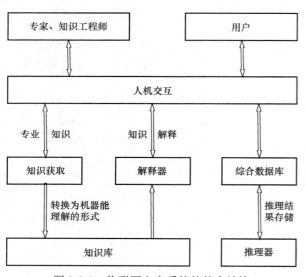

图 2-3-2 物联网专家系统的基本结构

（1）专业性。要想实现专家功能，必须拥有专家级的知识与经验，知识与经验越丰富，解决问题的能力就越强。

（2）启发性。物联网专家系统可以运用专门知识与经验对问题进行判断、推理和联想，从而解决问题，而非单一的只能使用逻辑知识。

（3）透明性。对用户而言，专家系统是透明的，用户可以通过专家系统了解其知识内容和推理思路，以及一些有关系统自身行为的问题。

（4）灵活性。物联网专家系统所拥有的专业知识与其推理机构是相互分离的，这样可以使系统在原有知识的基础上，不断接纳新的知识，从而确保系统内知识不断增多，以满足商业和研究的需要。

（5）有一定难度。物联网专家系统是模拟人类的思维创造的，但是人类的知识是无限的，每个人的思维方式也是不同的，因此要真正模拟人脑思维是很难的，需要多学科共同发展来解决这个问题。

2.3.3 物联网工程应用

1. 建筑人居应用

智能物联网（AIoT）在建筑人居（家居、酒店、办公环境）等方面有很强的实用性，主要表现在 AI "领班"模式，即场景中的设备联动需要使用用户的指令来触发。AIoT 在建筑人居场景领域的典型应用如表 2-3-1 所示。人居场景的发展方向主要为 AI "管家"模式应用，即设备可根据用户的生活行为习惯和环境变化自主感知与联动。

表 2-3-1 AIoT 在建筑人居场景领域的典型应用

典 型 应 用	AIoT 的 应 用
智能酒店服务	更多以智能终端与智能服务机器人服务住客，配以入住系统，智能导航与智能服务系统优化住客体验
家居/酒店室内智能	以传感设备感知居住环境，收集用户居住习惯数据，通过 AIoT 平台与边缘智能算法改善居住环境条件，并与用户习惯自适应和自匹配
办公环境能耗管理	以智能网关与智能电器为数据入口，利用 AIoT PaaS 平台实时监测能耗，并通过 AI 算法实现设备自动启闭，能源自主降耗

（续表）

典 型 应 用	AIoT 的应用
社区智能管理	更多以遍布社区的智能摄像头为前端感知入口，通过云边结合的方法实现人、车、屋等多维布控，更多的是各个智能单元系统的汇合

在建筑人居领域，物联网的应用正逐步深入我们日常生活的方方面面。

在智能家居系统中，摄像头、传感器和门禁系统的集成实现了对家庭安全的实时监控和远程警报。智能照明和温控系统则能够根据环境光线和用户需求自动调节室内照明与温湿度，不仅节能降耗，还显著地提升了居住舒适度。此外，智能家电的普及使得冰箱、洗衣机、烤箱等家电设备能够通过物联网连接，实现远程控制和智能操作。

智能酒店服务通过人脸识别或移动设备来实现快速入住和退房，缩短排队时间，同时客房内的智能设备如智能电视、智能音响等，可以根据客人喜好自动调整设置。系统还能够智能监测客房内的能源使用情况以实现节能管理。

在智能办公场景中，预约系统可以自动调节会议室的照明、空调和投影设备，提高会议效率，同时环境监测和资产管理的智能化也保证了员工的健康和工作效率。

智能物业管理则通过传感器和摄像头实现停车位自动识别和导航，提高停车效率，并通过物联网技术监控建筑内的各种设施，如电梯、供水供电系统等，实现预测性维护，同时智能灌溉系统也会根据土壤湿度和天气情况自动调节浇水量，节约水资源。

在健康与养老方面，智能健康管理通过可穿戴设备监测居民的健康状况，并与医疗系统联动，为居民提供紧急呼叫、跌倒检测、远程医疗等服务，提升居家养老的安全性和便利性。

这些物联网应用的推广不仅提升了居住和工作的舒适度与安全性，还实现了能源的节约和环境的保护，推动了建筑人居向更加智能化、绿色化的方向发展。

2．工业应用

AIoT 在工业领域具有很广阔的应用前景。现代化的工业正向着要素资源高效利用、生产过程柔性配置的方向发展，这使得该领域积极推动实现自动化与信息化的深度融合，AIoT 很好地符合这一要求。传统的工业物联网为工业领域提供了数据采集与设备监控能力，加入了人工智能之后，工业物联网平台具备了某几项与机器预测相关的应用开发及数据处理强化功能。除此之外，AIoT 还为工业领域提供了智能工业机器人及通过与工业视觉相关的软硬件实现的一些感知识别与定位应用。AIoT 在工业物联网领域的典型应用如表 2-3-2 所示。

表 2-3-2　AIoT 在工业物联网领域的典型应用

典 型 应 用	AIoT 的应用
设备管理	历史数据和机器学习技术建立设备故障预测模型，实现对高价值设备、关键零部件的故障诊断、预测性报警，减小被动维修或预防性维修的次数
能源管理	基于机器学习的历史数据能耗分析可计算平均工况下的最优能耗，辅以用能状态实时评价、用能风险预警和用能趋势预测，帮助实现安全用能、节能环保
工业视觉	包括产品表面瑕疵检测、尺寸检测，通过基于深度学习的视觉技术检测工件关键部位的距离、夹角等参数，以及表面是否存在气孔、裂纹、划痕、泄漏等问题，判断工件品质

（续表）

典 型 应 用	AIoT 的应用
安全监控	通过巡检机器人或监控系统对烟火、高温、特殊气体泄漏、厂区异常声音及不明人员告警
仓储物流	通过仓储模型和 AGV、AMR 机器人，将客户零散的、突发性的需求形成便捷应用，可以实现库位优化、最优出库、子仓协同、异常订单处理，分拣效率高，损耗较小

在工业领域，物联网的应用正推动着智能制造、智能仓储与物流、能源管理、环境监测与安全以及远程设备管理等方面的革新。智能生产线通过物联网技术实现生产设备的实时监控和智能调度，显著提升了生产效率和产品质量。预测性维护系统利用传感器收集的设备运行数据，结合机器学习算法，能够预测潜在的故障并提前进行维护，有效缩短了停机时间。质量监控系统则通过高精度传感器和视觉系统实时检测产品缺陷，确保了产品质量。

在智能仓储与物流方面，自动化立体仓库和智能物流系统利用物联网技术实现了货物的自动存取、智能盘点、实时追踪和智能配送，大幅提高了仓储效率和降低了物流成本。

智能能源监控系统则通过实时监测工业能耗，提供能源使用分析和优化建议，助力节能减排，而需求响应系统则通过工厂与电网的实时通信，智能调节电力消耗，进一步优化能源使用。

在工业安全监控方面，物联网技术能够实时监测有害气体浓度并实现厂区安全的实时监控，从而预防火灾、爆炸等紧急情况，保障了工人的生命安全。

远程设备管理方面，设备远程监控和维护的物联网应用降低了维护成本，而设备数据分析则通过优化设备运行参数提高了设备效率和延长了寿命。

这些物联网应用的推广不仅提高了生产效率和产品质量，还实现了能源的节约和环境的保护，推动了工业向更加智能化、绿色化的方向发展。

3. 城市应用

城市应用主要集中在监管、调度、公共服务领域。城市的运营和管理涉及大量的人员、设备、数据、行为的管理，城市物联网能够利用遍在的城市基础设施，采集和处理原本需要大量城市管理人员才能处理的城市运营信息，实现城市的自动化运转。目前 AIoT 与城市公共管理的结合主要集中在视觉识别、分析预测、优化调度等领域，可通过功能开发应用于城市安全防控、交通监管调度、公共基础设施管网优化、智能巡检、民生服务。AIoT 在智慧城市领域的典型应用如表 2-3-3 所示。

表 2-3-3　AIoT 在智慧城市领域的典型应用

典 型 应 用	AIoT 的应用
交通监管	通过 AI 摄像头实现车辆信息识别、多种违规行为综合检测执法，对驾驶员的危险行为进行预警。电子停车收费大规模推广
城市电网	基于全网运行数据进行人工智能负荷预测，以秒级速度获取人工数小时的运算结果
基础设施	基础设施网络自动化运维，故障处理对人工干预的需求大大减少，处理事件时间由小时级降至分钟级，基础设施网络可靠性超过 99%

在城市应用方面，物联网技术正逐步改变着城市的运行方式，不断提升城市生活的智能

化和效率。

智能交通系统通过实时监测交通流量和智能调整信号灯配时，有效减少了交通拥堵，同时，智能停车解决方案通过实现停车位的实时信息共享，提供了智能停车导航和预定服务，极大地方便了市民的出行。

在环境监测与治理方面，空气质量监测和水质监测利用物联网技术实时监测城市空气与水质量，确保了城市环境的安全和健康。

在公共安全与应急管理方面，智能监控与安防系统通过对公共场所的实时监控和异常事件预警，提高了城市的安全性，而灾害预警与响应则通过早期监测和预警，提高了城市对自然灾害的应急响应效率。

智能照明系统通过安装智能路灯和实现对城市景观照明的智能控制，不仅节约了能源，还改善了城市夜景的效果。智能废物管理则通过实现垃圾箱满载度的实时监控和推广智能废物分类系统，优化了垃圾收集路线，提高了废物回收率。

智能公共服务方面，智能公交系统和智能医疗服务通过物联网技术，分别实现了公交车辆的实时位置追踪和到站时间预测以及医疗设备的远程监控和维护，极大地提升了公共交通和医疗服务的水平。

通过这些物联网应用的推广，城市不仅能够提升公共服务的效率和质量，还能实现资源的节约和环境的保护，推动城市向更加智能化、绿色化的方向发展。

2.4　本章小结

智能物联网的快速发展推动了物理世界与数字世界的深度融合，为各行各业带来了前所未有的机遇。本章详细阐述了智能物联网体系标准与协议架构的各个方面，揭示了其在实现设备智能互联中的关键作用。

首先，近场无线通信技术标准及协议，如 Bluetooth、高速 WPAN、ZigBee、WLAN 和高速 WMAN，为智能物联网提供了多样化的通信手段，确保了数据的高效传输和设备的无缝连接。这些技术在智慧城市等领域的应用，进一步展现了智能物联网的巨大潜力。

其次，物联网体系架构的三个层级——感知层、网络层和应用层，构成了智能物联网的核心框架，每层都承担着不可或缺的角色，共同保障了系统的互操作性。智能物联网架构的设计和应用，特别是物联网专家系统和工程应用，为智能化解决方案的构建提供了实践指导。

总体而言，本章为理解和应用智能物联网技术提供了全面的理论基础与实践参考，使读者可以对物联网的体系架构有全面的认识。随着技术的不断进步，智能物联网有望在未来扮演更加重要的角色，为人类社会带来更加智能、便捷的服务。

2.5　习题 2

2.1　简述蓝牙 5.0 相较于蓝牙 4.0 的主要性能提升。

2.2　解释跳频技术在蓝牙中的作用及其原理。

2.3 简述 ZigBee 技术的特点及其适用场景。

2.4 什么是 WLAN？它的主要技术特点是什么？

2.5 比较 Wi-Fi 和蓝牙两种无线通信技术的优缺点。

2.6 简述物联网中 M2M 技术的作用及其系统架构。

2.7 简述 6LoWPAN 技术的主要优势及其在物联网中的应用。

2.8 解释软件定义无线传感器网络（SDWSN）的概念及其优势。

2.9 简述物联网专家系统的特点及其应用场景。

2.10 什么是云计算？它在物联网中扮演什么角色？

2.11 举例说明物联网在工业领域的应用。

第 3 章　物联网实验系统的硬件平台和软件开发环境

前两章对物联网技术相关理论知识进行了介绍，但技术主要为了服务于应用，在应用前，为防止不必要的损失，一般都会进行仿真实验，确保整个系统的正确性与可行性。本章将介绍物联网实验开发板——ZT-EVB 开发平台及 CVT-IOT-VSL 教学实验箱，以及物联网软件开发工具——IAR 软件，并通过它们实现射频类网络与通信实验和物联网综合实验。同时本章还介绍在物联网中广泛应用的 Python 及其对应环境的配置，以助于后续章节中物联网案例从设备数据采集、处理、存储、可视化到机器学习、人工智能的全方位开发。

3.1　硬件平台和软件开发环境

本章介绍物联网实验的嵌入式硬件平台、集成开发环境和软件设计流程。首先介绍物联网实验的硬件平台，使读者了解物联网实验开发平台所提供的硬件资源状况，熟悉开发工具包中各组成模块的特性和基本功能；进而在硬件平台的基础上，说明物联网实验功能实现的总体软件流程及实验设计所需的软件开发工具，使读者了解实验例程的基本程序架构，熟悉集成环境安装、程序下载、程序调试、驱动安装等操作步骤，掌握开发工具的参数设置、调试、编译和下载等基本功能。通过本章学习，读者可掌握物联网开发平台的软硬件操作过程及方法，为后续深入开发物联网多层次应用实验奠定固件应用基础。

3.1.1　ZT-EVB 开发平台

作为本书实验平台的 ZT-EVB 开发平台，是由多个 ZigBee 节点模块组成的无线传感器网络。该开发平台综合了传感器技术、嵌入式计算技术、现代网络及无线通信技术、分布式信息处理技术等多种技术，使用者可以根据所需的应用在该套件上进行自由开发。ZT-EVB

套件可结合多个传感器建立各种形式的无线网络，用于无线数据的收发、转发及无线自组织网络的构建。基于 ZT-EVB 套件的软硬件实验平台，将为广大读者研究物联网领域工程实践及实验的设计方案，提供有效的学习工具和实践平台。ZT-EVB 硬件实验开发平台如图 3-1-1 所示。

本书的物联网教学实验系统在设计中采用 ZigBee 技术作为物联网实验系统的无线通信标准，综合考虑实验系统的功能可扩展性要求和硬件设备低功耗策略，本系统采

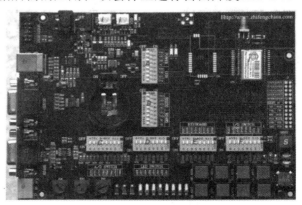

图 3-1-1　ZT-EVB 硬件实验开发平台

用了以 TI 公司 CC2530 芯片为核心的 ZT-EVB 开发平台和以 Z-Stack 为核心的 ZigBee 协议栈方案。其中，CC2530 是符合 IEEE 802.15.4 标准的无线收发芯片，提供支持 ZigBee 和 RF4CE 应用的片上系统（SoC）解决方案，整合了业界领先的 RF 收发器的优良性能，具有良好的抗干扰特性和极高的接收灵敏度，能够提供可靠的链路传输质量；系统内可编程 8KB 闪存，配备 TI 所支持的包括 Z-Stack、RemoTI 和 SimpliciTI 在内的网络协议栈来简化系统应用开发，这使其能更快地获得物联网应用市场。CC2530 有 4 种不同的闪存版本：CC2530F32/64/128/256，分别具有 32/64/128/256KB 闪存。CC2530 具有的不同运行模式使得它尤其适应超低功耗要求的系统。运行模式之间的转换时间短，进一步保证了低能源消耗。CC2530 使用业界标准的增强型 8051 内核，相对于其他通用的 8 位微控制器来说，有更丰富的资源及更快的速度。CC2530 的主要资源包含单周期的 8051 兼容内核、8KB 的 SRAM、32/64/128/256KB 的闪存、两线调试接口允许对片上闪存进行编程、通过不同的运行模式使其可以低功耗运行、21 个数字 I/O 引脚、5 个独立的 DMA 通道、一个独立的 16 位定时器、两个 8 位定时器、一个 16 位 MAC 定时器、一个睡眠定时器、支持 14 位模数转换的 ADC、一个随机数发生器、支持 IEEE 802.15.4 全部安全机制的 AES 外部协处理器、4 个可选定时器间隔的看门狗、两个串行通信接口、USB 控制器、RF 内核控制模拟无线电模块。ZT-EVB 开发平台的接口说明如表 3-1-1 所示。

表 3-1-1　ZT-EVB 开发平台的接口说明

标号	a	b	c	d	e	f	g	h	i	j	k	l	m
接口说明	DEBUG 接口	USB 接口	RS232 接口	RS485 接口	RS485 接口（三线连接）	5V 电源适配器	纽扣电池插座	3.3V 电源通断开关	3.3V 外接电源插座	模块外接 VDD 电源插座	RF SMA 插座	ZT100D 或 ZT200D 模块插座	ZT100S 或 ZT200S 模块焊接焊盘
标号	n	o	p	q	r	s	t	u	v	w	x	A、B、C	D、E、F
接口说明	DC/DC 电源转换芯片（LTC3536）	USB 转串口芯片（CP2102）	RS232 电平转换芯片（MAX232 CSE）	RS485 转串口芯片（MAX485 ESA）	模块全部引脚引出接口	模块复位按键	蜂鸣器	3 个电位器	3 个热敏电阻	8 个 LED	8 个按键	对应的三组功能拨码开关	对应的三组功能拨码开关

开发平台硬件驱动安装流程如下。

（1）仿真器 CC Debugger 驱动安装。将 ZT-EVB 开发平台的电源接上，打开 S16 开关，使用电源口 J13 供电；或关闭 S16 开关，使用 USB 接口供电。将 ZT-DEBUGGER 的一端连在开发平台的 DEBUGGER 接口上，另一端插在计算机的 USB 接口上，此时计算机自动搜索和安装驱动。仿真器的驱动安装步骤如图 3-1-2 和图 3-1-3 所示。

打开设备管理器，发现在其他设备的 CC Debugger 前有黄色的感叹号。右击选择"更新驱动程序软件"，选择"手动查找并安装驱动程序软件"，找到存放驱动的位置为...\SMARTRF04EB CC DEBUGGER 驱动(含 win7 64bit)\win_64bit_x64，根据计算机的不同，可选择 32 位或 64 位，单击"下一步"按钮。

安装成功后，会看到图 3-1-4 所示的界面，单击"关闭"按钮，黄色感叹号消失且更名为 Cebal controlled devices——CC Debugger。

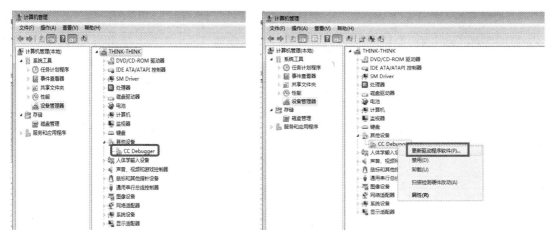

图 3-1-2　仿真器的驱动安装步骤（1）

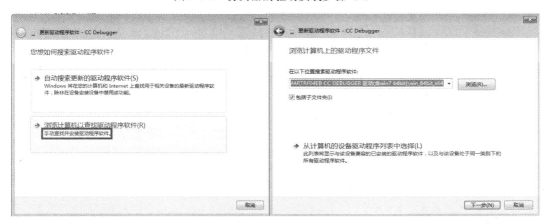

图 3-1-3　仿真器的驱动安装步骤（2）

图 3-1-4　仿真器驱动安装成功

（2）串口驱动安装。在串口调试中会使用串口与计算机通信，为了使用串口，必须要安装串口驱动。将 USB 数据线的一端连在开发平台的 COM 接口，将另一端连在计算机的 USB 接口上。会发现在 CP2102 USB to UART Bridge Controller 前面有一个黄色的感叹号，说明

ZT-EVB 开发平台上 USB 芯片 CP2102 的驱动没有正确安装，在 USB2Serial_Driver 文件夹中有 CP210x-VCP-Win-XP-S2K3-Vista-7.exe，双击它，如图 3-1-5 所示，单击 Next 按钮，选中 I accept the terms of the license agreement 选项，然后单击 Next 按钮，选择安装路径，单击 Next 按钮，单击 Finish 按钮，单击"确定"按钮，回到设备管理器，扫描设备管理器，会发现黄色的感叹号没有了，此时该驱动安装成功，如图 3-1-6 所示。

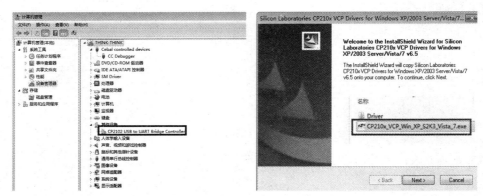

图 3-1-5　串口驱动安装步骤

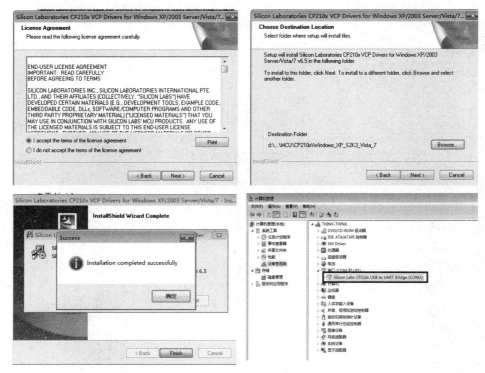

图 3-1-6　串口驱动安装成功

按以上步骤完成软件驱动安装和平台硬件接口配置后，连接实验设备，用扁平电缆连接 ZT-DEBUGGER 仿真器和 ZT-EVB 开发平台，确认连接可靠后用 USB 数据线连接仿真器到计算机。查看仿真器上的电源指示灯和开发平台上的电源指示灯，若全部点亮，则证明连接完好，物联网实验的硬件平台准备完毕。

3.1.2　CVT-IOT-VSL 教学实验箱

CVT-IOT-VSL 全功能无线传感器网络教学实验系统，集无线 ZigBee、Bluetooth、RFID 等通信技术于一体，采用强大的 Cortex-A9 嵌入式处理器（可搭配 Linux/Android/WinCE 操作系统）作为智能终端，配合多种传感器模块，提供丰富的实验例程，便于物联网无线网络、传感器网络、RFID 技术、嵌入式系统、下一代互联网等多种物联网课程的学习。

系统配备 ZigBee（兼容 TI CC2530 和 ST STM32W 两套方案）、蓝牙、Wi-Fi 无线通信节点，可以快速构成小规模 ZigBee、Wi-Fi、蓝牙通信网络。同时，模块化的开发方式使其完全兼容各种传感器网络，并可以在互联网上实现对各种通信节点的透明访问。RFID 无线射频识别模块分为可读写 125K 模块、ISO 14443 模块、可读写 15693 模块、900MHz 模块及 2.4GHz 有源标签读写器模块。

Cortex-A9 智能终端平台可进行 Linux/ Android /WinCE 三种嵌入式编程开发，包括开发环境搭建、Bootloader 开发、嵌入式操作系统移植、驱动程序调试与开发、应用程序的移植与开发等。

配备磁检测传感器、光照传感器、红外对射传感器、红外反射传感器、结露传感器、酒精传感器、人体检测传感器、三轴加速度传感器、声响检测传感器、温湿度传感器、烟雾传感器、振动检测传感器这 12 种传感器模块及传感器扩展接口板（可以根据教学需要定制自己需要的传感器），可以通过标准接口与通信节点建立连接，实现传感器数据的快速采集和通信。

CVT-IOT-VSL 教学实验系统硬件组成如图 3-1-7 所示。

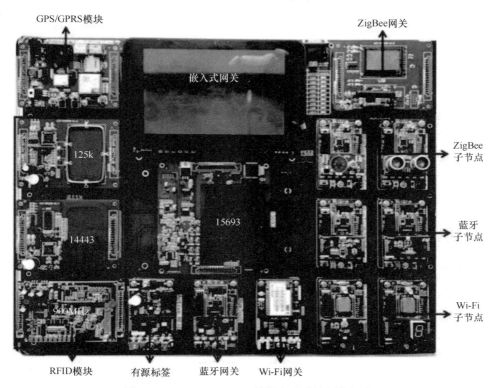

图 3-1-7　CVT-IOT-VSL 教学实验系统硬件组成

CVT-IOT-VSL 教学实验箱模块图如图 3-1-8 所示。

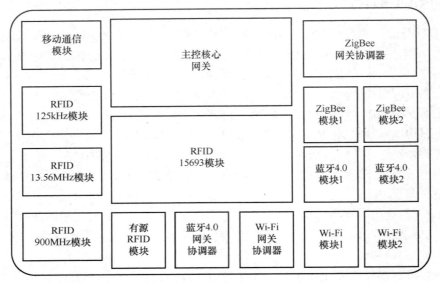

图 3-1-8　CVT-IOT-VSL 教学实验箱模块图

CVT-IOT-VSL 教学实验系统的硬件组成如表 3-1-2 所示。

表 3-1-2　CVT-IOT-VSL 教学实验系统的硬件组成

序　号	名　　称	规 格 型 号	数　量	备　注
1	无线传感智能网关	Cortex-A9	1	
2	ZigBee 模块 1	CVT-SENSOR	1	各类传感器
3	ZigBee 模块 2	CVT-SENSOR	1	各类传感器
4	ZigBee 网关	CVT-ZWMB1	1	工作频段 2.4GHz，信道 16 个，信道带宽 5MHz，符合 IEEE 802.15.4 标准，内置 IEEE 802.15.4 MAC 协议栈
5	Wi-Fi 模块 1	CVT-SENSOR	1	各类传感器
6	Wi-Fi 模块 2	CVT-SENSOR	1	各类传感器
7	Wi-Fi 网关	CVT-ZWMB3	1	Wi-Fi 组网
8	蓝牙模块 1	CVT-SENSOR	1	各类传感器
9	蓝牙模块 2	CVT-SENSOR	1	各类传感器
10	蓝牙网关	CVT-ZWMB4	1	蓝牙 4.0 通信
11	GPS/GPRS 扩展板	CVT-GPSGPRS	1	实现 GPS 定位和 GPRS 电话短信功能
12	125kHz RFID 扩展板	CVT-EM4095	1	可读写 125kHz RFID 卡
13	ISO 14443 RFID 扩展板	CVT-RC632	1	可读写 ISO 14443 RFID 卡
14	900MHz RFID 扩展板	CVT-900M	1	可读写 900MHz RFID 卡
15	有源 RFID 扩展板	CVT-NRF24L1	1	可读写 2.4GHz 有源 RFID 卡

　　开发板硬件驱动安装流程如下。连接仿真器到计算机的 USB 接口，在安装 SmartRF Studio 或 SmartRF Flash Programmer 之类的软件后，系统会自动安装 CC Debugger 的 USB 驱动。若没有安装此类软件，则系统会提示安装新硬件，将驱动位置定位到 Cebal–CC××××

Development Tools USB Driver for Windows x86 and x64 安装即可，安装成功后在设备管理器中可查看图 3-1-9 所示的设备，表示安装成功。

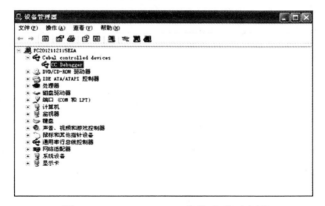

图 3-1-9　CC Debugger 安装成功示意图

3.1.3　IAR 软件的安装

双击 autorun.exe 文件，选择 Install IAR Embedded Workbench，单击 Next 按钮，选中 I accept the terms of the license agreement 选项，再单击 Next 按钮，从光盘上找到序号并填入，单击 Next 按钮，根据需要选择完全安装（Complete）或自定义安装（Custom），单击 Next 按钮，选择安装路径后完成，如图 3-1-10 和图 3-1-11 所示。

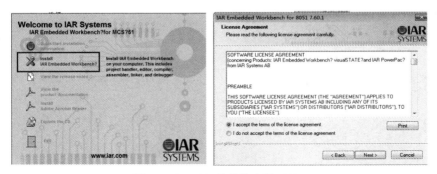

图 3-1-10　IAR 软件的安装（1）

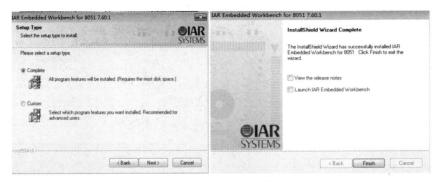

图 3-1-11　IAR 软件的安装（2）

3.1.4　IAR 软件的应用

本节将介绍如何使用 IAR 环境搭建配套实验工程。后续实验的工程建立方法可参照本节，此处不再赘述。关于 IAR 的详细说明文档，请浏览 IAR 官方网站或软件安装文件夹 8051\doc 里的支持文档。以下将通过一个简单的中断控制 LED 亮灭测试程序工程，带领用户逐步熟悉 IAR for 51 实验开发环境。

打开 IAR 软件，建立 Workspace 工作空间，进入 IAR IDE 环境。单击 Project 菜单，选择 Create New Project...命令建立新工程，如图 3-1-12 所示。

弹出图 3-1-13 所示的选择工程类型对话框，确认 Tool chain 栏已经选择 8051，在 Project templates 栏中选择 Empty project，单击 OK 按钮。弹出创建工程目录对话框，选择一个路径，给该工程取名为 lesson1，然后单击"保存"按钮。

单击 File 菜单，选择 New→File 命令，按图 3-1-14 所示的操作创建一个 C 文件，用于写程序，命名后单击"保存"按钮，将该 C 文件保存在该工程所在的同一个文件夹里，并命名为 lesson1.c，将 lesson1.c 文件加入该工程，并在 lesson1.c 文件中写入程序，如图 3-1-15 所示。

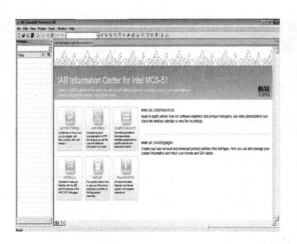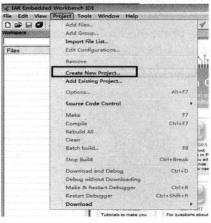

图 3-1-12　建立工作空间

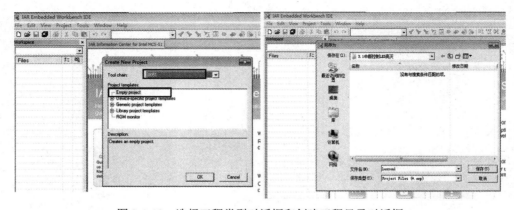

图 3-1-13　选择工程类型对话框和创建工程目录对话框

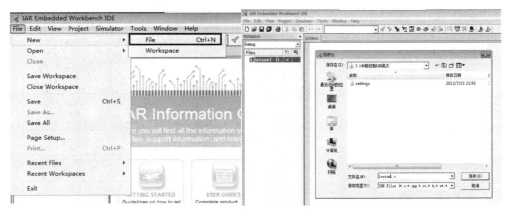

图 3-1-14　创建和保存一个 C 文档

在配置工程选项时，选择 Project 菜单下的 Options 命令，配置与 CC2530 相关的选项。选择 General Options→Target 命令，按图 3-1-16 所示配置 Target，选择 Code model（标准模式）为 Near，选择 Data model（数据模式）为 Small，选择 Calling convention（调用约定）为 IDATA stack reentrant，以及其他参数。单击 Device 栏右边的 按钮，选择程序安装位置，如这里是 IAR Systems\Embedded Workbench 5.4\8051\config\devices\Texas Instruments 下 的 文 档 CC2530F256.i51。选择 Data Pointer 选项卡，选择 Number of DPTRs（数据指针数）为 1，Size 为 16bit，默认即为该配置。

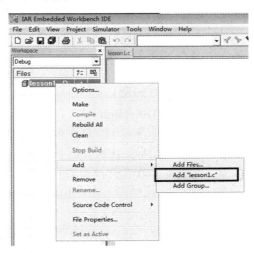

图 3-1-15　将 C 文件加入工程

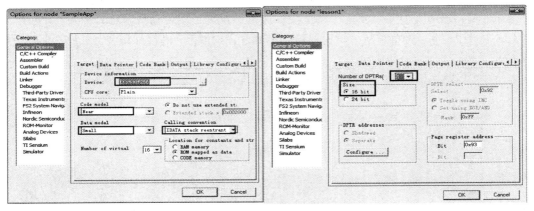

图 3-1-16　Target 选项卡和 Data Pointer 选项卡配置

选择 Stack/Heap 选项卡：改变 XDATA 栈的大小为 0x1FF。在 Linker 选项的 Output 选项卡中勾选 Override default，可以在下面的文本框中更改输出文件名。如果要用 C-SPY 进行调试，那么应选中 Format 下面的 Debug information for C-SPY，如图 3-1-17 所示。

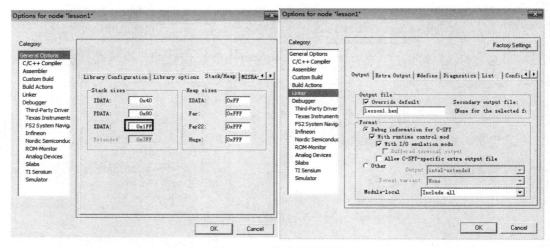

图 3-1-17　输出文档设置

采用交互式方法设置并监控断点，将插入点的位置指向目标语句，然后选择 Toggle Breakpoint 命令。在编辑窗口选择要插入断点的语句，选择 Edit→Toggle Breakpoint 命令，或者在工具栏上单击 按钮。

选择 View→Disassembly 命令，打开反汇编调试窗口，用户可看到当前 C 语句对应的汇编语言指令。寄存器窗口允许用户监控并修改寄存器的内容。选择 View→Register 命令，打开寄存器窗口。运行程序时，选择 Debug→Go 命令，或者单击调试工具栏中的 按钮，程序将运行至断点。若没有设置断点，则选择 Debug→Break 命令或单击调试工具栏中的 按钮，停止程序运行。若用 ZT-DEBUGGER 下载程序，则 Debugger 中的 Driver 要选为 Texas Instruments，目的是配合使用本书所采用的仿真器 ZT-DEBUGGER。

C-SPY 允许用户查看源代码中的变量或表达式，并在程序运行时跟踪其值的变化。使用自动窗口选择 View→Auto 命令，开启窗口。自动窗口会显示当前被修改过的表达式，接着可以通过逐步执行程序，实时观察 j 的值如何变化。选择 View→Watch 命令，打开 Watch 窗口，使用 Watch 窗口来查看变量。单击 Watch 窗口中的虚线框，出现输入区域时输入 j 并回车。也可以先选中一个变量，再将其从编辑窗口拖到 Watch 窗口。变量值跟踪和观测如图 3-1-18 所示。

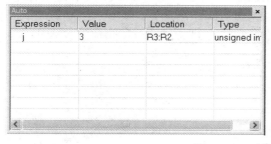
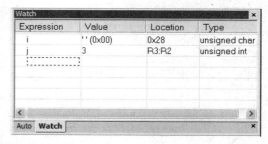

图 3-1-18　变量值跟踪和观测

程序下载工具 SmartRF Flash Programmer 是用来对无线 SoC 单片机 CC2530 进行程序下载和对 ZigBee SoC 芯片物理地址（IEEE Address）进行修改的软件。使用时，将 ZT-EVB 开发平台通过仿真器 ZT-DEBUGGER 与计算机连接，打开电源开关，启动 SmartRF Flash Programmer，若硬件正确连接并开启，则会在 System-on-Chip 栏的 Device 对话框中看到已连接的设备，如图 3-1-19 所示。此时，图中区域①会出现相关芯片的信息。区域②为芯片编号读/写操作，用于修改读取节点的编号，用户可根据应用要求自行修改节点编号，但需要注意，节点编号会影响网络的拓扑结构及组网。区域④为可选的 Flash 操作，区域③通常为刻录程序选择区域，该区域共有 4 字节，前 2 字节为组号，后 2 字节为节点号。在选择操作选项后，在 Flash 右侧的对话框中选择准备使用的程序文件（区域①下方），接着在 Action 选项卡下选择适当的选项，选择编译程序生成的可执行文件并对程序下载操作进行详细的设置，选择刻录文件，单击区域⑤的按钮"Perform actions"进行刻录，将目标程序下载至 ZigBee 设备中。

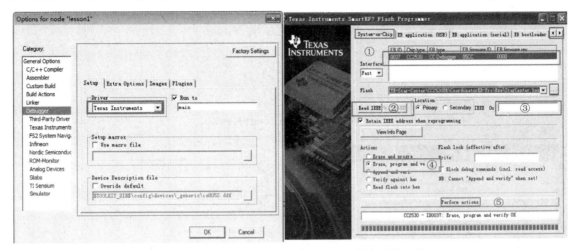

图 3-1-19　SmartRF Flash Programmer 程序下载工具

3.1.5　Anaconda 软件的安装

Python 在物联网中被广泛应用于传感器数据采集与处理、数据存储与分析、数据可视化、边缘计算、网络通信与消息传输、云平台集成，以及人工智能与机器学习。简洁易学的语法、丰富的库支持和强大的数据处理能力，使得 Python 成为 IoT 开发中不可或缺的工具，能够帮助开发者实现从设备数据获取到复杂的分析和预测，构建完整的 IoT 系统。

总体来说，Python 在物联网中扮演了从设备数据采集、处理、存储、可视化到机器学习预测的全方位角色，成为物联网开发中不可或缺的工具。

Anaconda 是一个被广泛使用的开源集成数据科学平台，专为 Python 和 R 语言开发，包含包管理器 Conda 和图形界面 Anaconda Navigator。它预装了大量数据科学包（如 NumPy、Pandas、SciPy 等）和工具（如 Jupyter Notebook、Spyder），简化了环境管理和包管理，支持跨平台使用，使数据科学家和开发者能够高效地进行数据分析、机器学习和学术研究。

下面介绍 Anaconda 在 Windows 系统上的安装流程。首先进入 Anaconda 官方下载界面并选择相应的操作系统，如图 3-1-20 所示，这里选择 Windows 操作系统，然后单击 Download 按钮，开始安装 Anaconda Installer。

下载完成后，双击运行 Anaconda Installer，界面如图 3-1-21 所示，单击 Next 按钮。弹出图 3-1-22 所示的 License Agreement 界面，单击 I Agree 按钮。接下来出现图 3-1-23 所示的 Select Installation Type 界面，选择 Just me 即可。然后选择安装路径，如图 3-1-24 所示，这里推荐选择 C 盘以外的其他盘，单击 Next 按钮。

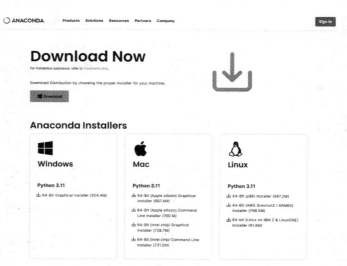

图 3-1-20　安装 Anaconda Installer

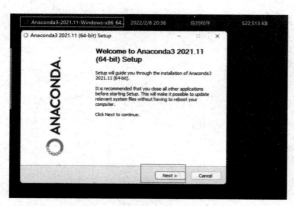

图 3-1-21　运行 Anaconda Installer

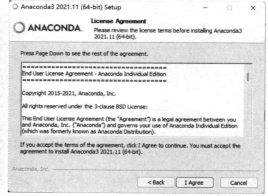

图 3-1-22　License Agreement 界面

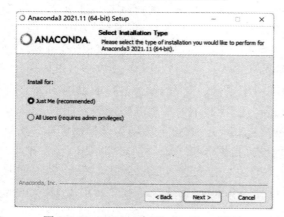

图 3-1-23　Select Installation Type 界面

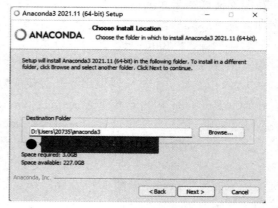

图 3-1-24　安装路径选择

　　进入 Advanced Installation Options 界面，如图 3-1-25 所示，选择第二个选项，然后单击 Install 按钮。如图 3-1-26 所示，等待安装完成。

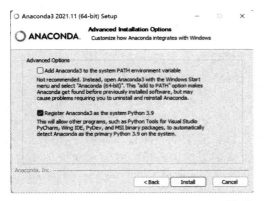

图 3-1-25　Advanced Installation Options 界面

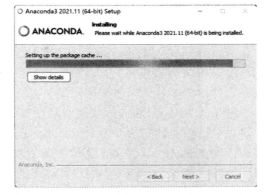

图 3-1-26　等待安装完成

安装完成后会推荐安装 Pycharm 软件，如图 3-1-27 所示，有需要可以安装，这里单击 Next 按钮，弹出图 3-1-28 所示的界面，单击 Finish 按钮，完成 Anaconda 的安装。

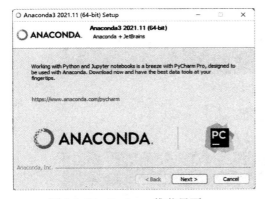

图 3-1-27　Pycharm 推荐界面

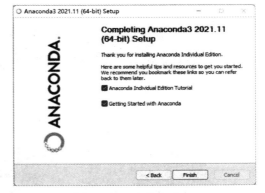

图 3-1-28　安装完成

接下来配置环境变量，运用组合键 Win+R，输入 SYSDM.CPL，找到环境变量，进行设置。或者依次单击我的电脑→右键属性→单击高级系统设置→单击环境变量。按图 3-1-29 所示配置环境变量。

图 3-1-29　安装完成

3.1.6 TensorFlow 环境配置

在 Anaconda 中，TensorFlow 是一个广泛使用的深度学习框架，提供了构建与训练机器学习和深度学习模型的强大工具。它支持复杂的神经网络架构、自动微分、分布式计算和数据预处理，并内置多种优化器，提升模型训练效果。TensorFlow 还支持将模型部署到生产环境中，通过 TensorFlow Serving 实现实时推理服务。利用 Anaconda 的包管理和环境管理功能，用户可以轻松创建独立的环境来运行 TensorFlow 项目，避免依赖冲突和环境配置问题，使得安装和管理 TensorFlow 及其相关库变得更加便捷，从而专注进行模型开发和研究。通过创建虚拟环境并安装 TensorFlow，用户可以迅速开始深度学习项目的开发。本节将介绍 Anaconda 中 TensroFlow 环境的配置和其所需的 CUDA 的安装。

根据上节的教程安装好 Anaconda 后，打开 Anaconda Prompt，创建一个名为 tensorflow 的虚拟环境，这里指定 Python 版本为 3.7。输入命令：conda create -n tensorflow python=3.7，如图 3-1-30 所示。

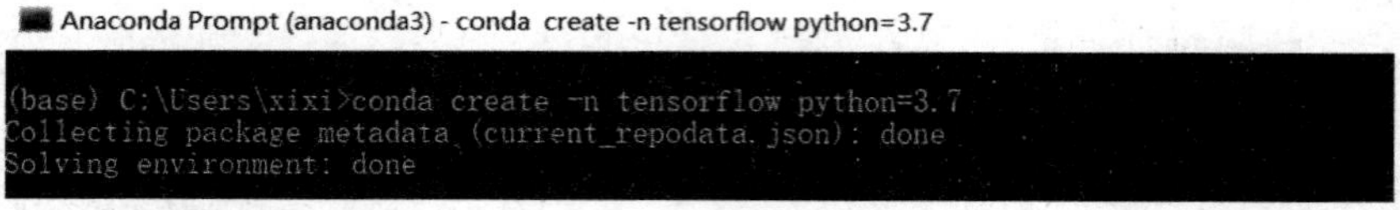

图 3-1-30 创建虚拟环境

输入 y 表示开始创建虚拟环境，如图 3-1-31 所示。

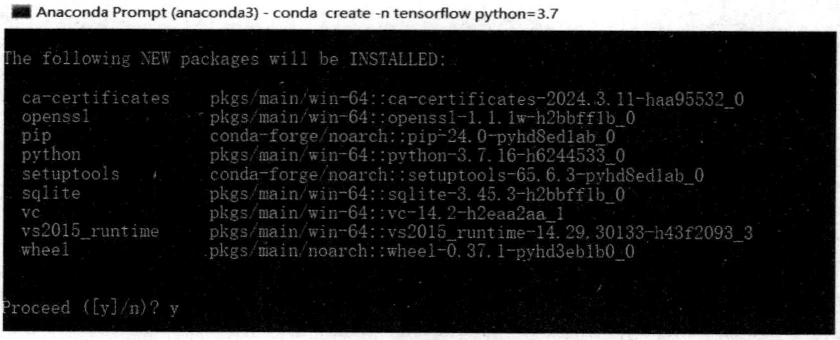

图 3-1-31 开始创建虚拟环境

显示 done，表示虚拟环境创建成功，如图 3-1-32 所示。

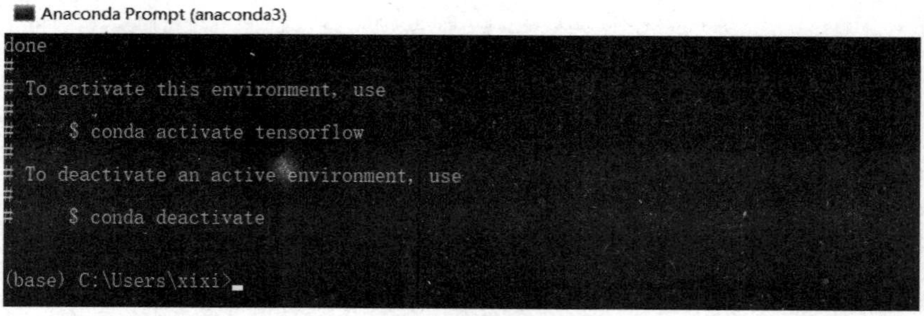

图 3-1-32 虚拟环境创建成功

激活新创建的虚拟环境，如图 3-1-33 所示，输入命令：conda activate tensorflow。

图 3-1-33　激活虚拟环境

接下来根据项目需求和计算机硬件配置，选择合适的 TensorFlow 版本（CPU 版或 GPU 版）。如图 3-1-34 所示，此处安装 TensorFlow 的 GPU 版，版本为 2.5.0。

图 3-1-34　TensorFlow 安装

TensorFlow 的 GPU 版需要 CUDA 和 cuDNN 的支持，因此需要先安装对应版本的 CUDA 和 cuDNN。查看 TensorFlow 和 CUDA 的版本对应关系，如图 3-1-35 所示，可知在 TensorFlow 版本为 2.5.0 的情况下，与之对应要安装的 CUDA Toolkit 版本为 11.2，cuDNN 版本为 8.1。

Version	Python version	Compiler	Build tools	cuDNN	CUDA
tensorflow_gpu-2.10.0	3.7-3.10	MSVC 2019	Bazel 5.1.1	8.1	11.2
tensorflow_gpu-2.9.0	3.7-3.10	MSVC 2019	Bazel 5.0.0	8.1	11.2
tensorflow_gpu-2.8.0	3.7-3.10	MSVC 2019	Bazel 4.2.1	8.1	11.2
tensorflow_gpu-2.7.0	3.7-3.9	MSVC 2019	Bazel 3.7.2		11.2
tensorflow_gpu-2.6.0	3.6-3.9	MSVC 2019	Bazel 3.7.2	8.1	11.2
tensorflow_gpu-2.5.0	3.6-3.9	MSVC 2019	Bazel 3.7.2	8.1	11.2

图 3-1-35　CUDA 和 cuDNN 版本选择

在 NVIDIA 官网下载 CUDA 安装包，版本为 11.2，如图 3-1-36 所示，下载完毕后右击，以管理员身份运行。

单击 OK 按钮，开始解压，如图 3-1-37 所示。此处可以选择路径，这里选择 C 盘。

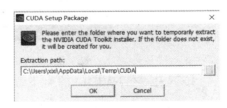

图 3-1-36　CUDA 下载　　　　　　　　　图 3-1-37　安装路径选择

开始安装，首先显示 NVIDIA 软件许可协议，如图 3-1-38 所示，单击"同意并继续"按钮。

安装选项选择自定义，然后选择所需的安装选项，如图 3-1-39 和图 3-1-40 所示，然后单击"下一步"按钮。

安装完成，如图 3-1-41 所示。

图 3-1-38　NVIDIA 软件许可协议界面

图 3-1-39　安装选项选择

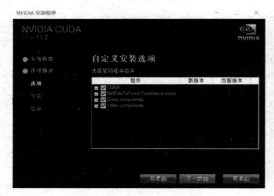

图 3-1-40　自定义安装选项

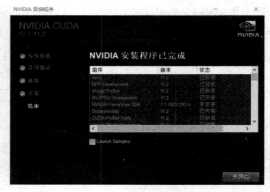

图 3-1-41　安装完成

然后验证 CUDA 是否安装成功，如图 3-1-42 所示，在命令提示符中输入 nvcc -V，显示 CUDA 版本为 11.2，表示安装成功。

图 3-1-42　CUDA 安装验证

接下来，在 NVIDIA 官网下载 cuDNN 安装包，版本为 8.1，如图 3-1-43 所示。

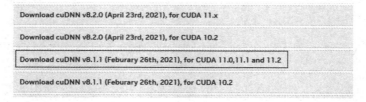

图 3-1-43　cuDNN 安装包下载

解压 cuDNN 安装包，得到三个文件夹和一个 txt 文档，如图 3-1-44 所示。

名称	修改日期	类型	大小
bin	2024/6/18 17:13	文件夹	
include	2024/6/18 17:13	文件夹	
lib	2024/6/18 17:13	文件夹	
NVIDIA_SLA_cuDNN_Support.txt	2021/2/22 17:15	文本文档	21 KB

图 3-1-44　解压 cuDNN 安装包

将解压后的文件复制到 CUDA 的安装路径下即可，如图 3-1-45 所示。

名称	修改日期	类型	大小
bin	2024/6/18 17:15	文件夹	
compute-sanitizer	2024/6/18 16:36	文件夹	
extras	2024/6/18 16:36	文件夹	
include	2024/6/18 17:16	文件夹	
lib	2024/6/18 16:36	文件夹	
libnvvp	2024/6/18 16:36	文件夹	
nvml	2024/6/18 16:36	文件夹	
nvvm	2024/6/18 16:36	文件夹	
nvvm-prev	2024/6/18 16:36	文件夹	
Samples	2024/6/18 16:36	文件夹	
src	2024/6/18 16:36	文件夹	
tools	2024/6/18 16:36	文件夹	
CUDA_Toolkit_Release_Notes.txt	2020/12/1 18:24	文本文档	47 KB
DOCS	2020/12/1 18:24	文件	1 KB
EULA.txt	2020/12/1 18:24	文本文档	62 KB
NVIDIA_SLA_cuDNN_Support.txt	2021/2/22 17:15	文本文档	21 KB
README	2020/12/1 18:24	文件	1 KB

图 3-1-45　cuDNN 文件复制

然后配置环境变量，右击我的电脑，打开属性→高级系统设置→环境变量→Path，添加以下 4 个路径地址，如图 3-1-46 所示。

C:\Program Files\NVIDIA GPU Computing Toolkit\CUDA\v11.5\bin

C:\Program Files\NVIDIA GPU Computing Toolkit\CUDA\v11.5\lib

C:\Program Files\NVIDIA GPU Computing Toolkit\CUDA\v11.5\include

C:\Program Files\NVIDIA GPU Computing Toolkit\CUDA\v11.5\libnvvp

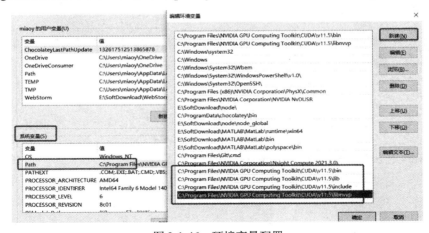

图 3-1-46　环境变量配置

最后，验证 TensorFlow 环境是否配置成功，在 Anaconda 命令行中输入命令 python，进入 python 解释器，如图 3-1-47 所示。

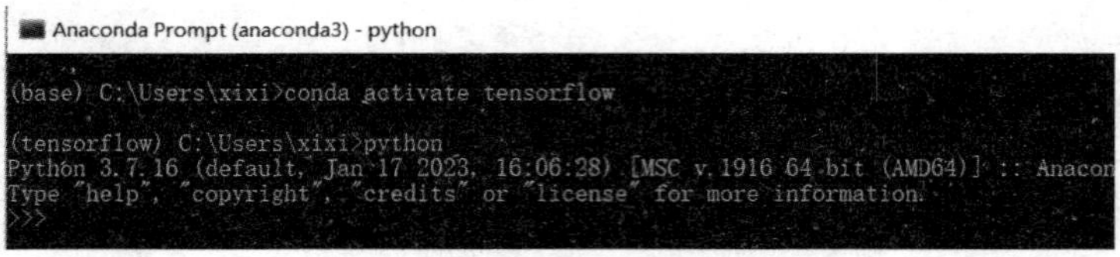

图 3-1-47　进入 python 解释器

导入 Tensorflow，测试 GPU 是否可用，如图 3-1-48 所示。

图 3-1-48　GPU 测试

如图 3-1-49 所示，返回 True，表示 TensorFlow 的 GPU 版配置成功。

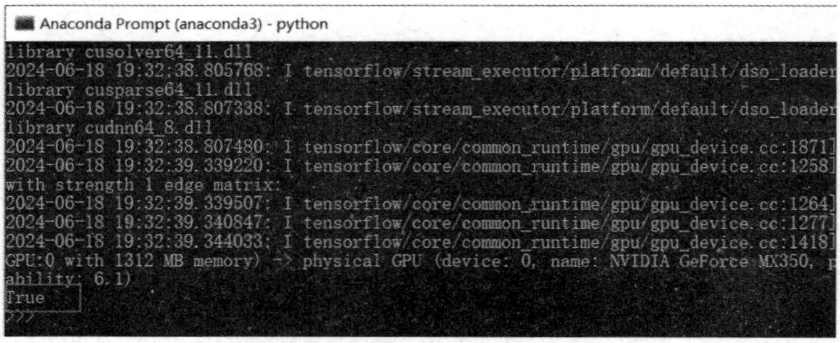

图 3-1-49　TensorFlow 配置成功

经过上述流程，在项目中就可以使用 TensorFlow 了。首先确保项目在正确的 Conda 环境中运行，以便访问到 TensorFlow 库。接下来使用 conda activate tensorflow 命令来激活 TensorFlow 环境，然后，就可以在 Python 脚本或 Jupyter Notebook 中导入 TensorFlow 并开始编写代码了。

3.1.7　PyTorch 环境配置

PyTorch 是除 TensorFlow 外另一个流行的深度学习框架，两者各有其特点和优势。PyTorch 采用动态计算图，代码直观，易于调试，特别适用于快速原型开发和学术研究；其文档详尽，社区活跃，用户友好。TensorFlow 最初使用静态计算图，性能优化和部署方面表现优异，适合大规模生产环境；从 2.0 版开始支持 Eager Execution，使其更加灵活，并集成 Keras 高层 API 简化模型构建。PyTorch 在灵活性和易用性上占优，而 TensorFlow 在工业级应用、优化和生态系统的成熟度方面更具优势。选择哪一个框架通常取决于具体项目需求和开发团队的偏好。接下来将介绍 PyTorch 在 Anaconda 上的安装。

和 3.1.6 节一样，首先打开 Anaconda Prompt，创建一个名为 pytorch 的虚拟环境，输入命令：conda create -n pytorch python=3.7，然后输入 conda activate pytorch 实现环境的激活。

访问 PyTorch 官网，选择适合计算机系统的 PyTorch 版本。可以选择计算机所有的操作系统、Python 版本、是否使用 CUDA 等。根据以上的选择，PyTorch 官网会生成一个合适的

Conda 安装命令，具体情况如图 3-1-50 所示。

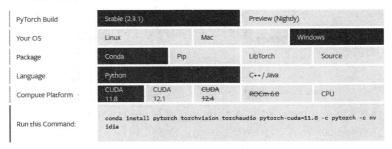

图 3-1-50　PyTorch 版本选择

将复制的代码粘贴到命令行格式下，弹出提示，输入 y，即可完成安装，显示 done。

接下来验证 PyTorch 的安装，在 Anaconda Prompt 或终端中，输入 python 进入 Python 环境。然后，输入图 3-1-51 内的命令来导入 PyTorch 并检查其版本。

如果输出显示了 PyTorch 的版本，那么说明 PyTorch 已经成功安装，图 3-1-52 所示为 CPU 版本 PyTorch 的验证结果。

图 3-1-51　PyTorch 安装验证　　　　　图 3-1-52　PyTorch 配置成功

和 TensorFlow 相同，接下来使用 conda activate pytorch 命令来激活 PyTorch 环境。然后，就可以在 Python 脚本或 Jupyter Notebook 中导入 PyTorch 并开始编写代码了。

3.2　射频类网络与通信实验

3.2.1　Z-Stack 协议栈运行实验

1. 实验目的

（1）学习 IEEE 802.15.4 标准和 ZigBee 协议栈的相关术语概念；

（2）熟悉 Z-Stack 协议栈核心代码架构，加深理解 Z-Stack 的体系结构和运行方式；

（3）了解 Z-Stack 主要函数的功能并熟悉其调用方法，掌握在协议栈已有工程案例的基础上修改和添加应用层功能代码的编程方法；

（4）熟悉基于 Z-Stack 协议栈的应用程序开发过程。

2. 实验设备

硬件：计算机一台（操作系统为 Windows XP 或 Windows 7）；ZT-EVB 开发平台套件；ZT-Debugger 仿真器。

软件：IAR Embedded Workbench for MCS-51 开发环境；Z-Stack 协议栈开发包。

3. 实验要求

（1）总结并分析 Z-Stack 体系软件的功能结构和运作原理；

（2）运行 Z-Stack 协议栈自带的工程案例程序，测试其运行过程；

（3）调试 Z-Stack 协议栈程序代码，熟悉协议栈的函数调用方法；

（4）修改协议栈软件架构的相关程序代码，实现对 LED 控制的应用功能，并在 ZT-EVB 开发平台上运行测试。

4．基础知识

（1）协议栈体系架构。ZigBee 体系的协议栈定义了通信硬件和软件在不同层次进行协调工作的内涵与联系。具体协议架构由 4 层模块组成：物理（PHY）层、媒体访问控制（MAC）层、网络（NWK）层和应用（APL）层。在网络通信领域，每个协议层实体都执行打包信息和与对等实体进行通信的任务。在通信的发送方，数据包按照从高层到低层的顺序依次通过各协议层，每层实体按照预定消息格式在数据信息中加入头信息和校验等自身信息，最终抵达底层的物理层，形成比特位流。在通信的接收方，数据包依次向上通过协议栈，每一层的实体能够根据预定的格式准确地提取需要在本层处理的数据信息，用户应用程序得到最终数据信息后，执行相应的处理。

ZigBee 协议栈是在 IEEE 802.15.4 标准的基础上建立的，该标准定义了在个人局域网中通过射频方式在设备间进行互相通信的方式与协议。ZigBee 联盟在 IEEE 802.15.4 标准的基础上建立了网络层和应用层的框架。ZigBee 协议结构体系如图 3-2-1 所示，PHY 层、MAC 层位于底层，且与硬件相关；NWK 层、APL 层、应用支持子层（APS 子层）及安全层建立在 PHY 层和 MAC 层之上，并且完全与硬件无关。每一层均为其上一层提供一套完美服务：数据实体提供数据传输的服务，管理实体则提供所有的其他管理服务。每个服务实体和上层之间的接口称为"服务访问点（SAP）"，通过 SAP 交换一组服务，为一层提供相关的功能。在 ZigBee 协议栈中，分层结构脉络清晰，给设计和调试带来极大方便。

Z-Stack 是 TI 公司推出的一款应用在 CC2530 片上系统的 ZigBee 协议栈，其代码是半开源的，除 NWK 层和 MAC 层外，绝大部分代码开源，项目的可移植性强。整个 Z-Stack 采用分层的软件结构，硬件抽象层（HAL）提供各种硬件模块的驱动和各种服务的扩展集。Z-Stack 的主要工作流程大致分为系统启动、驱动初始化、OSAL（操作系统抽象层）初始化和启动、进入任务轮循这几个阶段。从 Z-Stack 运行结构来分析，其协议栈目录结构和内容说明如图 3-2-2 所示。

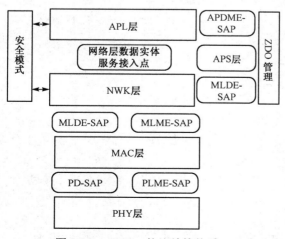

图 3-2-1　ZigBee 协议结构体系

图 3-2-2　Z-Stack 协议栈目录结构和内容说明

Z-Stack 项目中有 14 个目录文件，相应目录文件下又有很多子目录和文件。目录内容如表 3-2-1 所示。

表 3-2-1　Z-Stack 协议栈目录内容

目录名称	内容概要	内容说明
App	应用层目录	这是用户创建的各种不同工程的区域，这个目录包含应用层的内容和项目主要内容，在协议栈中一般以操作系统的任务方式实现
HAL	硬件层目录	包含与硬件相关的配置和驱动及操作函数
MAC	介质访问层目录	包含 MAC 层的参数配置文件及其 LIB 库的函数接口文件
MT	监制调试层目录	该目录下的文件主要用于调试，即通过串口调试各层，与各层进行直接交互
NWK	网络层目录	含网络层配置参数文件、网络层库函数接口文件及 APS 层库函数接口
OSAL	操作系统抽象层目录	协议栈的操作系统
Profile	AF 层目录	包含应用框架（Application Framework，AF）层处理函数接口文件
Security	安全层目录	包含安全层处理函数接口文件
Services	地址处理函数目录	包含地址模式的定义及地址处理函数
Tools	工程配置目录	包含空间划分及 Z-Stack 相关配置信息
ZDO	ZigBee 设备对象目录	文件用户用自定义对象调用 APS 子层的服务和 NWK 层的服务
ZMac	MAC 层目录	包含 MAC 层参数配置及 MAC 层 LIB 库函数的回调处理函数
ZMain	主函数目录	包含整个项目的入口函数及硬件配置文件
Output	输出文件目录	IAR 自动生成的输出文件目录

（2）协议栈软件运行架构。Z-Stack 协议栈基于轮转查询式操作系统，采用操作系统（Operating System，OS）的概念，代码中采用操作系统抽象层（Operating System Abstraction Layer，OSAL），该层采用以实现多任务为核心的系统资源管理机制，是整个 ZigBee 协议栈运行的核心部分。Z-Stack 软件运行架构从 main( )函数开始执行，实现两个主要功能：一是系统初始化；二是执行轮转查询式操作系统。

① 系统初始化。

系统初始化功能完成硬件平台和软件架构所需要的各模块的初始化工作，主要分为初始化系统时钟、检查芯片工作电压、初始化堆栈、初始化各硬件模块、初始化 Flash、形成芯片MAC 地址、初始化非易失变量、初始化 MAC 层协议、初始化应用帧层协议、初始化操作系统等功能，为操作系统的运行和后期程序运作与调试做好准备。ZigBee 协议栈系统初始化功能函数执行流程如图 3-2-3 所示。

② 执行轮转查询式操作系统。

Z-Stack 基于操作系统抽象层（OSAL）运行，OSAL 是一个基于轮转查询和事件驱动的简易操作系统，通过事件及时间片轮转函数来实现多任务调度和处理机制。OSAL 类似于普通的操作系统，主体部分是一个死循环，以系统最小单位时间去轮询处理各任务中的事件，并将任务插入任务链表，以便操作系统以后轮询。在 CC2530 中，用一个硬件定时器来确定系统时钟，每执行完一个任务，系统都会按照从高优先级到低优先级的顺序扫描任务是否被设置了事件，当有任务被设置事件时，进入并执行相应任务；OSAL 操作系统具有普通操作系统的主要特征，但它不是完整意义上的操作系统，其多任务彼此之间不能抢占，只能利用定时器管理和任务事件的设置来循环执行任务调用。

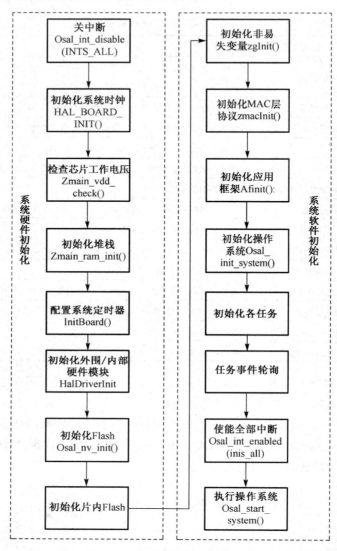

图 3-2-3　ZigBee 协议栈系统初始化功能函数执行流程

　　OSAL 在硬件系统上电后首先运行 main 函数，执行整个系统的初始化，包括板级各模块的硬件初始化与操作系统资源及任务相关的软件初始化，在执行 main 函数的最后语句后即进入操作系统实体，其流程如图 3-2-4 所示。在启动代码为操作系统的执行做好准备工作后，通过 osal_start_system( )函数进入操作系统实体，osal_start_system( )函数执行一个无限循环过程，它通过不断地询问每个任务是否有事件（Event）发生来维持系统与任务的运行，若检测到事件，则跳入任务自身的事件处理函数进行处理；若没有任何事件，则继续轮询下一个任务。OSAL 提供了诸如任务同步与管理、时钟、中断、内存、消息管理、电源、Flash 管理等各种简化的操作系统功能，为基于物联网协议栈的软件开发奠定基础。

　　OSAL 需要处理的各类任务分别来自 MAC 层、网络层、硬件抽象层、应用层、ZigBee
设备应用层和完全由用户处理的应用层。

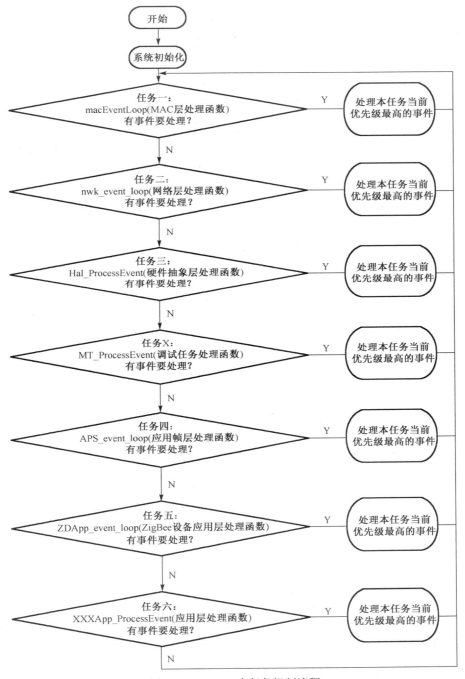

图 3-2-4　OSAL 多任务机制流程

　　OSAL 共需要处理 6 类任务，其优先级由高到低。MAC 层任务具有最高的优先级，用户
层任务具有最低的优先级，整体上保证高优先级的任务事件最先被处理。OSAL 任务优先级

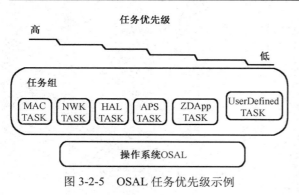

图 3-2-5　OSAL 任务优先级示例

示例如图 3-2-5 所示。

根据 OSAL 运作的模式，将 ZigBee 协议栈的每一层设计为一个任务，而层与层或任务与任务之间需要接口来透明地调用邻层的功能和服务。接口设计有函数调用与消息通信两种方式，基于 OSAL 的系统框架，在消息通信机制中事先定义各不同服务的消息 ID，在通信时将消息 ID 与调用所需参数通过消息机制发送给高层。OSAL 在各层收到消息时会将相应层的事件标识固定位置，以便各层及时处理消息，系统消息功能说明如表 3-2-2 所示。

表 3-2-2　系统消息功能说明

系统消息名称	消 息 功 能
AF_DATA_CONFIRM_CMD	指示通过唤醒 AF_DataRequest( )函数发送的数据来请求信息情况
AF_INCOMING_MSG_CMD	用来指示接收的 AF 信息
KEY_CHANGE	确认按键动作
ZDO_NEW_DSTADDR	指示自动匹配请求
ZDO_STATE_CHANGE	指示网络状态的变化

Z-Stack 编写了对从 MAC 层到 ZigBee 设备应用层这 5 层任务的事件处理函数，一般情况下无须修改这些函数，只需按照设计目标编写应用层的相应任务及事件处理函数，即用户调用 OSAL 提供的相关 API 进行多任务编程，将自定义的应用程序作为一个独立的任务来实现。

理解 Z-Stack 的运行，需要掌握 OS 管理的任务运行部分。操作系统抽象层所注册的任务以两种方式被执行：一种为任务初始化；另一种为轮询处理任务的事件。其中，任务初始化主要针对应用程序特征变量初始化、登记应用程序对象和使用的系统服务；轮询处理任务的事件是实现系统应用目标的关键过程。本实验系统中的大部分事件主要是添加在底层硬件 Hal 任务和用户扩展的 SampleApp 任务中的，以强制事件和普通事件的形式添加，每个任务都会调用各自的任务处理函数来处理任务事件，具体结构如图 3-2-6 所示。

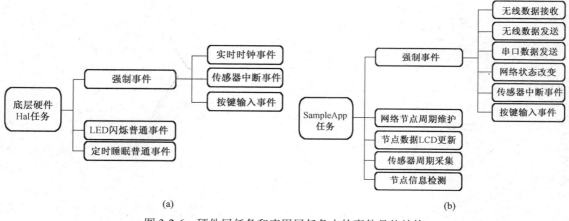

(a)　　　　　　　　　　　　　　　　　　　　(b)

图 3-2-6　硬件层任务和应用层任务内的事件具体结构

5. 实验步骤

（1）安装 ZigBee 协议栈。双击实验 Z-Stack2007 协议栈安装包目录下的 ZStack.exe 安装程序，安装 TI 的 Z-Stack 协议栈。Z-Stack 安装文件需要使用 Microsoft.NET Framework 工具。重新启动计算机后再次双击 Z-Stack 安装文件 ZStack.exe，会弹出图 3-2-7 所示的安装欢迎界面。

（2）协议栈软件架构分析。协议栈安装成功后，打开 IAR 软件中的 Sample 工程，如果正确安装了 TI 的 Z-Stack 协议栈，那么路径如下

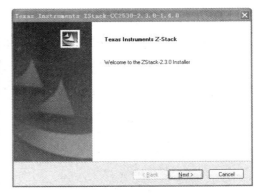

图 3-2-7　安装欢迎界面

```
Texas Instruments\ZStack-CC2530-2.4.0-1.4.0\Projects\zstack\Samples\
SampleApp\CC2530DB
```

在该路径下双击*.eww 文件，运行 IAR 编译程序，留意左边的工程目录，暂时只需关注 ZMain 文件夹，如图 3-2-8 所示。

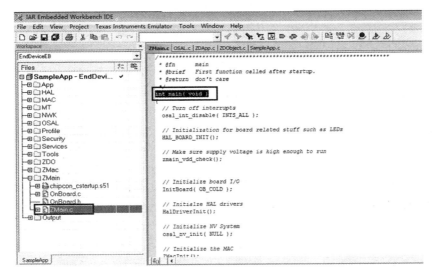

图 3-2-8　协议栈主函数

在以上函数中需重点关注两个函数：初始化系统函数 osal_init_system( ) 和运行操作函数 osal_start_system( )。

① 进入初始化系统函数 osal_init_system( ) 后，可以看到 6 个初始化函数。其中，函数 osalInitTasks( ) 实现任务的初始化，Z-Stack 中任务（Task）的运行过程依据事件形式进行处理。进入函数 osalInitTasks( ) 后的代码如图 3-2-9 所示。

观察代码，可发现变量 taskID 的变化规律。首先，根据 task 来分配 Event，并放入 tasksEvents 变量中，其变量的原型是 uint16 tasksEvents[tasksCnt]。此后，调用各功能被分配的任务初始化函数，每执行完一个函数，taskID 都会加 1，其实质是给每个函数分配一个 ID。通过此过程，各 task 相关功能实现被分配到自身特定的 taskID，代码中最后调用的 SampleApp_Init (taskID) 函数是与最终应用（Application）操作相关的被创建函数，可将该函数视为应用的开

始。应用实现的功能不同，其对应任务的函数名称也不同。为了使每个功能被赋予 Task 函数和 taskID，程序中用 osalInitTasks( )函数来记录相关操作的代码。

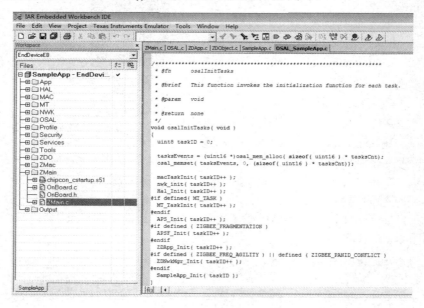

图 3-2-9   osalInitTasks( )函数

② 进入运行操作函数 osal_start_system( )后，首先看到的是一个任务事件处理机制的死循环。

操作系统专门分配了存放所有任务事件的 tasksEvents[ ]数组，每个单元对应存放着每个任务的所有事件，在这个函数中，首先通过一个 do-while 循环来遍历 tasksEvents[ ]，找到一个具有待处理事件的优先级最高的任务（其中，序号小的任务的优先级高），然后跳出循环。此时，就得到了最高优先级任务的序号 idx，然后通过 events=tasksEvents[idx]语句将这个当前具有最高优先级任务的事件取出，接着调用(tasksArr[idx]) (inx,events)函数来执行具体的处理过程，taskArr[ ]是一个函数指针数组，根据不同的 idx 可执行不同的函数。

在 osal_run_system( )函数中存在函数 events = tasksEvents[idx]，它的功能是提取待处理任务中的事件。进入 tasksEvents[idx]数组（在文件 OSAL_SampleApp.c 中定义），发现该数组恰好在 osalInitTasks(void)函数之前执行，而且 taskID 一一对应，这就是初始化与调用的关系，taskID 为每个任务的唯一标识号，也正是它把任务联系起来了。tasksArr[ ]数组包括每一层的处理函数，尤其是 SampleApp_ProcessEvent，这个是应用层的处理函数，其实现过程如图 3-2-10所示。

以上简单地介绍了 main( )中的初始化系统函数和运行操作函数，其中最关键的是 taskID的分配，以及数组 tasksArr[ ]的内容构造，也正是它们将协议栈的每一层联系起来了，tasksArr[ ]数组存放了对应每个任务的入口地址，只有在 tasksEvents 中记录了需要运行的任务，在本次循环中才会被调用。

（3）分析协议栈软件入口函数 main( )的功能，并画出协议栈的工作流程图，如图 3-2-11所示。

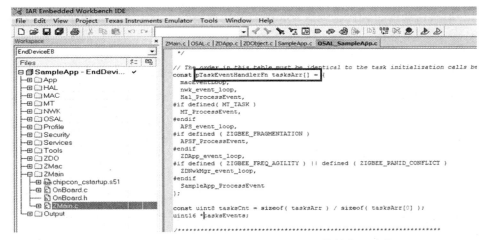

图 3-2-10　SampleApp_ProcessEvent 处理函数的实现过程

6．实验结果

（1）分析协议栈软件架构，总结 Z-Stack 协议栈中操作系统的运行原理，并画出功能流程图。

（2）采用 IAR 软件调试初始化系统函数 osal_init_system( ) 和运行操作函数 osal_start_ system( )，记录并归纳调试过程中功能函数的调用状况。

（3）修改和添加 Sample 工程的应用层功能代码，在 ZT-EVB 开发平台上测试 LED 外设的控制功能，并应用 C 语言中转移表的知识来分析函数指针数组 taskArr[ ]在实现多任务事件处理机制中的作用。

7．扩展与思考

参考以下流程，思考并总结在协议栈中修改和添加应用层功能代码的方法。

在协议栈上开发应用工程，可以在以下两个地方添加任务，但一定要注意它们的顺序是一一对应的，具体方法如下。

在 osalInitTasks( )和 tasksArr[ ]添加相应的项即可。

①修改 osalInitTasks( )；

②修改 tasksArr[ ]；

③添加_Init( )和_ProcessEvent( )函数。

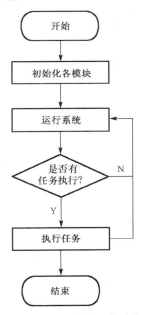

图 3-2-11　协议栈的工作流程图

3.2.2　绑定控制机制实验

1．实验目的

（1）学习绑定的流程，了解基于 ZigBee 协议的 4 种绑定表建立方式；

（2）了解 ZigBee 设备对象的概念和功能；

（3）学习 Z-Stack 协议栈中按键的工作机制，并学会修改按键驱动；

（4）分析绑定实现过程和工作原理，能通过协议栈函数调用方式实现 ZigBee 设备对象间的绑定。

2. 实验设备

硬件：计算机一台（操作系统为 Windows XP 或 Windows 7）；ZT-EVB 开发平台 3 套；ZT-Debugger 仿真器；USB 数据线 3 根。

软件：IAR Embedded Workbench for MCS-51 开发环境；Z-Stack 协议栈开发包。

3. 实验要求

（1）在 ZigBee 网络应用层上建立一条被绑定终端 A 与 B 之间的逻辑链路，实现终端 B（控制器 SampleSwitch）对终端 A（灯 SampleLight）的控制操作。

（2）要求控制过程满足：通过按键动作来选择设备在指定时间内被绑定；且绑定请求信息在规定时间内被协调器 C 收集，并建立绑定表条目。

4. 基础知识

（1）绑定机制的基本概念。绑定是应用支持子层（Application Support Sublayer，APS）间控制信息的一种流动机制，该机制在设备的应用层建立逻辑连接，体现了从一个应用层节点到另一个或多个应用层节点的信息流程控制过程。

绑定机制允许一个应用服务在未知目标地址的情况下向对方的应用服务发送数据包。信息发送时使用的目标地址或组地址将由 APS 从绑定表中自动获得并被增加到信息格式前端，从而使消息顺利地被目标节点的一个或多个应用服务乃至分组接收。绑定允许一个应用层节点发送一个信息包到网络中，而无须知道目标地址，在同一个目标节点上可以建立多个绑定服务，分别对应不同种类的数据包；此外，绑定也允许有多个目标节点的一对多绑定形式。

ZigBee 设备对象（ZigBee Device Object，ZDO）是特殊的应用层的端点（Endpoint），可理解为应用层其他端点与应用子层管理实体交互的中间件。绑定的功能由 APS 提供，但绑定功能的管理由 ZDO 执行，它确定了绑定表的规模、绑定的发起和绑定的解除等功能。表 3-2-3 说明了 ZigBee 规范中协议栈支持的绑定 API 及对应的响应命令名称。

表 3-2-3　绑定 API 及响应命令

ZDO 绑定 API	响 应 命 令
ZDP_EndDeviceBindReq( )	End_Device_Bind_req
ZDP_EndDeviceBindRsp( )	End_Device_Bind_rsp

（2）绑定建立方式。ZDO 终端设备绑定请求：设备能告诉协调器它们想建立绑定表报告，协调器将在这两个设备上创建绑定表条目。若比较匹配成功，则发送匹配成功的信息 End_Device_Bind_rsp 给两个请求终端。由于终端在 SerialApp.c 中注册过 End_Device_Bind_rsp 消息，因此接收到协调器发来的绑定响应消息后，将交由 SerialApp 任务事件处理函数处理，即调用 SerialApp_ ProcessZDOMsgs 函数进行事件处理，至此，终端绑定完成。

建立绑定表主要有 4 种方式，如表 3-2-4 所示。

表 3-2-4　绑定表的建立方式

序　号	建　立　方　式	过　程　说　明
1	Match 方式	该建立方式无须协调器设备存在,可采用按键机制实现
2	ZDO 终端设备绑定请求	两个终端通知协调器,它们之间想建立绑定记录
3	协调器应用层请求	协调器应用层建立和管理一个绑定表
4	手工管理绑定表	通过应用程序调用来实现手工绑定表管理

本实验依据表 3-2-4 中的建立方式 2 来设计实现绑定过程。首先,两个终端设备(或路由器)A 与 B 通知协调器 C 它们想建立绑定表报告,然后协调器执行协调功能,并在这两个设备上创建绑定表条目。绑定表存在输出控制命令的 B 上,而 A 接收控制命令。在具体实验过程中,首先设定 A 是具有 incluster 性质的受控方,B 是具有 outcluster 性质的主控方,在协议栈默认时间 16s 内,A 与 B 分别通过按键机制触发和调用 ZDP_EndDeviceBindReq 函数向协调器 C 发出绑定请求,绑定过程在协调器 C 的帮助下自动完成。绑定成功后,A 与 B 之间的通信过程不再需要协调器的参与,具有 outcluster 性质的 B 即可以通过绑定方式给具有 incluster 性质的 A 单向发送消息,A 接收消息,但不能发送消息给 B,因为绑定表存在 B 中,A 没有关于 B 的信息。协调器调用 ZDO_MatchEndDeviceBind( )处理请求,当协调器 C 接收到 A 与 B 两个终端设备的绑定请求时,将启动在绑定设备上创建源绑定条目的处理过程。

调用 ZDP_MatchDescReq 函数建立和发送一个匹配描述符(Match Description)请求,搜索应用的输入/输出簇列表中的符合匹配条件的设备或应用。该函数使用 AF 层来发送信息,其 afStatus 状态值是定义在 ZComDef.h 中的 ZStatus_t 的 AF 层状态值。

从以上可以看到,SW2 是发送终端设备绑定请求方式,SW4 是发送描述符匹配请求方式。若按下 SW2,则使用终端设备绑定请求方式,这里是要通过终端告诉协调器它们想要建立绑定表,协调器将协调这两个请求的设备,在两个设备上建立绑定表条目。

(3)终端设备向协调器发送终端设备绑定请求。调用 ZDP_EndDeviceBindReq( )函数建立和发送终端设备绑定请求,完成绑定之后,用户可给协调器发送一个无地址的间接信息,协调器把该信息发送至绑定了该信息的设备,至此,使用者即可接收来自新绑定设备的信息了。

该函数实际调用无线发送函数将绑定请求发送给协调器节点,默认 clusterID 为 End_Device_Bind_req,然后调用函数 fillAndSend(&ZDP_TransID, dstAddr, End_Device_Bind_req, len),最后通过 AF_DataRequest( )发送出去。

(4)协调器收到终端设备绑定请求 End_Device_Bind_req。该信息会传送到 ZDO 层,并在 ZDO 层的任务事件处理函数中被调用。

因为 ZDO 信息处理表 zdpMsgProcs[.]没有对应的 End_Device_Bind_req 簇,所以没有调用 ZDO 信息处理表中的处理函数,但是前面的 ZDO_SendMsgCBs( )会把这个终端设备绑定请求发送到登记过这个 ZDO 信息的任务中去。那么这个登记注册的程序在哪里呢?

对于协调器来说,在 void ZDApp_Init(byte task_id)函数中调用 ZDApp_RegisterCBs( )函数,进行终端绑定请求信息的注册。在协调器节点的 ZDApp 接收到外界输入的数据后,由于注册了 ZDO 回馈消息 ZDO_CB_MSG,因此 ZDApp 层的任务事件处理函数将调用函数 ZDApp_event_loop(byte task_id, UINT16 events)进行处理。

在这里调用函数 ZDApp_ProcessOSALMsg((osal_event_hdr_t *)msg_ptr),在这个函数中可

以看到对 ZDO_CB_MSG 事件的处理。

调用 ZDApp_ProcessMsgCBs( )函数。在这个函数中根据 ClusterID（这里根据 End_Device_Bind_req）选择相应的匹配描述符处理函数。

在 ZDO_MatchEndDeviceBind( )函数中，若协调器接收到第一个绑定请求，则分配内存空间进行保存并计时，若不是第一个绑定请求，则分别以第一个和第二个绑定请求为源绑定进行比较匹配，若比较匹配成功，则发送匹配成功的信息 End_Device_Bind_rsp 给两个请求终端。ZDMatchSendState( )函数也调用了 ZDP_EndDeviceBindRsp( )函数，对匹配请求响应进行发送。若匹配不成功，则发送匹配失败的信息给两个终端。

（5）终端设备的响应。由于终端设备在 SerialApp.c 中曾注册过 End_Device_Bind_rsp 消息，因此当接收到协调器节点发来的绑定响应消息时，将交由 SerialApp 任务事件处理函数来处理。然后，调用 SerialApp_ProcessZDOMsgs( )函数，进行事件处理。

至此，整个终端绑定过程就完成了，从中可以看出，该方式和描述符匹配请求的绑定方式有很大不同。在描述符匹配请求中，两个设备之间的绑定是无须经过协调器控制的，而这种绑定方式必须在和协调器发生联系后，才能在两个终端设备中建立绑定关系，也就是下面的这种方式。

"终端设备绑定请求"这一命名中的"设备"有广义理解。这一请求不仅适用于终端设备，而且适用于对希望在协调器上绑定的两个设备中匹配的簇进行绑定。一旦这个函数被调用，就假设 REFLECTOR 这一编译选项在所有希望使用这一服务的节点中都已经打开。具体操作如下：选择图 3-2-12 中特定的绑定信息传递方式后，协调器首先找出包含在绑定请求中的簇，然后对比每一设备的 IEEE 地址，若簇可以匹配，而且这几个设备没有已经存在的绑定表，则协调器将发送一个绑定应答给每个设备。

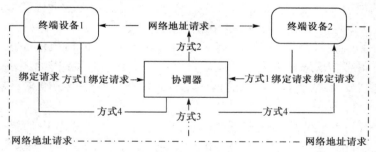

图 3-2-12　绑定信息传递方式

该绑定机制在一个选定的设备上使用一个按键或类似动作在一个定制的超时周期内进行绑定行为。在定制的超时周期内在协调器上收集该终端设备的绑定请求信息，基于配置文件标识符与簇标识符的一致性，将产生一个绑定表条目，功能设备绑定流程如图 3-2-13 所示。

5．实验步骤

（1）配置 ZT-EVB 开发平台的硬件接口。将开发平台的 DEBUGGER 口与计算机用 ZT-Debugger 相连；C 板的 USB 与计算机相连，用于供电和数据传输；A 板和 B 板的 USB 接电源，用于供电，也可以通过开发平台上的 J13 接口供电；然后分别将 A、B、C 这 3 块板上的 Power SW 的 3V3-VDD、KEY SW 的 KEY7 和 KEY6、LED SW 的 LED1、I/O SW 的 IND0

和 IND1，以及 USB SW 的 4 个开关打开；并关闭 ZT-EVB 开发平台上本实验未使用的所有其他功能拨码开关组，完成符合本实验功能要求的拨码开关配置。

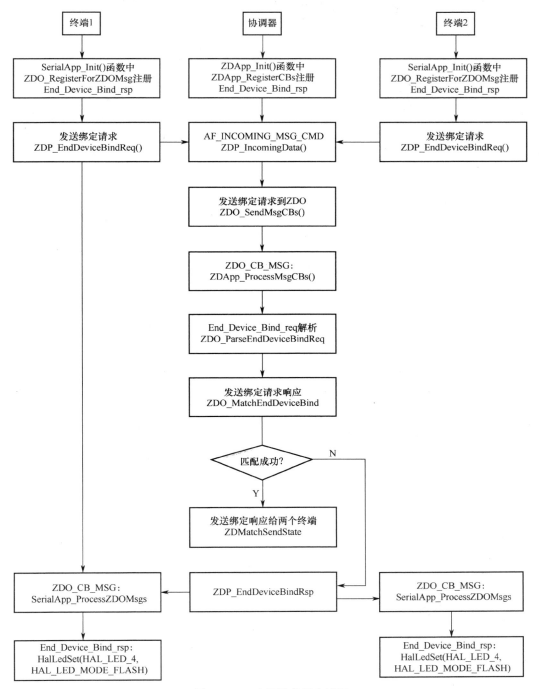

图 3-2-13　功能设备绑定流程

（2）完成以上 ZT-EVB 开发平台的供电和接口配置后，参考图 3-2-14 所示的设备逻辑连接图，进行实验系统的硬件设备连接和软件功能程序设计。

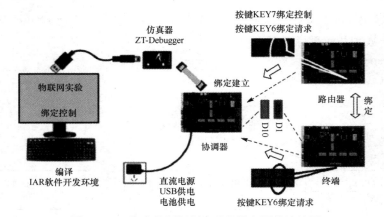

图 3-2-14　绑定控制机制实验的设备逻辑连接图

（3）设计绑定控制机制实验流程图，如图 3-2-15 和图 3-2-16 所示。

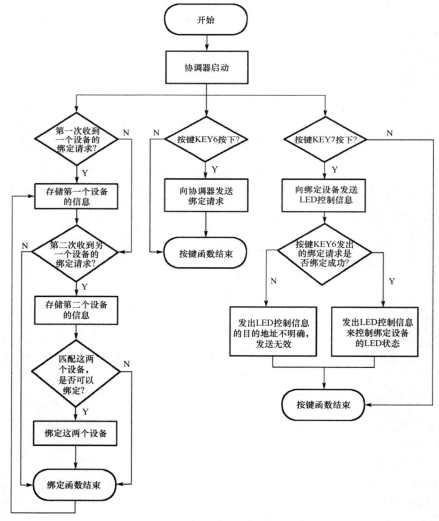

图 3-2-15　绑定控制机制实验流程图（1）

（4）建立绑定控制机制的实验工程。启动 IAR Embedded Workbench 开发环境，在当前的工作空间 Workspace 中建立一个新工程（Create New Project in Current Workspace），设置工程名为 "绑定控制机制.eww"，在 IAR Workspace 下拉列表中选择合适的设备类型，并按照实验要求编写程序。实验工程的建立步骤如下。

① 打开一个 Sample 工程，若正确安装了 TI 的 Z-Stack 协议栈，则路径为…Texas Instruments\ZStack-CC2530-2.4.0-1.4.0\Projects\zstack\Utilities\SerialApp\CC2530DB，修改协议栈中的 3 个 LED，D10 和 D13 用于组网状态显示，D1 可供用户自己使用。接下来的工作就是在该 Sample 工程中做相应的修改，使其实现本实验功能。

② 修改按键驱动，TI 的 Z-Stack 协议栈默认使用的是一个摇杆和一个按键，基于 ZT-EVB 硬件资源，在开发平台上将使用 KEY7 和 KEY6，分别对应 P0_7 和 P0_6。对这两个按键的修改将使用两种不同的方法：KEY6 在原有的按键基础上修改，KEY7 则是新增的一个按键。

③ 在以上对按键 KEY6 和 KEY7 的驱动进

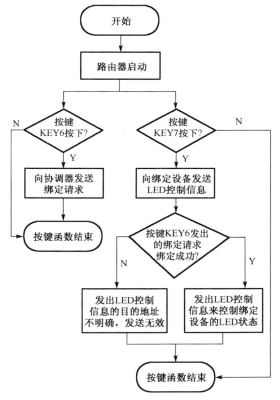

图 3-2-16　绑定控制机制实验流程图（2）

行修改后，只需在应用层修改相关的函数，本实验用 KEY6 发送绑定请求，用 KEY7 发送 LED 控制信息。首先添加函数 SerialApp_ HandleKeys()发送终端设备绑定请求。

从之前对绑定流程的介绍可以得出，若有两个设备在一定间隔时间内按下了 KEY6，即发送了绑定请求，则这两个设备可由协调器进行绑定。

④ 在任务事件处理函数 SerialApp_ProcessEvent()-SYS_EVENT_MSG-ZDO_CB_MSG-SerialApp_ ProcessZDOMsgs()中可添加绑定确定函数。

Z-Stack 协议栈中的 HAL_LED_4 对应 ZT-EVB 开发平台的灯 D10，若绑定成功，则可观察到灯 D10 闪烁。

⑤ 通过以上步骤可实现两个终端设备的绑定，然后添加 LED 控制信息的发送函数。

该函数的作用是：每按下一次键 KEY7，发送一次数据，数据为 SerialApp_Led，该变量是全局变量，赋值为 0。关键的不是发送的数据，而是簇 ID，SERIALAPP_CLUSTERID1 和 SERIALAPP_CLUSTERID2 轮流发送。

⑥ 以上的发送函数的目的地址为 SerialApp_DstAddr，首先要声明该结构体，并在初始化函数 SerialApp_Init( )中进行赋值。该地址是从绑定列表中获得已绑定的目的地址，若还没有绑定任何设备，则该地址无效。

⑦ 在接收数据事件中，添加对应的簇 ID 的处理函数 SerialApp_ProcessMSGCmd()。若收到的是 SERIALAPP_CLUSTERID1，则打开 LED1，若收到的是 SERIALAPP_ CLUSTERID2，则关闭 LED1（TI 协议栈中的 HAL_LED_2 对应 ZT-EVB 开发平台的

LED1）。

（5）程序的编译、调试和下载。选择 Project→Rebuild All 命令，在以上实验程序编译成功后，将开发平台的 DEBUGGER 口与计算机用 ZT-Debugger 相连，选择 Project→Download and Debug 命令，将程序下载到无线模块，在线调试实验功能。程序代码下载步骤为：首先下载协调器 C 板的程序，然后下载路由器 B 板的程序，最后下载终端设备 A 板的程序。下载时注意工作空间中设备类型的选择要对应开发平台的功能类型，如图 3-2-17 所示。从功能扩展角度看，终端设备也可以由协调器、路由器类型的设备来担任。

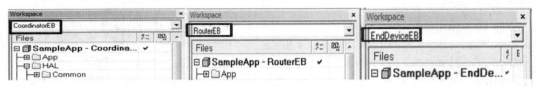

图 3-2-17　功能设备工作空间配置

（6）程序运行测试。单击 IAR 工具界面上的 ⚞ 按钮全速运行程序，或去除 ZT-Debugger 调试器，按下 ZT-EVB 开发平台上的"reset"键让模块复位，复位完成后，进行点对点功能测试。程序正确运行之后，观测协调器组网及路由器和终端设备加入网络过程的 LED 状态指示。通过按键方式向协调器发出 ZDO 终端设备申请绑定的请求，由协调器建立终端设备和路由器间的绑定关系，进而在绑定设备之间进行数据传输的测试，通过协调器和终端设备上的 LED 组的状态变化来指示绑定过程的各实现阶段。

6. 实验结果

（1）测试绑定。实验现场平台如图 3-2-18 所示，分别是协调器 C、路由器 B 和终端设备 A。组网后，按下任意一个终端 ZT-EVB 开发平台的键 KEY6，产生并发送一个允许绑定的请求；再按下另一终端 ZT-EVB 开发平台的键 KEY6，产生并发送一个绑定请求信息。两个终端通知协调器它们之间想建立绑定记录，进而协调器执行绑定流程。在绑定功能成功实现后，承担协调器身份的 ZT-EVB 开发平台上的灯 D10 呈现闪烁状态，至此，两个终端已经直接建立了绑定关系。此时，用户可用任一终端上的键 KEY7 对另一终端上的被控设备 LED1 进行控制。请观察实验现象，并填写表 3-2-5 所示的实验结果。

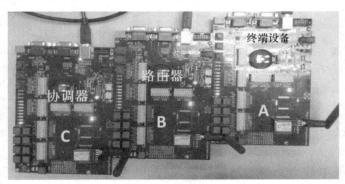

图 3-2-18　实验现场平台

表 3-2-5　实验结果

绑 定 设 备	发送绑定请求	发送控制信息	相应设备板上 LED 的响应情况		
			A 板	B 板	C 板
A、B	按下 A 板的键 KEY6	按下 A 板的键 KEY7			
	按下 B 板的键 KEY6	按下 B 板的键 KEY7			

（2）实现基于两个设备的双向绑定控制目标，即按键可以相互控制对方的 LED；修改程序实现单向绑定的控制目标。

7．扩展与思考

（1）一个设备能和两个设备进行绑定吗？若能，如何绑定？若成功绑定了，键 KEY7 如何控制 LED1 的亮灭？请读者思考需采用何种类型的绑定机制实现，设计绑定程序并进行功能验证。

（2）设计一种简单灯光控制机制，在开关中建立绑定服务，使之可以控制 3 个不同的 LED，要求开关中的应用服务在未知灯光设备确切的目标地址时，可以顺利地向灯光设备发送数据包。

（3）以上实验代码实现了 Z-Stack 提供的 4 类绑定方式中的一种，即两个终端分别通过按键机制调用 ZDP_EndDeviceBindReq 函数来实现绑定；请读者尝试实现 Z-Stack 协议栈所提供的另外 3 类绑定方式，并填写表 3-2-6。

表 3-2-6　实验结果

绑 定 设 备	绑 定 方 式	发送绑定请求	发送控制信息	相应设备板上 LED 的响应情况		
				A 板	B 板	C 板
A、B		按下 A 板的键 KEY6	按下 A 板的键 KEY7			
		按下 B 板的键 KEY6	按下 B 板的键 KEY7			
		按下 C 板的键 KEY6	按下 C 板的键 KEY7			
A、C		按下 A 板的键 KEY6	按下 A 板的键 KEY7			
		按下 B 板的键 KEY6	按下 B 板的键 KEY7			
		按下 C 板的键 KEY6	按下 C 板的键 KEY7			
B、C		按下 A 板的键 KEY6	按下 A 板的键 KEY7			
		按下 B 板的键 KEY6	按下 B 板的键 KEY7			
		按下 C 板的键 KEY6	按下 C 板的键 KEY7			
A、B、C		按下 A 板的键 KEY6	按下 A 板的键 KEY7			
		按下 B 板的键 KEY6	按下 B 板的键 KEY7			
		按下 C 板的键 KEY6	按下 C 板的键 KEY7			

3.2.3　Z-Stack 广播通信和单播通信实验

1．实验目的

（1）学习 ZigBee 无线数据收发广播通信和单播通信相关技术，两种通信方式的示例如图 3-2-19 和图 3-2-20 所示。

（2）学习如何修改 Z-Stack 协议栈程序，以实现广播通信和单播通信。

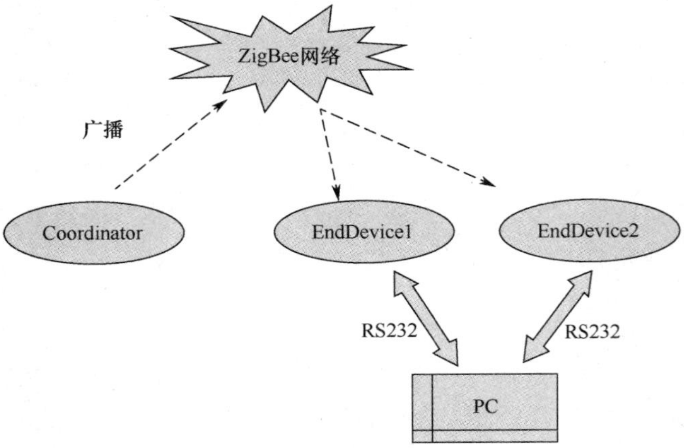

图 3-2-19　广播通信方式

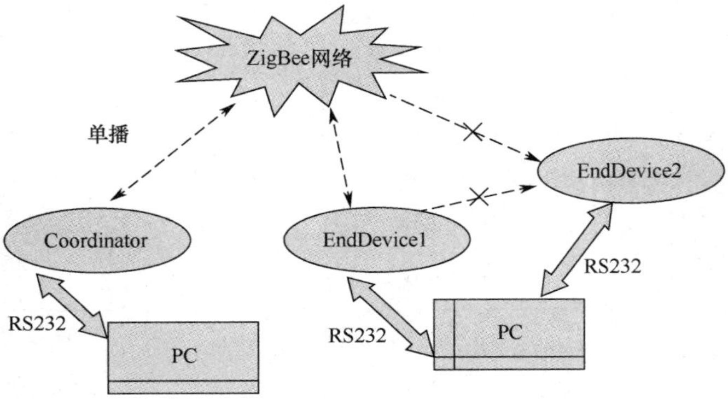

图 3-2-20　单播通信方式

2．实验设备

硬件：计算机一台（操作系统为 Windows XP 或 Windows 7）；CVT-IOT-VSL 实验箱一台；CC Debugger 仿真器；USB 数据线一根。

软件：IAR Embedded Workbench for MCS-51 开发环境。

3．实验要求

（1）观察网关节点上的灯及两个终端设备上的灯闪烁；

（2）实现网络的单播通信，如在终端设备 1 发送消息时，只有网关才能接收到数据并通过串口显示出来，终端设备 2 不显示此消息。

5．实验步骤

（1）准备三块通用调试母板、CC2000 仿真器，供电并连接好。将三块通用调试母板通过 USB 串口和 PC 连接（如果一台 PC 不能显示三个串口，那么可将其中一个节点连接至另一台 PC）。跳线 J8 跳到 USB 串口端，J3 跳到 VBUS 端，J5 跳到 EXT3.3 端。

（2）打开 Z-Stack 协议栈中的 CommunicationApp 工程 CoordinatorEB，并进行编译。

（3）编译成功后，将产生的 CommunicationApp_Coord.hex 烧写到任一通用调试母板中，作为广播通信和单播通信实验的网关节点。

（4）打开 Z-Stack 协议栈中的 CommunicationApp 工程 EndDeviceEB，并进行编译。

（5）编译成功后，将产生的 CommunicationApp_ED.hex 烧写到另外两个通用调试母板中，作为单播通信和广播通信实验的终端设备。

（6）将网关节点板和终端设备板均上电，等待终端设备加入网络，终端设备上的二极管指示灯 D2 常亮，表示网络已连接。如长时间未连接，可按路由节点的复位按钮 S2 对路由节点进行复位。通用调试母板连接如图 3-2-21 所示。

图 3-2-21　通用调试母板连接

6．实验结果

（1）可以观察到网关节点上的 LED1 每隔 5s 闪烁一次，表示网关广播的数据发送成功；同时两个终端设备上的 LED1 也会闪烁，表示数据接收成功。网关节点和终端设备 1 消息图如图 3-2-22 所示。

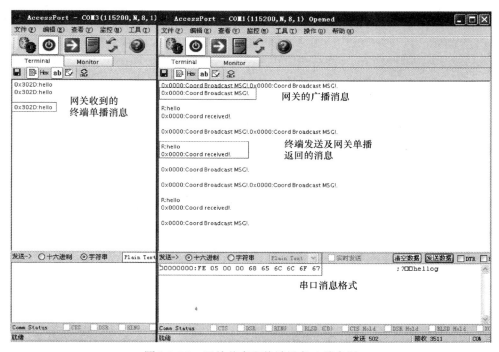

图 3-2-22　网关节点和终端设备 1 消息图

（2）为每个节点打开一个串口调试助手，设置好对应的波特率及串口号。可以同时通过终端设备的串口看到网关发送来的广播消息。

（3）通过任一终端设备的串口调试助手以十六进制方式输入发送消息，消息格式如下：

包头	包长	命令1	命令2	h	e	l	l	o	校验值

```
0xfe  0x05  0x00   0x00   0x68  0x65  0x6c  0x6c  0x6f  0x67
```

这里以发送"hello"数据为例，输入如上内容。包头固定 0xfe，包长为"hello"数据的长度，命令 1 和命令 2 默认 0x00，数据的内容为"hello"，最后一位为校验值。如果数据输入不正确，那么不会有信息发送和打印。

（4）在终端设备 1 发送消息时，只有网关才能收到数据并通过串口显示出来；因为是以单播的方式发送的，所以终端设备 2 是不会显示此消息的。并且网关在接收到消息后，也以单播的方式回应消息给发送消息的终端设备 1。

（5）可以使用 Packet_Sniffer 分析软件，观察两个节点之间的无线通信，可以看到应用程序的数据内容为"48 65 6C 6C 6F"，即 hello 字符的 ASCII 码。

3.2.4 光照传感器采集实验

1．实验目的

（1）掌握光照传感器的操作方法；
（2）掌握光照传感器采集程序的编程方法。

2．实验设备

硬件：计算机一台（操作系统为 Windows XP 或 Windows 7）；CVT-IOT-VSL 实验箱一台；CC Debugger 仿真器；USB 数据线一根。

软件：IAR Embedded Workbench for MCS-51 开发环境。

3．实验要求

通过串口调试助手显示光照传感器采集到的数据。

4．基础知识

（1）光敏电阻。本实验箱采用的光照传感器为光敏电阻，光敏电阻属于半导体光敏器件，在半导体光敏材料的两端装上电极引线，将其封装在带有透明窗的管壳里，就构成了光敏电阻，为了提高灵敏度，两电极常做成梳状。用于制造光敏电阻的材料主要是金属的硫化物、硒化物和碲化物等半导体。通常采用涂敷、喷涂、烧结等方法在绝缘衬底上制作很薄的光敏电阻体及梳状欧姆电极，接出引线，封装在具有透光镜的密封壳体内，以免受潮，影响其灵敏度。入射光消失后，由光子激发所产生的电子–空穴对将复合，光敏电阻的阻值也就恢复原值。在光敏电阻两端的金属电极加上电压，其中便有电流通过，当受到一定波长的光线照射时，电流就会随光强的增大而变大，从而实现光电转换。光敏电阻没有极性，纯粹是一个电阻器件，使用时既可加直流电压，又可加交流电压。半导体的导电能力取决于半导体导带内载流子的数目，因此，可以通过简单的电阻分压，将光敏电阻两端的电压值转换成相应的光照值。

（2）光照传感器接口电路。光照传感器接口电路如图 3-2-23 所示。

（3）实验说明。本实验直接采集光照传感器两端的电压值，并通过串口，在串口调试助手中显示出来，通过改变光照强度可观察到相应的光照值发生了明显变化。

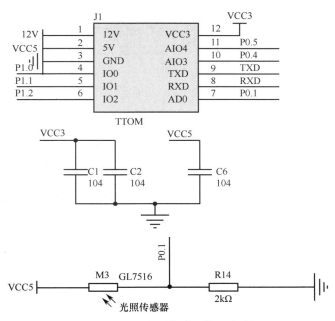

图 3-2-23　光照传感器接口电路

光照传感器实验不需要组网，只需要一个子节点和光照传感器板，按照步骤操作即可完成实验。

5．实验步骤

（1）使用 mini USB 将子节点板与 PC 相连。

（2）启动 IAR Embedded Workbench 开发环境，创建 Led.h、Led.c、Uart.h、Uart.c 及 main.c 文件，编写实验代码。

（3）新建一个工程 LIGHT SENSOR，将上述 5 个文件添加至工程中，并修改 LIGHT SENSOR 的工程设置，如图 3-2-24 所示。

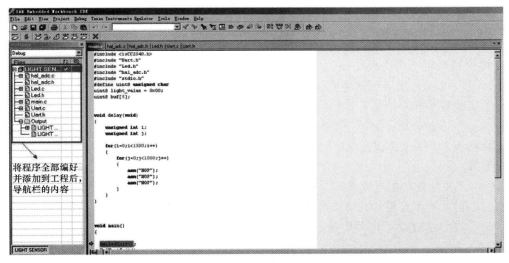

图 3-2-24　LIGHT SENSOR 工程

（4）编译 LIGHT SENSOR，编译成功后下载并运行，选择 miniUSB 的串口号，配置波特率，用串口调试助手观察结果。

6．实验结果

串口调试助手将显示此时的光照值结果，如图 3-2-25 所示。使用灯光照射光照传感器，能看到串口调试助手中的光照值发生了明显变化。

图 3-2-25　用串口调试助手显示光照传感器采集的数据

3.2.5　蓝牙组网配置实验

1．实验目的

（1）掌握蓝牙 4.0 通信的基本原理；
（2）了解 BLE 通信协议；
（3）组建蓝牙低功耗无线网络。

2．实验设备

硬件：计算机一台（操作系统为 Windows XP 或 Windows 7）；CVT-IOT-VSL 实验箱一台；CC Debugger 仿真器；USB 数据线一根。

软件：IAR Embedded Workbench for MCS-51 开发环境。

3．实验要求

实现蓝牙组网。

4．基础知识

（1）基本原理。蓝牙子模块上电后自动发起加入网络请求，蓝牙主模块上电后初始化网络参数，然后扫描子节点，扫描子节点的过程持续约 16s，此后蓝牙主模块对扫描到的子节点自动发起建立连接请求，若连接成功，则说明建立了蓝牙 4.0 网络。

TI 协议栈规定一个主模块最多只能连接 3 个子模块，而当同一个实验室的多台实验箱在同时工作时，可能会扫描到其他实验箱的节点。为了防止实验箱之间的干扰，程序中在应用层定义了实验箱号和节点号，比如实验箱 1 的 4 个蓝牙模块分别定义为实验箱 1 网关、实验箱 1 节点 1、实验箱 1 节点 2、实验箱 1 节点 3。

实验箱 N 只有在扫描到实验箱 N 的节点时，才会发起建立连接请求，这样避免了实验箱之间的干扰。

另外，子模块支持配套的各种传感器板，可以很方便地使用串口命令来配置传感器类型。

注意：配置的实验箱号、节点号和传感器类型都是存储在 Flash 中的，断电自动保存，实验箱在出厂时已经做好了相关配置，读者在做完实验后请按照实际环境复原，以免影响正常使用。

（2）配置协议。BLE 4.0 网关机和 ARM 服务器、BLE 4.0 网关机和 PC 服务器，以及

ARM 服务器和 PC 服务器之间，都采用 RS232 全双工、无流控的通信方式，三层结构是物理层、链路层、应用层。

物理层：RS232 通信方式，通信速率为 115 200b/s。

链路层：采用全双工方式，每字符采用 1 比特起始、8 比特信息、无校验和 1 比特停止位。

应用层：采用成帧模式及累加和校验方式。

命令帧或应答帧的格式如表 3-2-7 所示。

表 3-2-7　命令帧或应答帧的格式

包头	包长度	模块类型	命令代码	端节点地址	数据或应答	校验
Header	Length	Module type	Cmd	EndDeviceAddr	DATA	FCS
1 字节	1 字节	2 字节	1 字节	2 字节	1 字节或 4 字节	1 字节

5. 实验步骤

（1）将 mini USB 的 mini 口接在蓝牙的主模块板上，给主模块板通电，将 CC Debugger 仿真器的 JTAG 口接在主模块的 JTAG 口上，准备烧写程序。

（2）使用 Flash Programmer 给蓝牙主模块烧录 Central.hex，给子模块烧录 slave.hex，如图 3-2-26 所示。

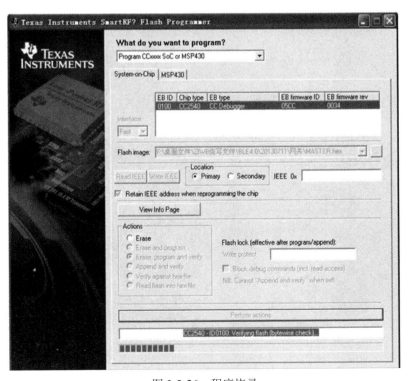

图 3-2-26　程序烧录

（3）给实验箱通电，使用 mini USB 连接计算机串口和节点底板 mini USB 口。

（4）启动配置工具"物联网参数配置工具"，选择好实际的串口后，单击"连接"按钮，如果连接成功，那么"参数配置程序"的左下角会出现"连接成功！"提示。然后选择"匹配编号""节点编号""传感器类型号"，单击"设置"按钮，有提示说明设置成功，如图 3-2-27 所示。

（5）配置子模块，将 mini USB 连接计算机进行配置。启动配置工具，按照实际情况选择匹配编号、节点编号、传感器类型号，如选择 1 号实验箱，节点 1 配置为光照传感器，节点 2 配置为温湿度传感器，节点 3 配置为声音传感器，如图 3-2-28 所示。

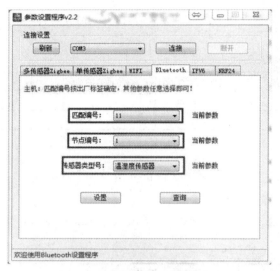

图 3-2-27　蓝牙组网实验配置

图 3-2-28　光照传感器节点配置

（6）将蓝牙模块插好，给实验箱通电，使用 mini USB 将主板与 PC 相连，打开串口调试助手，进行如下操作，可看到相应的传感器数据。

操作光照传感器，如用手遮住光照传感器的光线，可看到相应的数据变化，如图 3-2-29 所示。

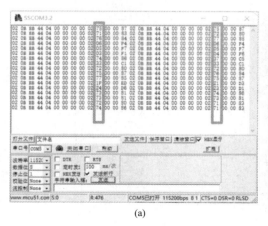

(a)

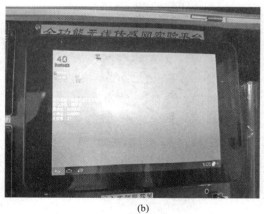

(b)

图 3-2-29　光照传感器节点数据

操作温湿度传感器，向温湿度传感器轻轻吹气，可看到相应的数据变化，如图 3-2-30 所示。

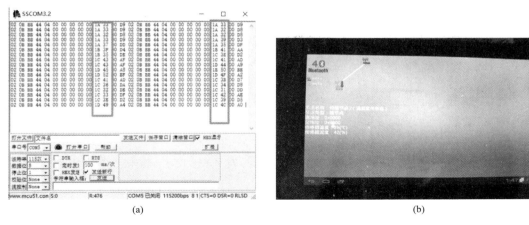

(a)　　　　　　　　　　　　　　　　(b)

图 3-2-30　温湿度传感器节点数据

操作声音传感器，对准声音传感器的拾音麦克风说话，此时若声音超过一定分贝，则声音传感器上的 LED1 亮。实验结果如图 3-2-31 所示，图中，方框内的 01 表示有声音，00 表示无声音。

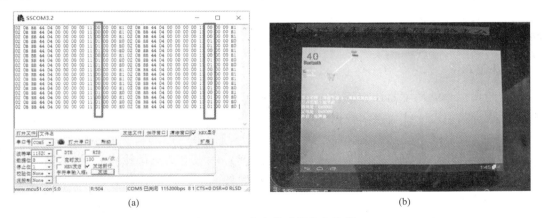

(a)　　　　　　　　　　　　　　　　(b)

图 3-2-31　声音传感器节点数据

6．实验结果

将蓝牙模块插好，实验箱通电后，首先看到主模块的连接指示灯 LED1 在闪烁（表示主模块在发起扫描），子模块的连接指示灯 LED1 在闪烁（表示其正在广播，请求加入网络），十几秒后主模块和子模块的 LED1 都长亮，表示主模块、子模块连接成功。

3.3　物联网综合实验

3.3.1　区域异常温度无线监控实验

1．实验目的

（1）掌握绑定机制的工作原理和运作流程，并运用于监测异常事件的数据收集过程中。

（2）通过绑定机制构成远端采样设备、监控控制台设备及应急处理移动设备间的自适应通信系统，实现终端异常事件触发、协调器针对性收集和移动设备实时处理的区域异常温度无线监控功能。

2．实验设备

硬件：计算机一台（操作系统为 Windows XP 或 Windows 7）；ZT-EVB 开发平台 3 套；ZT-Debugger 仿真器；USB 数据线 3 根。

软件：IAR Embedded Workbench for MCS-51 开发环境；Z-Stack 协议栈开发包；串口调试助手。

3．实验要求

（1）编写程序，要求实现如下功能：采用基于协议栈的绑定控制原理，远程终端节点集合在感知异常温度信息后，启动对协调器中心节点和移动终端的信息传输机制，形成区域异常温度监控报警和实时处理的闭环控制机制。

（2）验证绑定机制对实现数据采集目标对象特定性的作用。将绑定机制引入异常事件驱动的物联网数据收集应用中，减小网内冗余数据的传输量和传输数据包碰撞的概率，从而减小网络整体能耗、缩短数据传输时延。

4．基础知识

本实验模拟仓储环境监控和森林火灾预警的物联网工程应用场景，基于 ZT-EVB 开发平台实现区域异常温度无线监控和数据传输处理。

（1）室内仓储环境异常温度监控应用。在仓储环境区域温度的实际监控应用中，若整体监控区域的温度状况呈现弱变化的稳定态，则温度采样节点都会传输自身采样数据给协调器，会造成网络整体能耗的增大和数据收集生命周期的缩短。而在实际监控应用中，关注出现温度异常事件的区域更有实践意义，如在室内仓储智能管理中，当某区域发生火灾导致局域温度显著升高，表现为温度超过预设的异常温度阈值时，该区域内的终端节点才将数据发送给协调器；而温度正常区域的终端则无须周期性地发送数据给协调器，即协调器只需关注某些重点区域内的环境异常情况，而无须接收所有环境温度采集终端的数据，从而实现针对性地监控对象并减小网络整体能耗、缩短数据传输时延。基于这个应用要求，本实验参考 3.2.2 节"绑定控制机制实验"中已介绍过的按键驱动修改和绑定的基本流程，实现协调器与特定终端设备之间的绑定，完成协调器（控制器）对特定终端（重点监控区域）的控制，同时修改簇 ID 列表，可实现单向或双向的控制，本实验通过这种绑定机制可实现区域异常温度监控的闭环控制系统。在实现过程中，每个终端将自身采样数据与预定阈值进行比较，来判断自身监控子区域内的温度是否异常，若异常，则建立与协调器的绑定，并将数据发送给协调器。在协调器上预设定不同的异常级别，从而判断请求绑定终端区域的温度异常程度，为进一步的解决措施提供评定依据。

图 3-3-1 所示为仓储环境异常温度报警及处理功能框架。

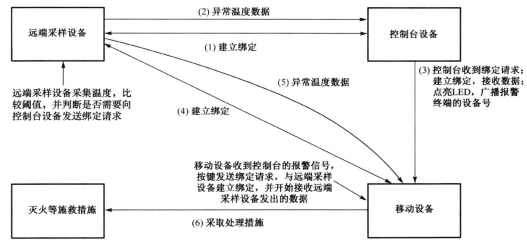

图 3-3-1　仓储环境异常温度报警及处理功能框架

（2）模拟森林火灾预警监控应用。近年来，火灾自动报警系统得到了不同程度的发展，但是面对当前社会的迅猛发展及实际应用的多样性，火灾自动报警系统的通信协议不一致，技术仍比较滞后，通过对这些系统实际应用的考察可以发现，这些系统一般存在以下问题。

① 适用范围较小。我国的火灾自动报警系统与欧美发达国家相比有很大差距，我国在高层建筑及重点场馆的建设中使用较多，而家庭安装率较低，无法得到大范围的使用。

② 智慧化程度很低。由于软件平台设计存在局限性，我国传感器类组件的数量不大，各种算法的严谨性不高，从而造成许多迟报、误报和漏报的情况。

③ 网络化程度低。我国应用的火灾自动报警系统主要以局部火灾自动报警系统、集中和控制中心相互结合的火灾自动报警系统为主，安装相对分散，各自为战，其可纵横扩展性相对较差。

④ 火灾探测报警技术的灵敏度很低。我国大部分火灾自动报警系统是当有火苗或大的烟雾时才发生反应，这使得对整个火情进行控制有一定难度，因此在智能化计算机飞速发展、信息高速公路及国际互联网开通全球一体化时代到来的全新科技环境下，火灾自动报警系统不再以孤立的身份存在，而是整个城市公共安全系统的一部分，这就需要未来的火灾预警系统的物联网软件平台及硬件平台建设有良好的可扩展性。物联网技术的出现给我国乃至全世界的火灾防控技术提供了新的发展思路。当前，我国大部分城市、乡村已经连通在无线通信网络之中，无线物联网技术的一种重要基础设施就是无线通信网络，可以把安装在设备、道路、矿山等上的各种传感器所采集到的各种异常信号，通过无线通信网络实时地传输给控制中心。

火灾预警系统利用物联网技术把整个系统连成一个集中的网络，在控制屏幕上，按照危险等级实时监测火灾易发区域，管理人员根据监控结果及时做出相应的处理。在森林或楼宇建筑物中布置传感器网络，当监控区域中出现火灾现象或火灾隐患点时，相应的网络节点很快就会以无线的方式传输到控制中心，并给相应的控制灭火装置发送启动信号，实现火灾的实时预警和实时灭火操作。

ZigBee 模块功耗低、体积小，在实际应用中可以抛撒在森林等待测面积大的环境中，适用于构建森林防火预警系统。本实验使用 ZT-EVB 开发平台自组构建的异常温度监控网来模拟火灾检测系统，使用终端检测环境温度和湿度，并通过无线 ZigBee 网络传输给协调器，然后在与协调器连接的计算机上通过上位机监控界面来显示火灾发生区域的异常环境温度并实时记录。监控界面会根据当前环境的温度和湿度，用不同颜色显示节点所在位置的火灾报警等级，并记录一定时间内的温湿度变化曲线，从而实现对节点所处环境的火灾监控，如图 3-3-2 所示。

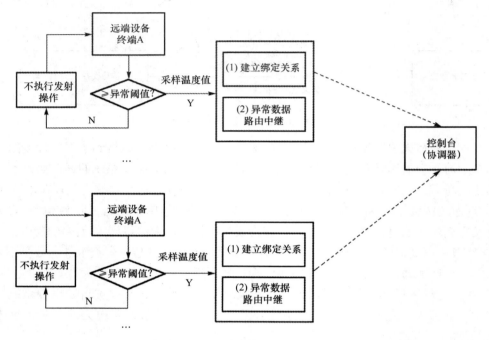

图 3-3-2　森林火灾预警监控处理

远端终端设备模拟分布在森林中的异常温度监控传感器节点，远端终端每隔一定时间采样一次环境中的温度值，然后与预定的异常阈值进行比较，如果发现采样温度值高于阈值，就向火灾监控中心（协调器）发出绑定请求，协调器接收到绑定请求后建立绑定，这时火灾监控中心就可以实时地接收远程终端设备通过路由中继方式发来的数据，并通过上位机的火灾监控界面直观地显示火灾发生的具体时间、区域地址（报警终端的设备号）和实时温度监控值。

5. 实验步骤

（1）配置 ZT-EVB 开发平台的硬件接口。将开发平台的 DEBUGGER 口与计算机用 ZT-Debugger 相连；将 C 板的 USB 与计算机相连，用于供电和数据传输；A 板和 B 板的 USB 接电源，用于供电，也可以通过供电接口（开发平台上为 J13）连接；然后分别将 A、B、C 三块板上 Power SW 的 3V3-VDD、KEY SW 的 KEY7 和 KEY6、LED SW 的 LED1、I/O SW 的 IND0 和 IND1，以及 USB SW 的 4 个开关打开；并关闭 ZT-EVB 开发平台上本实验未使用的所有其他功能拨码开关组，完成符合本实验功能要求的拨码开关配置。火灾预警监控界面如图 3-3-3 所示。

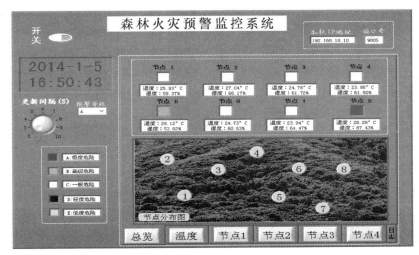

图 3-3-3　火灾预警监控界面

（2）实验设备逻辑连接。完成以上 ZT-EVB 开发平台的供电和接口配置后，参考图 3-3-4
所示的设备逻辑连接图，进行实验系统的硬件设备连接和软件功能程序设计。

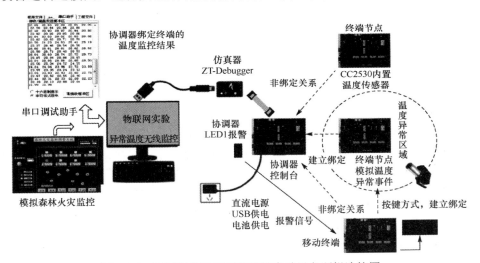

图 3-3-4　区域异常温度无线监控实验设备逻辑连接图

（3）设计基于绑定机制的区域异常温度无线监控实验流程，如图 3-3-5 所示。

（4）建立区域异常温度无线监控机制的实验工程。启动 IAR Embedded Workbench 开发环
境，在当前工作空间 Workspace 中建立一个新工程（Create New Project in Current Workspace），
设置工程名为"区域异常温度无线监控机制.eww"，在 IAR Workspace 下拉列表中选择合适
的设备类型，并按照实验要求编写程序，实验工程的建立步骤如下。

① 修改协议栈中的 3 个 LED、D10 和 D13，用于组网状态显示，LED1 可供用户使用；
修改串口驱动、初始化并注册串口；修改协议栈按键驱动，修改按键处理函数 KEY6，用于
绑定机制。

② 在绑定机制中修改终端绑定函数 ZDO_MatchEndDeviceBind( )，在该函数中添加 LED
的处理函数，用于温度异常状况报警。

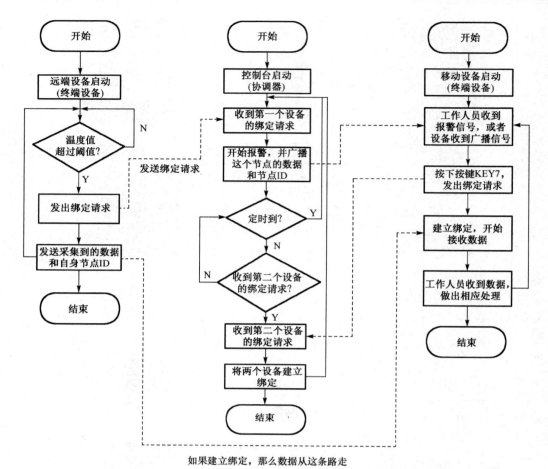

图 3-3-5　基于绑定机制的区域异常温度无线监控实验流程

③ 打开一个 Sample 工程，若正确安装了 TI 的 Z-Stack 协议栈，则路径为…Texas Instruments\ZStack-CC2530-2.4.0-1.4.0\Projects\zstack\Utilities\SerialApp\CC2530DB，接下来的工作就是在该 Serial 工程中做相应的修改，使其实现该实验功能。

④ 在 SerialApp.c 文件中添加温度采集初始化函数 initTempSensor( )和温度采集函数 getTemperature( )，并在应用层初始化函数 SerialApp_Init( )中调用温度采集初始化函数 initTempSensor( )。

⑤ 添加事件定义。

在处理事件函数 SerialApp_ProcessEvent( )的设备状态改变事件 ZDO_STATE_CHANGE 中触发 my_event 事件，并且在 SerialApp_ProcessEvent ( )函数中处理该事件。

⑥ 发送采集的异常温度值。

将采集到的温度值发送给绑定设备，若还未完成绑定，则该发送函数发送的数据无效。

⑦ 从以上的发送函数可知，使用的簇 ID 是 SERIALAPP_CLUSTERID3，该簇将在接收数据的处理函数中使用，并通过串口写功能函数将接收到的数据显示在串口调试助手上。

（5）程序的编译、调试和下载。选择 Project→Rebuild All 命令，将以上实验程序编译成功后，将开发平台的DEBUGGER 口与计算机用 ZT-Debugger 相连，选择 Project→Download and

Debug 命令将程序下载到无线模块中，在线调试实验功能。程序代码下载的步骤为：首先下载协调器 C 板的程序，然后下载路由器 B 板的程序，最后下载终端 A 板的程序。在程序下载时应注意，工作空间中设备类型的选择要对应开发平台的功能类型。在程序下载前，应修改输入簇和输出簇。

将以上输入簇和输出簇修改后的程序下载到温度监测控制台（协调器）和移动终端设备中。再修改输入簇和输出簇，并下载到传感器终端设备。

（6）程序运行测试。单击 IAR 工具界面上的 按钮全速运行程序，或去除 ZT-Debugger 调试器，按下 ZT-EVB 开发平台上的"reset"按键使模块复位，复位完成后，依据表 3-3-1 所示的异常温度判断规则，进行点对点功能测试。程序正确运行之后，观测协调器组网及采样终端和移动终端加入网络过程的 LED 状态指示。温度异常区域终端通过阈值判断采样结果异常后，自动向控制台协调器发出绑定请求，并在建立绑定后将异常温度数据和自身设备号发送给控制台设备（协调器），并通过协调器串口转发给计算机上的串口调试助手和上位机监控界面实时显示信息。协调器在建立绑定的同时，点亮 LED 报警，并依据绑定表信息广播报警终端的设备号，广播区域内的移动终端感知报警信息后，通过按键方式与异常温度报警终端建立绑定关系，在接收其异常数据信息后，进行平滑和均值处理，并将均值处理结果 $\overline{T}_{均值}$ 输入"预定行为规则表"来判断异常事件的严重程度，进而采取相应的处理措施。

表 3-3-1　异常温度判断规则

预定行为规则表	
$\overline{T}_{均值} < T_{th(1)}$	无须采取措施
$T_{th(1)} \leqslant \overline{T}_{均值} < T_{th(2)}$	自行简单处理
$T_{th(2)} \leqslant \overline{T}_{均值} < T_{th(3)}$	报警处理
异常阈值根据具体应用要求设定，且满足 $T_{th(1)} < T_{th(2)} < T_{th(3)}$	

6. 实验结果

（1）LED 指示绑定机制实现过程。远程终端采集数据，如果发现采样值超过阈值，那么本设备的 LED1 闪烁，并且向控制台发送绑定请求，控制台收到绑定请求，LED1 报警灯亮，并广播采样终端的设备号，移动终端收到报警信号后，按下按键发送绑定请求，并与报警的远程终端绑定，这时控制台的 LED1 灭。

（2）串口调试助手实时显示远程异常温度值及报警终端的设备号。设定阈值 $T_{th}=20℃$，用热风源提高采集终端节点周围的环境温度，当其高于 T_{th} 时，触发采集终端与数据监控控制台（协调器）构建绑定状态和异常温度数据的传输操作，协调器将接收的异常温度值和报警终端设备号通过串口调试助手显示在计算机界面上，节点温度远程监控结果如图 3-3-6 所示；若采集终端周围的温度低于 T_{th}，则采集终端不执行数据传输操作，从而减小网络整体能耗、延长网络监控的生命周期。

单击菜单上的"导出"按钮，可选择合适的存档路径保存当前监控信息，文件名默认为当前时间点，温度远程监控上位机界面如图 3-3-7 所示。

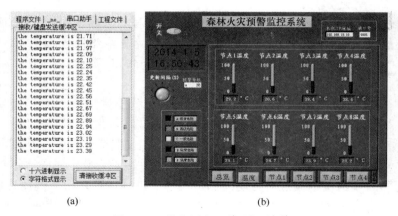

(a)　　　　　　　　　　　　　(b)

图 3-3-6　节点温度远程监控结果

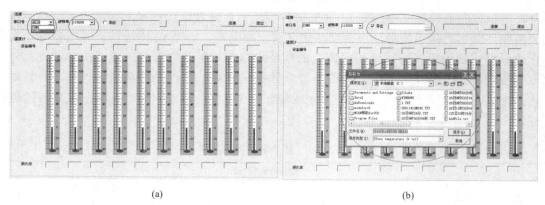

(a)　　　　　　　　　　　　　(b)

图 3-3-7　温度远程监控上位机界面

保存的数据格式如图 3-3-8(a)所示：左边是时间，中间是设备编号，右边是温度值。图 3-3-8(b)所示为进行异常温度监控时串口实时收到的数据。

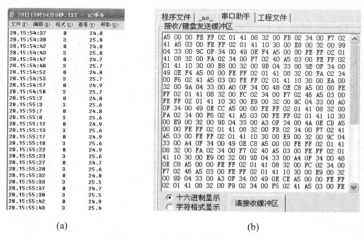

(a)　　　　　　　　　　　　　(b)

图 3-3-8　上位机软件示意图

（3）模拟森林火灾预警监控的实验结果。用 ZT-EVB 开发平台自主构建监控网络，如图 3-3-9 所示。

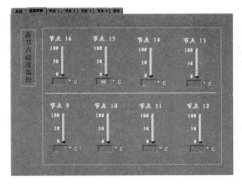
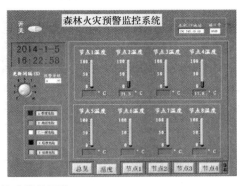

图 3-3-9　自主构建监控网络

实时监控的接口如图 3-3-10 和图 3-3-11 所示。

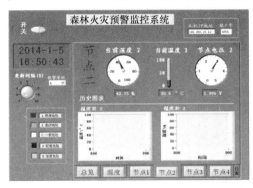
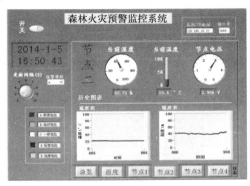

图 3-3-10　实时监控的接口（1）

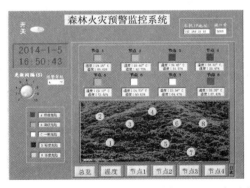
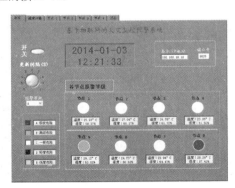

图 3-3-11　实时监控的接口（2）

协调器所连接的上位机监控界面接收到 ZigBee 网络传输的数据后，即可进行处理判断并进行显示，图 3-3-12 所示为本实验样例程序的测试结果。

组建网络监控数据库。将协调器与计算机相连，打开上位机监控数据库可以监控各节点的工作情况，如图 3-3-13 所示。

利用监控数据库可分析各终端监控子区域内的温度是否异常，并可依据协调器收到的终端设备号信息来构建各监控终端的拓扑结构图，如图 3-3-14 所示。当部分监控终端的地理位置等因素发生改变时，网络拓扑结构图可以自适应地动态变化，从而更直观地对异常温度区域预警监控，并可更好地延长整个传感器网络的数据收集生命周期。

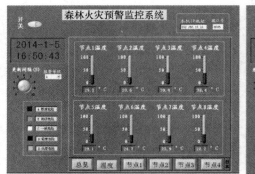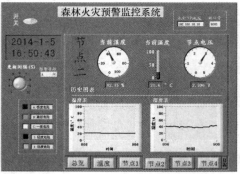

图 3-3-12　测试结果

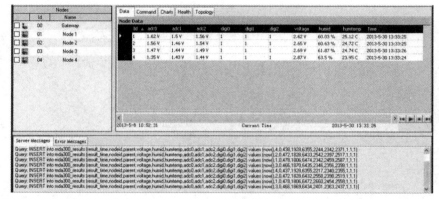

图 3-3-13　监控各节点的工作情况

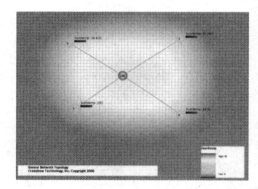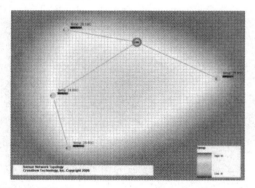

图 3-3-14　两种拓扑结构图

7．扩展与思考

　　绑定提示方案一：一个设备可以与多个设备建立绑定关系。这里可以把 5 个传感器设备分别与中心收集设备建立绑定关系，并且传感器设备为输出，中心收集设备为输入。在中心收集设备的输入簇清单中添加 5 个簇 ID，这 5 个簇 ID 对应 5 个传感器设备。在传感器设备的输出簇清单中分别添加一个簇 ID，使其与中心收集设备的输入簇清单中的 5 个簇 ID 对应，注意不要重复。在 5 个传感器设备的发送函数 AF_DataRequest( )中，一定要注意簇 ID 的区分。在中心收集设备的接收数据处理函数 SerialApp_ProcessMSGCmd (MSGpkt)中，添加这 5 个簇 ID 的处理函数，即可实现该功能。这里主要是应用绑定实现 5 个传感器设备向中心收集设备发送数据，中心收集设备通过簇 ID 来区分这 5 个传感器设备。

理解绑定提示方案一，参考该方案并按如下要求自行设计方案二：假如有一个仓库，里面分散放着 5 个传感器（SampleSensor）设备，控制台有一个中心收集（SampleCollector）设备。如何将 5 个传感器设备采集到的温度数据发送给中心收集设备呢？而中心收集设备如何区分这 5 个传感器设备呢？

3.3.2　网络无线定位实验

1．实验目的

（1）在对 Z-Stack 协议栈学习的基础上，巩固 ZigBee 无线通信技术和 Z-Stack 协议栈架构。

（2）掌握极大似然定位算法和三边定位算法，并将两类无线定位算法移植到 Z-Stack 协议栈中，实现对目标的精确定位。

（3）利用 CC2530 的双向无线通信协议 Basic.RF，结合应用层无线定位算法，构建 ZigBee 无线定位应用系统。

2．实验设备

硬件：计算机兼容机一台（操作系统为 Windows XP 或 Windows 7）；ZT-EVB 开发平台 4 套；ZT-Debugger 仿真器；USB 数据线 4 根。

软件：IAR Embedded Workbench for MCS-51 开发环境；Z-Stack 协议栈；串口调试助手。

3．实验要求

（1）巩固基于 Z-Stack 协议栈的自组网和无线收发功能的实现。

（2）掌握基于接收信号强度 RSSI 的测距方法，了解 RSSI 功率与无线距离的函数关系。

（3）基于三边定位算法和极大似然定位算法实现 ZigBee 无线定位功能。

4．基础知识

（1）物联网无线定位技术概述。无线定位技术是物联网应用的重要支撑技术。在绝大多数物联网应用中，传感器节点位置信息是其应用有效性的关键。随着社会经济的迅速发展，人们对定位服务的需求日益增长，无线定位技术具有非常重要的理论意义和实际应用价值。

目前，在无线通信技术的研究基础上，定位研究的主要成果有移动网络、GPS、Wi-Fi、UWB、ZigBee、RFID、红外等位置服务系统。其中，GPS 系统适用于室外应用场景，而在室内，由于卫星信号受到遮挡会衰减，因此难以满足室内场景高精度的位置服务要求。而基于 ZigBee 的短距离无线通信技术具有自主性和可扩展性等特点，适用于高精度室内定位，最终实现与室外位置服务系统的无缝对接，ZigBee 室内定位场景如图 3-3-15 所示。

目前学术界有关无线定位的研究越来越多地选择在基于 ZigBee 技术的软硬件平台上实现。

基于 ZigBee 的无线定位技术主要分为基于测距（Range-based）和非测距（Range-free）的两类定位技术。其中，非测距算法主要有质心定位和 DV-Hop 定位算法等。与被物联网领

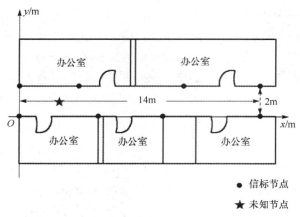

图 3-3-15　ZigBee 室内定位场景

域广泛采用的基于测距的定位技术相比较，基于非测距的技术的实现复杂度高、定位精度低，不适用于资源和计算能力受限的 ZigBee 网络。本书采用基于测距的定位技术来实现无线定位实验。

基于测距的无线定位主要分为两个阶段：测距和位置计算阶段。根据测量节点距离或方位的不同，主要有 4 种经典测距方法：基于接收信号强度（RSSI，Received Signal Strength Indicator）的测量方法、基于到达时间（TOA，Time Of Arrival）的测量方法、基于到达时间差（TDOA，Time Difference Of Arrival）的测量方法和基于到达角度（AOA，Angle Of Arrival）的测量方法。根据利用上述测距方法得到的距离或方位测试结果，物联网工程领域中广泛采用三边定位算法、三角测量法和多边测量极大似然估计法等经典算法来实现定位应用。本定位实验的设计步骤为：首先通过 RSSI 测量方法得到定位锚节点与移动盲节点之间的距离，然后分别利用三边定位算法和多边测量极大似然估计法定位算法对移动盲节点进行位置估计。读者通过本实验练习，可掌握物联网应用领域中无线定位技术的具体实现过程，其原理框图如图 3-3-16 所示。

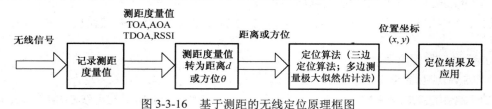

图 3-3-16　基于测距的无线定位原理框图

（2）经典测距方法。

① 到达时间（TOA）测距法。

TOA 测距法在已知信号的传播速度时，根据参考节点发送信号到定位节点之间的传播时间来计算节点间的距离。该方法的精度较高，但对发送节点到接收机的响应时间和处理时延要求较高，要求节点间保持精确的时间同步。发送节点到接收机之间的信号传输模型用图 3-3-17 所示的结构来计算发射信号 $s(t)$ 到达两个接收机 $r_1(t)$ 和 $r_2(t)$ 之间的时间差 τ（$\tau = \tau_1 - \tau_2$）。

② 到达时间差（TDOA）测距法。

在 TDOA 测距法中，发射节点同时发射超声波和无线电波两种传播速率不同的无线信号，接收节点根据接收到两种信号的时间差及这两种信号的传播速度，计算出发射节点和接收节点之间的距离。该方法的测量精度可达到厘米级，但是受超声波传播距离的限制，在网络布置时的节点开销较大。

在一个平面中，设接收节点 i 和 k 的坐标分别为 x_i 和 x_k，则这两个节点与发射节点 1 的坐标 x_{tag} 之间的信号传播时间差的关系为

$$\tau_{ik} = \tau_i - \tau_k = (\| x_i - x_{tag} \| - \| x_k - x_{tag} \|) / c \qquad (3-3-1)$$

式中，c 为光速，$\| \cdot \|$ 表示求欧氏距离。该式定义了一条以两个接收节点为焦点的双曲线，当

有 3 个接收节点（如图 3-3-18 中的节点 i、k、l）参与计算时，可得到两条双曲线，其交点即为待定位的发射节点位置。

图 3-3-18 中，α 为水平坐标，β 为垂直坐标。假定接收节点 i 和 k 的位置坐标 (α_i, β_i) 和 (α_k, β_k) 已知，发射节点 tag 的位置 (μ, η) 未知，可计算盲节点到锚节点 i 和 k 的到达时间差为

$$\tau_{ik} = \sqrt{(\alpha_i - \mu)^2 + (\beta_i - \eta)^2} - \sqrt{(\alpha_k - \mu)^2 + (\beta_k - \eta)^2} \qquad (3\text{-}3\text{-}2)$$

同样可得，目标节点到节点 i 和 l 的时间差为

$$\tau_{il} = \sqrt{(\alpha_i - \mu)^2 + (\beta_i - \eta)^2} - \sqrt{(\alpha_l - \mu)^2 + (\beta_l - \eta)^2} \qquad (3\text{-}3\text{-}3)$$

测得时间差 τ_{ik} 和 τ_{il} 后，根据式（3-3-2）和式（3-3-3）即可确定盲节点的位置坐标 (μ, η)。

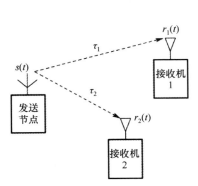

图 3-3-17　发送节点到两个接收机的时间差　　　　图 3-3-18　基于 TDOA 测距法的定位示意图

③ 接收信号强度测距法。

a）RSSI 测距原理

RSSI 测距法的基本原理是通过射频信号的强度来估计距离，在已知发射功率的情况下，在接收端测量接收功率、计算传播损耗，根据理论或经验信号传播模型将传播损耗转换为距离信息。

考虑传播过程中存在的障碍物等对无线电信号存在影响，无线信号传输中普遍采用 Shadowing 理论模型来建立信号衰减和传播距离的关系

$$\overline{[P_r(d)]}_{\text{dBm}} = [p_r(d_0)]_{\text{dBm}} - 10n\lg(d / d_0) + [X_\sigma]_{\text{dBm}} \qquad (3\text{-}3\text{-}4)$$

式中，d 为接收端与发射端之间的距离（m）；d_0 为参考距离（m），一般取 1m；$P_r(d)$ 为接收端的接收信号功率（dBm）；$p_r(d_0)$ 为参考距离对应的接收信号功率（dBm）；X_σ 为均值为 0、方差为 σ 的高斯随机噪声变量，反映特定距离下接收信号功率的变化程度；n 为与环境相关的行为路径损耗指数，一般取 2~4。

在物联网实际应用中，受调制方式和硬件特性的影响，不同芯片采用不同的信道模型，CC2530 芯片基于 IEEE 802.15.4 协议，在物理层采用 DSSS 扩频和 O-QPSK 调制技术，采用以下简化模型

$$P_L(d) = P_L(d_0) - 10n\lg(d / d_0) \qquad (3\text{-}3\text{-}5)$$

通常取 $d_0 = 1\text{m}$，令 $A = P_L(d_0)$ 为信号传输 1m 远处接收信号的功率（dBm），代入式（3-3-5），得出 RSSI 测距公式

$$\text{RSSI} = P_L(d) = A - 10n\lg d \qquad (3\text{-}3\text{-}6)$$

可推导出

$$d = 10^{\frac{A-\text{RSSI}}{10n}} \qquad (3\text{-}3\text{-}7)$$

b）RSSI 测距模型校正

以上 RSSI 测距模型的测距原理表明了 RSSI 信号和无线传输距离之间有确定的函数关系，并且 RSSI 的测量具有重复性和互换性。在应用环境下，RSSI 的适度变化有规律可循，但在物联网实际应用环境中，多径、绕射、障碍物等不稳定因素都会对无线信号的传输产生影响，所以在进行 RSSI 测距时，需要采取措施避免 RSSI 信息不稳定，使 RSSI 值能更精确地体现无线信号的传输距离。

目前，工程应用领域通常采用统计均值模型或高斯模型作为处理 RSSI 数据的校正模型。

统计均值模型是指未知节点采集一组（n 个采样值）RSSI 值，然后求这些数据的均值，如下

$$\overline{\text{RSSI}} = \frac{1}{n}\sum_{i=1}^{n}\text{RSSI}_i \qquad (3\text{-}3\text{-}8)$$

统计均值模型可以通过调节规模值 n 来平衡 RSSI 信号测试的实时性与精确性。实践中通过增大 n 的数值，可解决定位数据的随机性问题，但该模型在处理大扰动时的效果欠佳。参数优化后的 RSSI 测距模型曲线如图 3-3-19 所示。

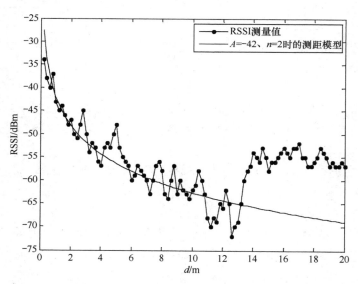

图 3-3-19　参数优化后的 RSSI 测距模型曲线

在计算未知节点与固定已知节点间的距离时，以固定已知节点对之间的距离和测量的 RSSI 值为参考，采用统计均值模型对被测 RSSI 值进行校正，从而提高测距精度。

高斯模型的数据处理原则为：一个位置未知的盲节点在同一位置可能收到 n 个 RSSI 值，其中必然存在小概率事件。基于高斯模型的 RSSI 信息校正的设计思想是：通过高斯模型选取高概率发生区的 RSSI 值，然后取其几何均值，从而减小小概率、大干扰事件对整体测量的影响，达到提高测距信息准确性的目的。

$$
\begin{cases}
\overline{\mathrm{RSSI}} = \dfrac{1}{n}\sum_{i=1}^{n}\mathrm{RSSI}_i \\[2mm]
\sigma^2 = \dfrac{1}{n-1}\sum_{i=1}^{n}(\mathrm{RSSI}_i - \overline{\mathrm{RSSI}})^2 \\[2mm]
\mathrm{RSSI}_{\mathrm{th}} < F(x) = \dfrac{1}{\sigma\sqrt{2\pi}}\,\mathrm{e}^{\frac{(x-\overline{\mathrm{RSSI}})^2}{2\sigma^2}} < 1 \quad (0 < \mathrm{RSSI}_{\mathrm{th}} < 1)
\end{cases}
\qquad (3\text{-}3\text{-}9)
$$

式（3-3-9）所示的高斯模型可对同一地理位置处节点的 RSSI 测量结果进行处理：当高斯分布函数值 $F(x)$ 大于阈值时，对应的 RSSI_i 被视为有效测量结果。

程序设计中，将盲节点在同一位置时接收到的 RSSI 测量值记录在对应的 RSSI 值数组中，运用高斯分布函数处理这些 RSSI 值。

高斯模型解决了 RSSI 测距在实际测试中易受干扰、稳定性差等问题，提高了测距的精度。当无线信号的传输受到较大的环境干扰时，可以对接收节点处的接收信号功率 RSSI 采用高斯模型处理。高斯模型适用于消除小概率短暂的扰动，而对于室内定位墙壁等对 RSSI 的能量反射等长时间干扰问题，其效果将有所下降。

④ 测距方法的选择。

TOA 与 TDOA 测距法虽然测距精度较高，但方法的实现过程对硬件的要求高，导致设备的尺寸、成本和功耗都大，不适用于大规模的 ZigBee 网络应用。相比之下，基于 RSSI 的测距法更适用于物联网的定位应用：一方面，RSSI 测距法的硬件开销小，功耗较低，适合低精度要求定位场合；另一方面，支持 ZigBee 协议的射频芯片大多具有 RSSI LQI（Link Quality Indicator，链路质量指标）等与定位有关的度量值的检测功能，从而有利于辅助定位功能的实现；并且 RSSI 测距模型揭示了信号强度和通信距离之间的函数关系，为下一步定位算法的实现奠定了基础。因此，以下无线定位算法的设计与实现都基于 RSSI 测距法，在 RSSI 信号加强的校正模型选择方面，考虑 ZigBee 节点的资源和计算能力的有限性特征，从降低算法的计算复杂度的角度考虑，本实验采用统计均值模型作为 RSSI 信号的校正模型。

（3）经典定位算法。

① 三边定位算法。

基于 RSSI 测距法，已知发射节点的发射信号强度，通过测量接收节点的接收信号强度 RSSI，并根据信号传播模型将其转换为距离，在获得 3 个以上参考节点的距离后，即可利用三边定位算法来计算待定位盲节点的位置坐标。

当定位节点到至少 3 个参考节点之间的距离已知时，可以使用三边定位算法。它的基本原理是：假定 $A(x_1, y_1)$、$B(x_2, y_2)$、$C(x_3, y_3)$ 为 3 个参考节点，R 为移动节点，分别以 A、B、C 为圆心，以 R 与 A、B、C 之间的距离 d_1、d_2、d_3 为半径画圆，3 个圆的交点为定位节点的位置，如图 3-3-20 所示。

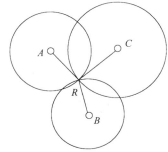

图 3-3-20　三边定位算法

由此可以得出坐标 (x, y) 为

$$
\begin{bmatrix} x \\ y \end{bmatrix} =
\begin{bmatrix} 2(x_1 - x_3) & 2(y_1 - y_3) \\ 2(x_2 - x_3) & 2(y_2 - y_3) \end{bmatrix}^{-1}
\begin{bmatrix} x_1^2 - x_3^2 + y_1^2 - y_3^2 + d_3^2 - d_1^2 \\ x_2^2 - x_3^2 + y_2^2 - y_3^2 + d_3^2 - d_2^2 \end{bmatrix}
$$

假设位置已知的信标节点分别为 $A(x_1,y_1)$、$B(x_2,y_2)$ 和 $C(x_n,y_n)$，到待定位盲节点 R 的距离分别为 $d_1, d_2, \cdots, d_n$，盲节点 R 的坐标为 (x_R, y_R)。

设置任意信标节点 R_i（$i = 1, 2, \cdots, n$）接收 k 个数据包，然后对提取的 k 个 RSSI 值进行信号质量加强的统计均值模型滤波处理，得到

$$\overline{\text{RSSI}} = \frac{1}{k}\sum_{j=1}^{k}\text{RSSI}_j \tag{3-3-10}$$

将 $\overline{\text{RSSI}}$ 值代入 $\text{RSSI} = -42 - 20\lg d_i$ 后，计算出 d_i，进而将 (x_i, y_i, d_i)（$i = 1, 2, \cdots, n$）代入以下方程组

$$\begin{cases} (x - x_1)^2 + (y - y_1)^2 = d_1^2 \\ (x - x_2)^2 + (y - y_2)^2 = d_2^2 \\ (x - x_3)^2 + (y - y_3)^2 = d_3^2 \end{cases} \tag{3-3-11}$$

② 多边测量极大似然估计法定位算法。

三边定位算法存在一些缺陷，由于每个节点的硬件和能耗不同，在测距过程中的误差导致 3 个圆无法交于一点，因此利用上述方法计算出来的坐标值也存在误差，因此常用极大似然估计法代替，提高精度。

多边测量极大似然估计法定位算法其实是三边定位算法的扩展，将参考节点个数扩大到大于 3 个，如图 3-3-21 所示。

假设参考节点的坐标分别为 $R_1(x_1, y_1)$，$R_2(x_2, y_2)$，$\cdots$，$R_n(x_n, y_n)$，到待定位节点的距离分别为 $d_1, d_2, \cdots, d_n$，待定位节点 M 的坐标为 (x, y)。

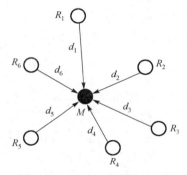

图 3-3-21　多边测量极大似然估计法定位算法

设置任意信标节点 R_i（$i = 1, 2, \cdots, n$）接收 k 个数据包，然后对提取的 k 个 RSSI 值进行信号质量加强的统计均值模型滤波处理，得到

$$\overline{\text{RSSI}} = \frac{1}{k}\sum_{j=1}^{k}\text{RSSI}_j \tag{3-3-12}$$

将 $\overline{\text{RSSI}}$ 值代入 $\text{RSSI} = -42 - 20\lg d_i$ 后，计算出 d_i，进而将 (x_i, y_i, d_i)（$i = 1, \cdots, n$）代入下面的方程组

$$\begin{cases} (x - x_1)^2 + (y - y_1)^2 = d_1^2 \\ (x - x_2)^2 + (y - y_2)^2 = d_2^2 \\ \qquad\qquad\vdots \\ (x - x_n)^2 + (y - y_n)^2 = d_n^2 \end{cases} \tag{3-3-13}$$

将前 n_1 个方程依次减去第 n 个方程，得

$$\begin{cases} x_1^2 - x_n^2 - 2(x_1 - x_n)x + y_1^2 - y_n^2 - 2(y_1 - y_n)y = d_1^2 - d_n^2 \\ x_2^2 - x_n^2 - 2(x_2 - x_n)x + y_2^2 - y_n^2 - 2(y_2 - y_n)y = d_2^2 - d_n^2 \\ \qquad\qquad\qquad\qquad\vdots \\ x_{n-1}^2 - x_n^2 - 2(x_{n-1} - x_n)x + y_{n-1}^2 - y_n^2 - 2(y_{n-1} - y_n)y = d_{n-1}^2 - d_n^2 \end{cases} \tag{3-3-14}$$

进行方程变换

$$\begin{cases} 2(x_1-x_n)x + 2(y_1-y_n)y = x_1^2 - x_n^2 + y_1^2 - y_n^2 - d_1^2 + d_n^2 \\ 2(x_2-x_n)x + 2(y_2-y_n)y = x_2^2 - x_n^2 + y_2^2 - y_n^2 - d_2^2 + d_n^2 \\ \vdots \\ 2(x_{n-1}-x_n)x + 2(y_{n-1}-y_n)y = x_{n-1}^2 - x_n^2 + y_{n-1}^2 - y_n^2 - d_{n-1}^2 + d_n^2 \end{cases} \qquad (3\text{-}3\text{-}15)$$

根据信标节点位置坐标和各信标节点对应的距离构造矩阵

$$A = \begin{bmatrix} 2(x_1-x_n) & 2(y_1-y_n) \\ \vdots & \vdots \\ 2(x_{n-1}-x_n) & 2(y_{n-1}-y_n) \end{bmatrix}$$

$$b = \begin{bmatrix} x_1^2 - x_n^2 + y_1^2 - y_n^2 + d_n^2 - d_1^2 \\ \vdots \\ x_{n-1}^2 - x_n^2 + y_{n-1}^2 - y_n^2 + d_n^2 - d_{n-1}^2 \end{bmatrix} \qquad (3\text{-}3\text{-}16)$$

用线性方程 $AX = b$ 表示，可求得定位目标的坐标

$$\hat{X} = (A^{\mathrm{T}}A)^{-1}A^{\mathrm{T}}b \qquad (3\text{-}3\text{-}17)$$

求解，得到待定位节点 M 的坐标

$$X = \begin{bmatrix} x \\ y \end{bmatrix} \qquad (3\text{-}3\text{-}18)$$

采用以上极大似然估计法定位算法测距，可在允许一定距离误差的情况下得到较高的定位精度，但是此算法的计算量较大，耗能不可忽视。

以下是跨越物理层、MAC 层和应用层的完整定位算法实现流程。

（1）信标节点软件设计。信标节点发送自身 ID 和位置信息，为盲节点的自身定位提供参考，其流程如图 3-3-22 所示。整个数据发送过程主要是通过在物理层、MAC 层和应用层这三层软件结构之间进行函数调用来实现的。

根据 ZigBee 协议规定，定位算法所需的数据包经由应用层和 MAC 层至物理层逐层封装。具体过程为：物理层数据包的封装由 CC2530 芯片硬件实现，数据帧的无线发送和接收主要通过 FIFO 操作来实现。在数据的无线发送端和接收端都拥有 TX_FIFO 和 RX_FIFO 这两个 FIFO。CC2530 芯片的接收工作模式使用 RX_FIFO，发送工作模式使用 TX_FIFO。两个 FIFO 都可通过 8 位的射频数据寄存器 RFD 进行访问，即读或写 RFD 等同于读 RX_FIFO 或写 TX_FIFO。在发送端，将 MAC 帧数据从低字节开始逐字节地写入 RFD，然后硬件就会将 RFD 中的数据存入 TX_FIFO，并通过无线方式发送出去；在接收端，完整收到物理层数据帧的帧开始定界符字段后，由硬件执行 CRC 校验，若校验正确，则产生接收中断，通过在接收端设置中断服务程序（Interrupt Service Routine，ISR）来读取 RFD 中的数据，即读取 RX_FIFO 中缓存的无线接收数据，进而把接收到的该数据存入 MAC 层的数组 rxMpdu[]中，该数组按照 ZigBee 协议将 MAC 层数据帧格式进行相应的字段划分。CC2530 芯片在 MAC 层的数据成帧、冗余校验等方面完全兼容 IEEE 802.15.4 规范。从 CC2530 接收的 MAC 帧中读出的 RSSI 值是寄存器 RSSI_VAL 的值，需按照 $P = \text{RSSI\_VAI} - 45\text{dBm}$ 的计算结果进行修正，将 RSSI 值转换为接收节点 RF 引脚的功率值。MAC 帧中的帧校验序列是由 CC2530 芯片实现的，其他字段由使用者根据协议的具体要求进行设定。然后，接收端的应用层使用结构体变量 rx_Packet 来存储从 MAC 层数据帧中提取的负荷数据 payload，在定位应用中，根据应用层数据格式，将应用层数据帧封装到 MAC 层数据帧的负荷字段中，根据 RSSI 测距法，负荷由信标节点发送给盲节点，因此在本实验中，发送端的应用层负荷数据的内容

为信标 ID 和位置坐标信息，设置应用层负荷数据包为 9 字节，信标 ID 占 1 字节，X 坐标、Y 坐标为浮点数，各占 4 字节。

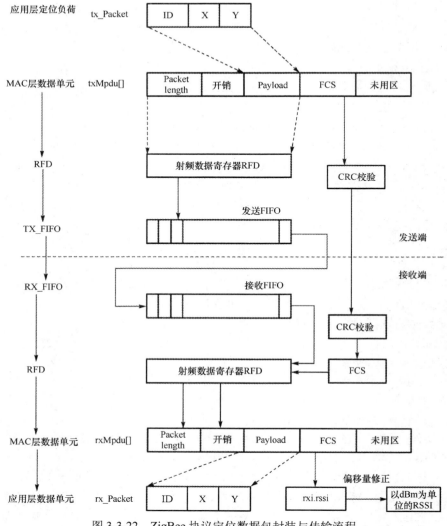

图 3-3-22　ZigBee 协议定位数据包封装与传输流程

（2）盲节点软件设计。盲节点接收信标节点数据包，执行以下函数调用和计算步骤，实现自身定位。

① 在一个新的数据包被完整地接收后，RF FIFO 中断将会产生，然后 macMcuRfisr 终端服务程序就会执行，即 basicRfRxFrmDoneisr( )函数会被调用。

② 接收到的帧的长度将从 CC2530 芯片的接收缓存中被读出，它是接收缓存中的第 1 字节，这时就要调用函数 halRfReadRxBuf( )。

③ 调用函数 halRfRecvFrame(rxMpdu,length)来从接收缓存中读出完整的数据包，接收的数据包将会存入内部数据缓冲区 rxMpdu。

④ CC2530 芯片在 AUTOACK 使能的情况下会自动发送应答，并且进来的数据帧会通过地址识别方式被接收，同时应答标识被置位。

⑤ 数据包的 FCS 字段和序号字段将被检查，若收到的与预期的一致，则 rxi.isReady 标识被置为 TRUE，表示收到了一个新的数据包。

⑥ 应用层软件将调用函数 basicRfPacketIsReady( )来循环检查 rxi.isReady 标志位的状态。

⑦ 当 basicRfPacketIsReady( )返回 TRUE 时，应用层软件将调用函数 basicRfReceive( )，从新收到的数据包中取出 payload 与 RSSI 值。

⑧ 函数 basicRfReceive( )将 payload 复制到变量列表中 pRxData 所分配的内存空间内，然后返回实际复制的字节数。以 dBm 为单位的 RSSI 值被复制到变量列表中 pRssi 所分配的内存空间内。

⑨ 设置每个信标节点接收 100 个数据包，然后对记录的 100 个 RSSI 值进行高斯滤波处理。

⑩ 将滤波处理后的 RSSI 值代入 $RSSI = -42 - 20\lg d$，解出距离 d。

⑪ 用信标节点位置坐标和各信标节点对应的距离 d 构造矩阵

$$A = \begin{bmatrix} 2(x_1 - x_n) & 2(y_1 - y_n) \\ \vdots & \vdots \\ 2(x_{n-1} - x_n) & 2(y_{n-1} - y_n) \end{bmatrix}$$

$$b = \begin{bmatrix} x_1^2 - x_n^2 + y_1^2 - y_n^2 + d_n^2 - d_1^2 \\ \vdots \\ x_{n-1}^2 - x_n^2 + y_{n-1}^2 - y_n^2 + d_n^2 - d_{n-1}^2 \end{bmatrix}$$

⑫ 使用极大似然估计法定位算法的坐标估计公式 $X = (A^T A)^{-1} A^T b$，计算未知节点的坐标。这里主要通过调用一些矩阵运算函数来实现。

⑬ 将定位坐标在串口调试助手上显示。

5．实验步骤

（1）将开发平台的 DEBUGGER 口与计算机用 ZT-Debugger 相连；用 USB 连接 ZT-EVB 开发平台与计算机，用于供电和数据传输，也可以通过供电接口（开发平台上为 J13）连接。将 Power SW 的 3V3-VDD、I/O SW 的 IND0 和 IND1，以及 USB SW 的 4 个开关打开。

（2）实验设备逻辑连接。完成以上 ZT-EVB 开发平台的供电和接口配置后，参考图 3-3-23 所示的设备逻辑连接图，进行实验系统的硬件设备连接和软件功能程序设计。

（3）打开一个 Sample 工程，若正确安装了 TI 的 Z-Stack 协议栈，则路径为…Texas Instruments\Z-Stack-CC2530-2.4.0-1.4.0\Projects\Z-Stack\Samples\SampleApp\CC2530DB，然后在该 Sample 工程中做相应的修改，使其实现该实验功能。这个实验利用 Sample 工程自带的周期信息来进行。

（4）建立无线定位应用的实验工程。本节的定位实验分别采用三边估计定位方式和极大似然估计定位方式模拟 ZigBee 的无线定位应用。

采用三边估计定位方式模拟 ZigBee 的无线定位应用如下。

实验中，定位方案一实现图 3-3-24 所示的经典三边估计定位算法，定位方案二实现图 3-3-25 所示的极大似然估计法定位算法。在空旷的户外环境用 4 个 ZT-EVB 开发平台分别充当锚节点和盲节点，准备 3 个位置固定的锚节点和 1 个位置未知的移动盲节点。在实验中，随机选取通信范围内的 4 个节点（A、B、C、D），其中 3 个为无线信号发射节点（A、B、C），D 为无线信号接收节点。发射节点、接收节点使用的都是鞭状全向天线，节点摆放在地面上。为了避免天线的非全向性带来测量误差，可使用图 3-3-26 所示的节点拓扑配置方法。

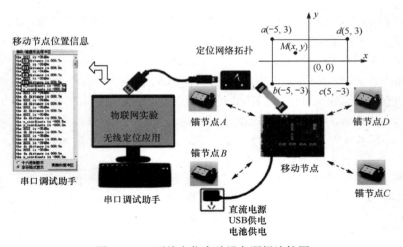

图 3-3-23　无线定位实验设备逻辑连接图

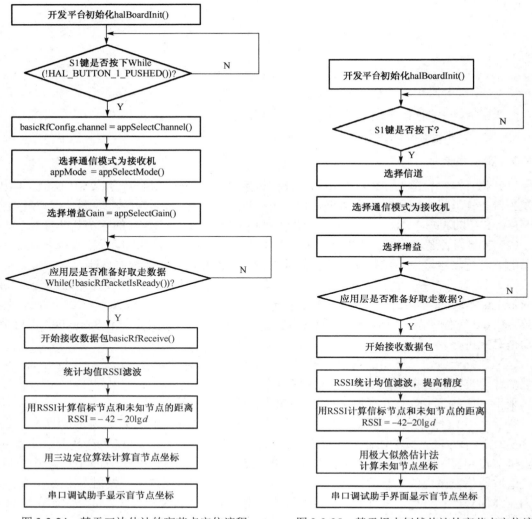

图 3-3-24　基于三边估计的盲节点定位流程　　　　图 3-3-25　基于极大似然估计的盲节点定位流程

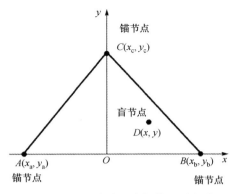

图 3-3-26　三边法节点拓扑配置方法

在三边定位算法的实验设计中，已知 A、B、C 这 3 个参考节点的坐标分别为 (x_a, y_a)、(x_b, y_b)、(x_c, y_c)，各参考节点到移动节点 D 的距离分别为 d_a、d_b、d_c，假设节点 D 的坐标为 (x, y)，则三边定位算法可表示为

$$\begin{cases} \sqrt{(x-x_a)^2+(y-y_a)^2} = d_a \\ \sqrt{(x-x_b)^2+(y-y_b)^2} = d_b \\ \sqrt{(x-x_c)^2+(y-y_c)^2} = d_c \end{cases} \tag{3-3-19}$$

在理想情况下，3 个圆交于一点。此时，由方程（3-3-19）可以得到节点 D 的坐标为

$$\begin{bmatrix} x \\ y \end{bmatrix} = \begin{bmatrix} 2(x_a-x_c) & 2(y_a-y_c) \\ 2(x_b-x_c) & 2(y_b-y_c) \end{bmatrix}^{-1} \begin{bmatrix} x_a^2-x_c^2+y_a^2-y_c^2+d_c^2-d_a^2 \\ x_b^2-x_c^2+y_b^2-y_c^2+d_c^2-d_b^2 \end{bmatrix} \tag{3-3-20}$$

通过式（3-3-20）可算出待定位盲节点 D 的坐标。

在本实验中，A、B、C 这 3 个锚节点组成一个边长为 10m 的等边三角形。建立直角坐标系 xOy，如图 3-3-26 所示，3 点的坐标为 $A(-5, 0)$、$B(5, 0)$、$C(0, 5\sqrt{3})$。

根据该坐标，再通过式（3-3-20），可算出 x、y

$$\begin{bmatrix} x \\ y \end{bmatrix} = \frac{1}{20} \begin{bmatrix} d_a^2-d_b^2 \\ -\dfrac{\sqrt{3}}{3}(2d_c^2-d_a^2-d_b^2-100) \end{bmatrix} \tag{3-3-21}$$

三边定位算法的场景参数如表 3-3-2 所示。

表 3-3-2　三边定位算法的场景参数

初始场景尺寸	长[-5,65] 宽[-5,65]	初始参考节点坐标	(8,50) (30,10) (50,50)
假设参考节点数目	3 个	未知节点	随机放入
运算结果场景尺寸	长[20,80] 宽[20,80]	模拟误差数	7 个
模拟误差	$\dfrac{3}{70} \sim \dfrac{1}{10}$ 之间的一个随机数	误差显示场景尺寸	长[0,7] 宽[20,50]

如图 3-3-27 所示，深色的圆形为信标节点，浅色的圆形为未知节点，"+"代表误差节点。

在此模拟中确定了模拟误差: 取 $\frac{3}{70} \sim \frac{1}{10}$ 之间的一个随机数, 乘以 7 个等级, 观察误差计算结果, 误差值如图 3-3-27(b)所示, 当干扰误差越大时, 节点定位的误差越大。

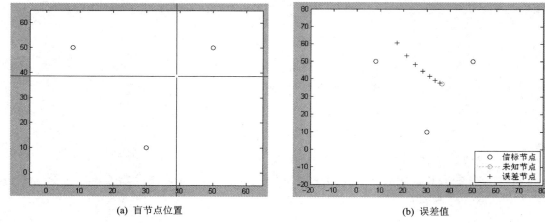

(a) 盲节点位置   (b) 误差值

图 3-3-27 三边定位测量算法仿真

（5）修改协议栈中的 3 个 LED、D10 和 D13 用于组网状态显示, LED1 可供用户自己使用; 修改串口驱动, 并初始化串口和注册串口。

（6）添加簇 ID。在 SampleApp.h 文件中添加 3 个簇 ID。

将簇 ID 的最大数修改为 7, 在 SampleApp.h 文件中的簇 ID 列表中添加这 3 个簇 ID。簇 ID 用来区分不同的功能设备, 这 3 个簇 ID 分别对应 3 个固定节点 A、B、C。

（7）设备启动后, 触发周期信息的发送函数发送周期信息。

对应事件 SAMPLEAPP_SEND_PERIODIC_MSG_EVT 的处理函数每隔 my_timeout 时间触发一次 SAMPLEAPP_SEND_MSG_EVT 事件, 该事件会调用一个发送函数, 发送一个数据, 该数据本身是什么并不关键, 关键是发送函数中的簇 ID, 还有接收设备在接收到该数据后, 会算出接收到数据的功率 RSSI。

（8）以上是发送设备的程序修改, 下面来看接收设备的程序修改。

首先是添加事件和定义变量。

（9）在接收事件 AF_INCOMING_MSG_CMD 的处理函数中, 修改该处理函数。

在函数 SampleApp_MessageMSGCB( )中添加簇 ID。

（10）下面来看函数 SampleApp_recievRSSIMessage( )。

该函数的功能是: 接收到数据后, 通过簇 ID 识别是哪个设备发来的数据; 获得 RSSI, 通过式（3-3-7）计算两个设备的距离, 最后通过串口将 RSSI 值和距离值发送给计算机; 函数返回计算的距离值。

在以上程序中调用了函数 pow(a,b), 该函数的功能是返回 a 的 b 次幂的值。但是运用该函数需要调用头文件#include "math.h"。

（11）当接收到数据时, 会触发事件 my_event, 并调用事件 my_event 的处理函数。

（12）信标节点程序的下载。在 SampleApp_SendPeriodicMessage()函数中修改发送函数的簇 ID。

这 3 个簇 ID 分别对应设备 A、B、C, 而移动节点的程序下载不需要注意这个簇 ID, 即无论用哪个簇 ID 或直接屏蔽掉该函数都可以。但是 4 个设备中必须要有一个是协调器，剩下的可以是路由器，也可以是终端设备，并将移动节点的串口接到计算机上，用于通信。

定位网络拓扑结构如图 3-3-31 所示（见后），假设 4 个参考节点 a、b、c、d 的坐标分别为 (x_a, y_a)= (−5, 3)、(x_b, y_b) = (−5, −3)、(x_c, y_c)= (5, −3)、(x_d, y_d)= (5, 3)，它们到待定位盲节点 M 的欧拉距离分别为 da、db、dc、dd，盲节点 M 的坐标为(x, y)。该实验选取空旷室内测距场地，在两个 ZT-EVB 主板上插上 ZT100 射频模块作为发射机和接收机。在场地中央处选择一个固定位置放置发射机节点，支撑发射机使发射机的天线距离地面 1m。发射机的输出功率可通过程序设计设置，软件设置 8 个功率输出级，其中，0dBm 为芯片的默认输出功率。发射机固定好后，对接收机进行程序设计，以 20cm 为间隔，在距离发射机 20m 的范围内设置 10 个测量点，即设置在距离发射机 0.2m、0.4m、……、20m 等位置。CC2530 芯片支持 RSSI 监测功能，在接收到的每帧数据中都有相应的字段指示接收机收到该数据包的信号强度。对接收节点程序设计，设置一个 RSSI 值缓存区，在每个测试点接收 300 个数据包后，依据式（3-3-12）对 300 个 RSSI 值求平均值，然后以平均后的$\overline{\text{RSSI}}$值作为接收节点在该位置收到的信号强度。

实验选取 n = 3.5，A=−35dBm，选择基于 ZigBee 的硬件平台作为无线通信平台，使用 TI 公司的无线收发芯片 CC2530 完成固定节点和待定位节点间的通信及 RSSI 的采集。该芯片兼容 IEEE 802.15.4 规范，其输出功率可编程，可通过软件设置 8 个功率输出级，其中，0dBm 为芯片的默认输出功率。

采用极大似然估计定位方式的步骤（1）～（4）与采用三边估计定位方式相同，后续步骤如下。

（5）修改协议栈中的 3 个 LED、D10 和 D13 用于组网状态显示，LED1 可供用户自己使用；修改串口驱动，并初始化串口和注册串口。

（6）添加簇 ID。在 SampleApp.h 文件中添加 4 个簇 ID。

将簇 ID 的最大数修改为 8，在 SampleApp.h 文件中的簇 ID 列表中添加这 4 个簇 ID。这 4 个簇 ID 分别对应 4 个固定节点 A、B、C、D。

（7）设备启动后，触发周期信息的发送函数发送周期信息。

对应事件 SAMPLEAPP_SEND_PERIODIC_MSG_EVT 的处理函数每隔 my_timeout 时间触发一次 SAMPLEAPP_SEND_PERIODIC_MSG_EVT 事件，该事件会调用一个发送函数，发送一个数据，该数据本身是什么并不关键，关键是发送函数中的簇 ID，还有接收设备在接收到该数据后，会算出接收到的数据的功率 RSSI。

在以上函数中，根据不同的设备（固定节点 A、B、C、D）选择不同的簇 ID。

（8）以上是发送设备的程序修改，下面来看接收设备的程序修改。

首先是添加事件、定义变量。

（9）在接收事件 AF_INCOMING_MSG_CMD 的处理函数中，修改该处理函数。

在函数 SampleApp_MessageMSGCB()中添加簇 ID。

（10）以下是解析函数 SampleApp_recievRSSIMessage( )。

该函数的功能是：在接收到数据后，通过簇 ID 识别是哪个设备发来的数据；获得 RSSI 后，通过式（3-3-7）解得两个设备的距离，最后通过串口将 RSSI 值和距离值发送给计算机；函数返回计算的距离值。

在以上程序中调用了函数 pow(a,b)，该函数的功能是返回 a 的 b 次幂的值。运用该函数需要调用头文件#include "math.h"。

（11）当接收到数据时，会触发事件 my_event，调用相应的事件处理函数。

（12）程序的下载。固定节点设备的程序下载：在 SampleApp_SendPeriodicMessage( ) 函数中修改发送函数的簇 ID。

这 4 个簇 ID 分别对应设备 A、B、C、D，而移动节点的程序下载不需要注意这个簇 ID，即任意选择簇 ID 或直接屏蔽掉该发送函数。但是 5 个设备中必须要有一个是协调器，其他的可以是路由器，也可以是终端设备，并将移动节点的串口接到计算机上，用于通信。

依据式（3-3-18）和图 3-3-31 所示的定位网络拓扑结构，计算程序中的坐标 x、y。

6．实验结果

（1）定位坐标监控及误差分析。在串口调试助手中会显示每个固定节点的 RSSI 值，以及计算出的距离值和坐标 x、y。

如图 3-3-28 所示，串口接收到 4 个数据，分别为 da、db、dc、dd，这 4 个数据为测得的实际距离，将它们乘以 5（因为实验场所为原来的 1/5）后，程序按照 x、y 的计算公式计算出坐标 x、y 的值，并输出到串口。

如图 3-3-29 所示的方框部分，这些数据只能大致反映移动节点的位置，即在哪个象限及大致方位。综合分析实验结果可知，影响定位精度的主要因素是 RSSI 的距离测量精度，因此定位实验设计中要注重 RSSI 测距模型的校正。距离差测量值与极大似然估计法定位算法的误差情况如表 3-3-3 所示。

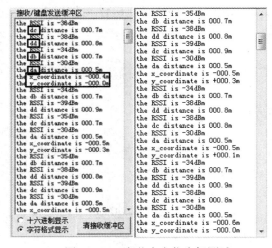
图 3-3-28　盲节点定位坐标测试

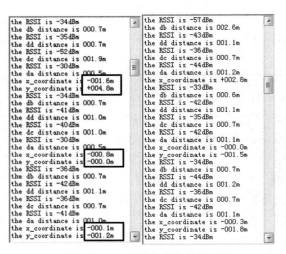
图 3-3-29　盲节点定位误差测试

表 3-3-3　距离差测量值与极大似然估计法定位算法的误差情况

实验次数	到达 A、B 的距离差	到达 A、C 的距离差	目标节点位置	位置误差
1	−4.18	−4.34	（0.5，−1.9）	0.57
2	−3.72	−4.35	（0.5，−1.8）	0.60
3	−4.09	−5.04	（−0.1，−2.2）	0.15
4	−2.76	−3.39	（0.2，−1.0）	1.08

（续表）

实验次数	到达 A、B 的距离差	到达 A、C 的距离差	目标节点位置	位置误差
5	−3.85	−4.95	(−0.1,−2.1)	0.06
6	−3.85	−4.70	(−0.1,−2.1)	0.06
7	−4.17	−5.12	(−0.1,−2.2)	0.15
8	−3.88	−4.73	(−0.1,−2.1)	0.06
9	−3.78	−4.70	(−0.1,−2.1)	0.06
10	−3.38	−4.26	(0.4,−1.7)	0.57
11	−4.06	−5.39	(−0.2,−2.3)	0.28
12	−3.91	−5.06	(−0.2,−2.2)	0.20
13	−4.23	−5.21	(−0.2,−2.3)	0.28
14	−3.46	−5.17	(−0.3,−2.1)	0.25
15	−5.03	−6.15	(−0.8,−2.8)	1.00
16	−3.64	−4.70	(−0.1,−2.0)	0.07
均 值			(−0.05,−2.05)	0.34

极大似然估计法的场景参数如表 3-3-4 所示。三边定位算法的节点误差率示意图如图 3-3-30 所示。

表 3-3-4 极大似然估计法的场景参数

初始场景尺寸	长[−5,65]，宽[−5,65]	初始参考节点坐标	[0,0]、[0,50]、[50,50]、[50,0] 所围成的区域
假设参考节点数目	10 个	未知节点	用鼠标随机放入
运算结果场景尺寸	长[−20,80] 宽[−20,80]	模拟误差数	7 个
模拟误差	$\frac{3}{70} \sim \frac{1}{10}$ 之间的一个随机数	误差显示场景尺寸	长[0,7] 宽[−20,50]

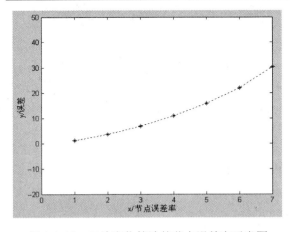

图 3-3-30 三边定位算法的节点误差率示意图

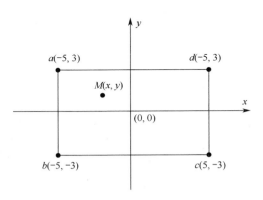

图 3-3-31 定位网络拓扑结构

本次仿真给定的是 10 个随机参考点，运用极大似然估计法给未知节点进行定位。如图 3-3-32 所示，空心圆形为信标节点，实心圆形为未知节点，"＋"为误差节点。模拟误差值也与前两节相同，节点误差率示意图如图 3-3-33 所示。

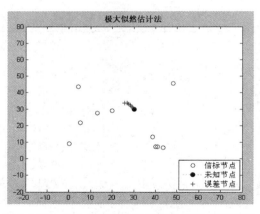

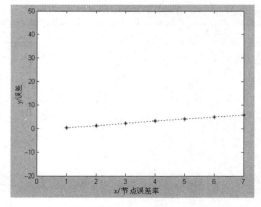

图 3-3-32　极大似然估计法节点位置误差示意图　　　　图 3-3-33　极大似然估计法的节点误差率示意图

（2）两种定位方式的比较。极大似然估计法是对三边定位算法的扩展补充，当参考节点多于 3 个时，三边定位算法就变成了极大似然估计法。在同样的条件下，本实验将三边定位算法与极大似然估计法进行对比，如图 3-3-34 所示。

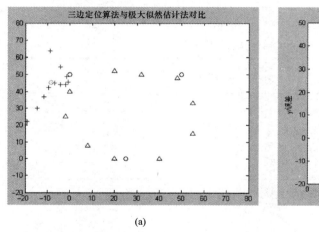

(a)

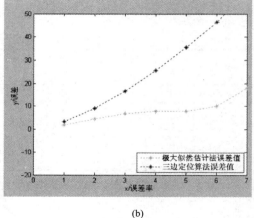

(b)

图 3-3-34　极大似然估计法与三边定位算法的节点位置误差示意图

在图中，深色圆形代表三边定位算法的参考节点，三角形代表极大似然估计法的参考节点，浅色圆形代表未知节点，深色的"+"是极大似然估计法的定位节点，浅色的"+"是三边定位算法的定位节点。本次实验在两种实验的信标节点的外围取了一个点。由此证明，当盲节点在信标节点的外围时，定位误差较大，极大似然估计法在大多数情况下优于三边定位算法，当然也要考虑盲节点与信标节点相对位置的优劣性。

7. 扩展与思考

（1）参考以下说明，分析基于 RSSI 测距技术的无线定位原理。

所谓 RSSI，是指对周围节点将传播的数据的电波强度进行测定所得的值。依据节点间的坐标和信号强度及相关公式可以计算出实际距离。在公式 $RSSI=-(10n\lg d+A)$ 中，RSSI 值为在工作通道上开始接收数据包后，在 8 个符号周期（Symbol Period）中测得的信号能量平均值，它被转换为一个 8bit 的二进制数，添加到数据包中向上层传播；d 为发射节点与接收节点之间的距离，单位为 m；n 反映了在具体的传播环境下，信号能量随收发器间距离的增大而衰减的速率，为了简化运算，实际写入定位引擎的 n 值是通过查表得到的整数索引值，具体可参考数据手册；A 为天线全向模式下距发射节点 1m 处接收信号的 RSSI 绝对值，与信号发射强度有关。A 和 n 是通过实验来确定的。

（2）因为 RSSI 的值会受环境等因素的变化而有所不同，所以在使用前应先进行定标，根据公式 $RSSI=A-10n\lg d$，修改其中的 A 和 n 值来完成定标，并相应修改程序完成该定标工作。

```
float SampleApp_recievRSSIMessage(afIncomingMSGPacket_t *pkt , uint16 cuid)
{
...
  dis = pow(10 , (((float)k - 40)/(10*4)));
...
}
```

以上程序中的 pow(10, (((float)k − 40)/(10*4)))，其中 40 为 A 的值，这个值是通过测试相距 1m 的两个设备之间的 RSSI 值而得到的，因此可以多次测试相距 1m 的两个设备之间的 RSSI 值，再求平均值，来确定该值；该函数中的 4 为 n 的值，n 是通道衰减指数，一般取 2～4，可以通过多次实验来取适当值。

（3）图 3-3-35 所示为两通信设备 A 与 B 之间的 $RSSI_{AB}$ 值，请依据 Shadowing（阴影衰落）理论模型计算出 A 与 B 之间的距离 d_{AB}，并记录计算结果，填入表 3-3-5。

（4）测试定位误差，并填写表 3-3-5。

（5）按照图 3-3-36 所示的节点拓扑和参数配置，测试天线非全向性现象对 RSSI 测量精度的影响程度。其中，变量 d 为 3 个发射节点 A、B、C 到接收节点 D 的可调距离。设定距离测量范围为 0～40m，从距离 D 为 $d = 0.5m$ 处开始测量，每隔 0.5m 测量 100 组数据。在一次数据测量中，3 个发射节点 A、B、C 依次发送一个数据包给接收节点，接收节点提取接收到的 3 个数据包中相应的 RSSI 值并求平均值，自行制表并记录 RSSI 值的平均值；进而，用 $A(D)$ 代表 A 与 D 点间的 RSSI 值，$B(D)$ 代表 B 与 D 点间的 RSSI 值，改变角度 $\theta = \angle ADB$，按照表 3-3-6 所示的格式记录实验数据。根据实验结果分析消除天线非全向性的测试方法。

```
接收/键盘发送缓冲区
the RSSI is -68dBm
the distance is 005.0m
the RSSI is -66dBm
the distance is 004.4m
the RSSI is -62dBm
the distance is 003.5m
the RSSI is -63dBm
the distance is 003.7m
the RSSI is -65dBm
the distance is 004.2m
the RSSI is -59dBm
the distance is 002.9m
the RSSI is -59dBm
the distance is 002.9m
the RSSI is -59dBm
the distance is 002.9m
the RSSI is -64dBm
the distance is 003.9m
the RSSI is -56dBm
the distance is 002.5m
```

图 3-3-35　两通信设备之间的 $RSSI_{AB}$ 值

表 3-3-5　定位误差测试

盲节点实际位置	算法定位结果	误　差
(5, 1)	(3.8, 1.2)	1.2
(10, 1)	(7.8, 1.5)	2.3

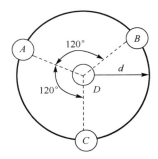

图 3-3-36　节点拓扑和参数配置

表 3-3-6　可变角度和距离的 RSSI 有效测量值

RSSI/dB	$\theta=15°$		$\theta=30°$		$\theta=45°$		$\theta=60°$	
	$A(D)$	$B(D)$	$A(D)$	$B(D)$	$A(D)$	$B(D)$	$A(D)$	$B(D)$
$d=1.0$m								
$d=2.0$m								
$d=3.0$m								
$d=4.0$m								
$d=5.0$m								
$d=6.0$m								
$d=7.0$m								
$d=8.0$m								
$d=9.0$m								
$d=10.0$m								

3.3.3　车位资源无线监控实验

1. 实验目的

（1）巩固 ZigBee 组网功能及多点通信无线数据发送功能。

（2）熟悉 ZigBee 模块的参数配置方法，并验证模块的 GPIO 端口功能。

（3）掌握 Z-Stack 协议栈的事件产生和事件处理机制，熟悉按键的工作原理。

（4）模拟停车位资源占用状况的实时监控和判断。

2. 实验设备

硬件：计算机一台（操作系统为 Windows XP 或 Windows 7）；ZT-EVB 开发平台两套；ZT-Debugger 仿真器；USB 数据线两条；压力（光感）传感器。

软件：IAR Embedded Workbench for MCS-51 开发环境；Z-Stack 协议栈；串口调试助手。

3. 实验要求

（1）以 ZigBee 无线自组网方式基于 ZT-EVB 开发平台模拟停车位占用情况的无线监控与判断，设备及外设功能如表 3-3-7 所示。

表 3-3-7　设备及外设功能

设备与外设	协　调　器	终　　　端	按　　　键	LED 灯组
在车位监控系统中的功能	监控 ZigBee 网络内所有终端所控制的车位小区	控制一个具有 8 个车位资源的小区	控制小区内具体车位上的压力传感器	显示小区内相应车位的占用状态

（2）用网络中每个 ZT-EVB 开发平台的终端上的 8 个按键模拟 8 个车位上的相应压力传感器，k（$k=1,2,\cdots$）个终端可提供 $8k$ 个车位的占用状况模拟。将每个终端上的"按键过程"映射为对应车位的压力感知和中断触发过程；具体"按键动作"定义为：按键一次，代表车停入车位；再按键一次，代表车驶出车位。按键信息以多点通信方式通知协调器监控中心。

（3）将终端设备模块的 GPIO 端口配置成数字输入查询方式，按键操作模拟对应车位压力传感器的触发或释放操作，终端设备的内核处理器（Micro Control Unit，MCU）检测到相应按键的 GPIO 查询信息后，通过点对点无线通信方式发送给协调器的中心监控节点。协调器接收到数据信息后，判断具体的终端设备号，并控制该终端上相应车位的 LED 进行指示，高亮状态代表相应车位被占用，熄灭状态代表该车位空闲。通过串口工具在显示接口上打印出相应的数据命令信息，依据数据命令帧的相应字节，判断终端设备中哪些车位的压力传感器被触发或释放，从而以无线通信方式实现小区停车位资源占用状况的实时判断。车位监控系统模拟操作说明及状态指示如表 3-3-8 所示。

表 3-3-8　车位监控系统模拟操作说明及状态指示

按 键 规 则		LED 状态	
模拟车位占用或空闲操作		指示相应车位的占用状态	
动作	含义	状态	含义
当前按键一次	车辆停入车位	常亮状态	车位被占用
再按键一次	车辆驶出车位	熄灭状态	车位空闲

4．基础知识

（1）车位无线监控的意义。随着国民经济的快速发展和人们生活水平的日益提高，私家车的数量急剧增大，不但导致了城市交通压力增大和车位资源匮乏，而且提高了对停车场管理智能化的要求。传统车辆停泊的人工引导或有线通信设备管理方式存在车辆调度劳动强度大、投资成本高、监控实时性差、路线规划不合理等缺点，导致车位资源的使用效率低，已经不能满足当前规模不断扩大的停车场需求，因此，提高传统停车场管理系统的自动化和无线化程度已成为车位智能监控管理的必然趋势。采用无线方式监控剩余的车位资源状况，可降低布线成本、提高监控实时性，对实现车位智能监控管理有重要的实践意义。ZigBee 技术相比于其他无线通信技术，具有高可靠性、低成本、低功耗、低时延、组网灵活等优点，适用于车位无线监控管理的物联网应用，并逐渐被智能停车场监控管理系统广泛采用。本实验从停车场管理的智能化目标出发，拟将 ZigBee 传感网技术应用到智能车位无线监控系统的设计中，实现停车方式的智能化和车位资源的自适应配置。

（2）在车位占用的判断方面，拟依据光强和压力传感的综合信息设计判定阈值，进而通过无线信号的树形汇聚路由，使得车位管理监控中心获取停车场的全局车位资源信息，如图 3-3-37 所示。

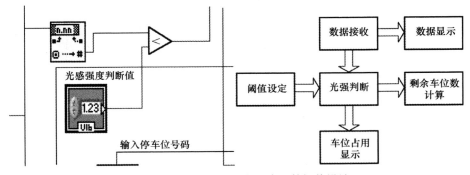

图 3-3-37　车位空闲或占用资源的阈值设计

熟悉 Z-Stack 协议栈的事件产生和事件处理机制，熟悉按键的工作原理和 LED 的硬件电路工作原理，如图 3-3-38 所示。

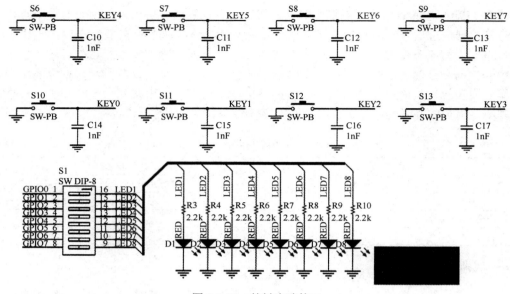

图 3-3-38　按键电路接口

5．实验步骤

（1）修改设备编号，对终端模块进行配置，然后配置设备的 GPIO：端口使能"打开"，端口模式为"数字"，端口方向为"输入"，上拉模式为"上拉"，轮询方式为"中断"。

修改协调器的编号为 0，对协调器进行配置，将其设备编号修改（也就是终端设备的告警地址），其他保持为默认值，如图 3-3-39 和图 3-3-40 所示。

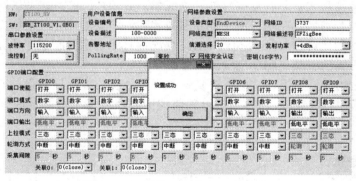

图 3-3-39　对协调器进行配置（1）

图 3-3-40　对协调器进行配置（2）

配置 ZT-EVB 开发平台的硬件接口。将开发平台的 DEBUGGER 口与计算机用 ZT-Debugger 相连；A 板的 USB 接口与计算机相连，用于供电和数据传输；B 板的 USB 接口用于供电，也可通过开发平台上的 J13 接口供电；然后分别将 A 板、B 板 Power SW 的 3V3-VDD、I/O SW

的 IND0 和 IND1，以及 USB SW 的 4 个开关打开，将 A 板的 LED SW 的 8 个开关全部打开，将 KEYBOARD 的 8 个开关全部关掉，用作协调器按键控制台；将 B 板的 LED SW 的 8 个开关全部关掉，将 KEYBOARD 的 8 个开关全部打开，作为终端设备；关闭 ZT-EVB 开发平台上本实验未使用的所有其他功能拨码开关组，完成符合本实验功能要求的拨码开关配置。

（2）完成以上 ZT-EVB 开发平台的供电和接口配置后，参考图 3-3-41 所示的设备逻辑连接图，进行实验系统的硬件设备连接和软件功能程序设计。

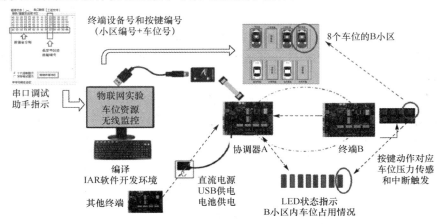

图 3-3-41　车位资源无线监控实验设备逻辑连接图

（3）修改协议栈中的 LED、D10 和 D13，用于组网显示状态。

（4）打开一个 Sample 工程，若正确安装了 TI 的 Z-Stack 协议栈，则路径为…Texas Instruments\ZStack-CC2530-2.4.0-1.4.0\Projects\zstack\Samples\SampleApp\CC2530DB，然后在该 Sample 工程中做相应的修改，使其实现该实验功能。

（5）设计车位资源无线监控实验流程图，如图 3-3-42 所示。

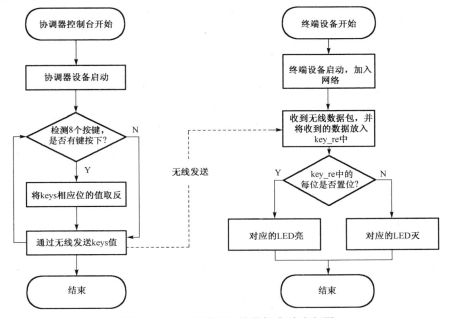

图 3-3-42　车位资源无线监控实验流程图

（6）在 SampleApp.h 中添加一个簇 ID。

在 SampleApp.c 文件中将新增的簇加入列表。

（7）在设备启动任务中添加如下周期发送事件 SAMPLEAPP_SEND_MSG_EVT，注意在信息接收模块 A 板的内置程序编写中要屏蔽按键检查函数，并每隔一段时间触发一次事件 SAMPLEAPP_SEND_MSG_EVT。

（8）在按键处理函数中，查询按下的键。

（9）以上代码中调用了发送函数 SampleApp_SendParkingMessage( )，注意发送的数据为 keys，发送的簇为 SAMPLEAPP_PARKING_CLUSTERID。

（10）接收模块接收到数据后会触发相应的事件，并在簇 SAMPLEAPP_PARKING_CLUSTERID 中得到处理。

其中，函数 SampleApp_recievParkingMessage( )读取按键信息（keys 值）并做相应处理。

6. 实验结果

图 3-3-43　车位占用的远程监控数据

（1）将 8 个车位与一个 8 位字符数组进行一一映像，其数据结构为：当某个车位被占用时，相应的位置"1"；当车位空闲时，相应的位置"0"；ZT-EVB 开发平台上的 KEY0～KEY7 这 8 个按键分别对应智能车库中的压力传感器，当键 KEY_i（$i = 0,1,\cdots,7$）被按下时，表示相应的车位 i 被占用，当键 KEY_i 再次被按下时，表示相应的车位 i 上的汽车离开，该车位空闲。图 3-3-43 所示为车位占用的远程监控数据，例如，FE 表示车位 1～7 共 7 个车位都被占用，00 表示所有 8 个车位都处于空闲状态。

用 ZT-EVB 开发平台上的按键压力操作来模拟实际车位地面上的压力传感器的感知车辆压力的过程。当汽车停在第 k 个车位时，车位下的压力传感器感受到超过特定阈值的压力后，向远程车位管理监控中心发出第 k 个车位被占用的无线信号。实验中，当 B 板某个键被按下时，A 板的对应 LED 会亮（已有车停入），当 B 板该键被再次按下时，A 板的该 LED 会灭（此车位没车），如图 3-3-44 所示。

将终端设备开发平台上的 KEYBOARD 开关 KEY0～KEY7（S5：1～8）都打开（向上为打开）。连接协调器设备的计算机串口调试助手，接收区以十六进制数显示，按下终端设备开发平台上的任意蓝色按键，串口工具上会打印出一段数据命令帧，每按键一次，协调器所连接的串口工具上会输出一段命令，例如，A5 03 00 FE FF 02 01 41 04 20 00 00 00 64 表示协调器收到与其联网的终端设备的 KEY0 键按下的信息，A5 03 00 FE FF 02 01 41 04 21 00 00 00 65 表示协调器收到与其联网的终端设备的 KEY1 键按下的信息。协调器监测结果如图 3-3-45 所示。

数据命令帧格式为：A5 为帧头，03 00 是终端设备的设备编号，FE FF 表示协调器本身，02 表示源端，01 表示目的端，41 是命令，04 是数据长度（以字节数表示），21 00 00 00 是数据，其中字节 21 的低位表示按键的编号，为 0～7，65 是帧校验，是除帧头外的所有字节的异或结果。根据数据帧的第 10 字节的低位可以判断哪个键被按下。

（2）查看模块组网信息。有两种方法判断模块是否已经组网。

① 根据打印数据判断。

按命令格式修改程序，将下载了协调器程序的模块用串口线与计算机相连，打开串口调试助手，给模块发送十六进制数据帧：5afefffeff010244010147，其作用是打开协调器的打印开关。重启协调器模块，就会看到模块的启动信息。按下终端设备的"reset"按键，终端设备和协调器就会组网（即使不按终端设备的复位键，也已经组网了），如图 3-3-46 所示，当串口调试助手的接口上打印出"Device 3 says, My shortAdd 0x0x37c6(0:0:16): Device 0x37c6 request MT"时，说明终端模块已正确加入网络。查看完毕应再通过串口工具发送命令（5afefffeff010244010046），关闭模块的打印信息。

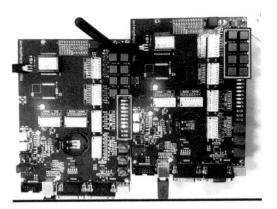

图 3-3-44　车位占用状态的 LED 灯组指示

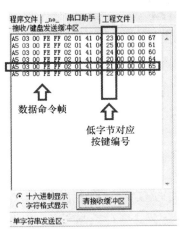

图 3-3-45　协调器监测结果

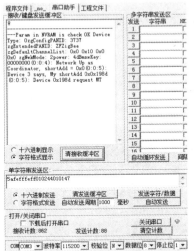

图 3-3-46　设备组网指示

② 观察组网指示灯。

将两块开发平台上 I/O SWITCH 的 IND0 和 IND1 开关打开，对应 LED 用来显示设备的启动和组网信息。红灯闪烁时，说明模块已经正常启动，但未能正常组网，绿灯闪烁时，说明设备已经组入网络（灯闪烁的周期都是 6s）。

实验平台如图 3-3-47 所示，左边 A 板为协调器，右边 B 板为路由器或终端设备。

基于以上按键信息的判断，本实验开发了上位机的车位管理监控界面系统，采用平台系

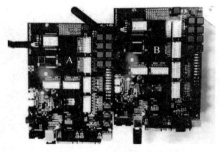

图 3-3-47　实验平台

统模拟的停车场车位资源状况无线监控与判断的工作流程说明如下：模拟场景中，停车区域包含 8 个车位，每个车位上都安装了压力传感器，并设置压力强度阈值来排除人、动物等踩压传感器所产生的误判。车位上的压力传感器包含在 ZigBee 终端设备中，通过无线方式与远程协调器通信，协调器与上位机通过串口连接，管理人员可通过上位机的计算机接口实时监控智能停车场内的车位占用状况。本应用实践模拟了停车场内 8 个车位的占用状况，上位机监控中心的车位实时监控接口信号传输原理如图 3-3-48 所示。压力信息指示图和车位资源占用状况如图 3-3-49 和图 3-3-50 所示。

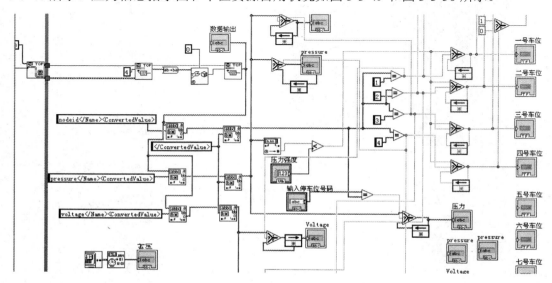

图 3-3-48　车位实时监控接口信号传输原理

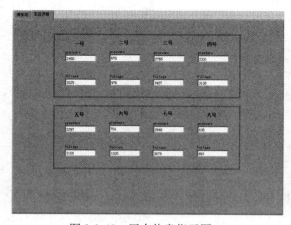

图 3-3-49　压力信息指示图

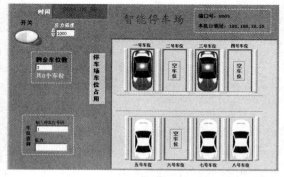

图 3-3-50　车位资源占用状况

7. 扩展与思考

（1）参考实验结果，要求编程修改终端设备的设备编号，查看协调器所接收的数据帧中的终端设备的设备编号是否发生相应改变。

修改终端设备的端点号为 5，如图 3-3-51 所示。监测结果如图 3-3-52 所示，在接收的数据中，终端设备的编号已变为 05。

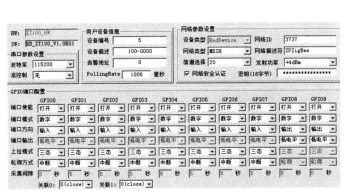

图 3-3-51　修改终端设备

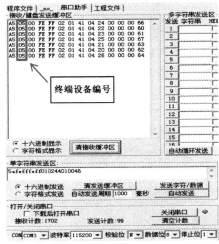

图 3-3-52　监测结果

（2）抗干扰车位监控系统的健壮性措施设计。停车场的多样性建筑结构和众多干扰源构成了无线信号传输的复杂环境，对 ZigBee 自组网和信息路由存在不利影响，请通过图 3-3-53 所示的无线信号强度（RSSI）指示的增益抗干扰技术来提高信号传输的健壮性。

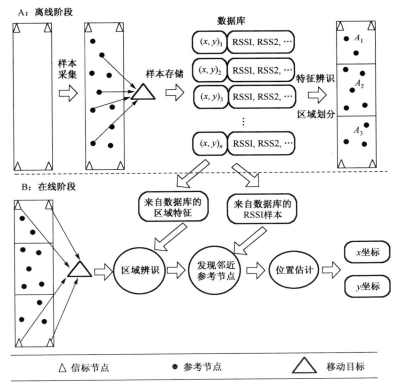

图 3-3-53　增益抗干扰技术

实践中可尝试使用其他类型的传感器实现不同的功能，如使用红外光感传感器，通过光线是否被阻隔来判断车位的占用情况。

（3）传统按键抢答功能的实现使用的是有线布线的方式，使得现场布线成本高及布线方式的可扩展性低。参考以上"车位资源无线监控"中的按键中断模式设计思路，实现无线按键抢答的顺序判断应用功能。具体设计要求如下。

① 将终端设备模块的 GPIO 端口配置成数字输入中断方式，当有键被按下时，设备的 MCU 会检测到连接相应按键的 GPIO 的中断信息，然后终端设备会通过 ZigBee 无线网络将按键信息发送给与其联网的协调器。协调器接收到数据信息后通过串口输出，在串口工具的接口上打印出数据命令的信息。根据数据命令帧的相应字节判断终端设备的哪个键被按下，从而以无线通信方式实现抢答顺序的判断。

② 将终端设备开发平台上的 KEYBOARD 开关 KEY0～KEY7（S5：1～8）都打开（向上为打开）。连接协调器设备的计算机串口调试助手，接收区以十六进制数显示，按下终端设备开发平台上的任意蓝色按键，串口工具上会打印出一段数据命令帧，每按键一次，协调器所连接的串口工具上就会输出一段命令，例如，A5 03 00 FE FF 02 01 41 04 20 00 00 00 64 表示协调器收到与其联网的终端设备的 KEY0 键被按下的信息，A5 03 00 FE FF 02 01 41 04 21 00 00 00 65 表示协调器收到与其联网的终端设备的 KEY1 键被按下的信息。

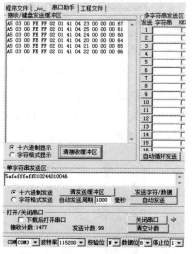

图 3-3-54　功能设备编号监测

数据命令帧格式为：A5 是帧头，03 00 是终端设备的设备编号，FE FF 是协调器本身，02 是源地址，01 是目的地址，41 是命令，04 是数据长度（以字节数表示），21 00 00 00 是数据，其中字节 21 的低位表示按键的编号，为 0～7，65 是帧校验，是除帧头外的所有字节的异或结果。根据数据帧的第 10 字节的低位可以判断哪个键被按下，如图 3-3-54 所示。

③ 修改终端设备的设备编号，看接收到的数据帧中的终端设备的设备编号是否改变。要求编写程序修改终端设备的设备编号为 5，如图 3-3-55 所示，分别在终端和协调器处实现图 3-3-56 所示的终端设备监控结果。

如图 3-3-56 所示，在协调器接收到的数据中，产生按键终端申请的终端设备的编号已变为 05。

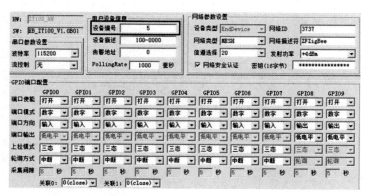

图 3-3-55　终端设备配置

图 3-3-56　终端设备监控结果

智能按键抢答功能的上位机监控管理可视化界面如图 3-3-57 所示。

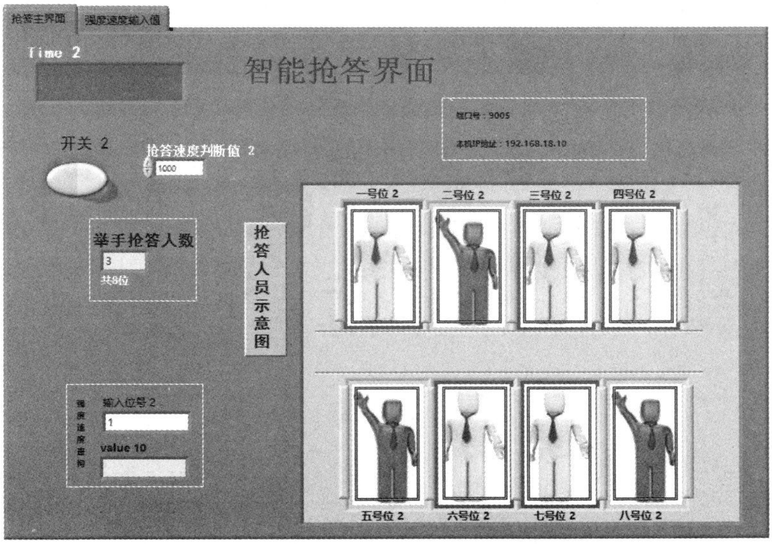

图 3-3-57　按键抢答状态无线监控界面

3.3.4　基于深度残差网络的垃圾分类实验

1．实验目的

（1）了解深度残差网络模型的实现原理。

（2）设计一个基于深度残差网络的垃圾分类系统。

（3）熟悉模型分类性能的评估方法。

（4）了解提升模型分类性能的优化技术。

2．实验设备

硬件：GPU 加速的计算机。

软件：Python 开发环境（如 Anaconda）、深度学习框架（如 TensorFlow 或 PyTorch）、数据处理库（如 NumPy、Pandas 等）、图像处理库（如 OpenCV）。

3．实验要求

（1）安装与配置必要的软件和硬件环境。

（2）获取并处理垃圾分类数据集。

（3）构建和训练深度残差网络。

（4）应用数据增强技术和超参数优化方法。

（5）评估模型性能并进行结果分析。

4．基础知识

（1）深度学习和卷积神经网络的基本原理。深度学习是一种基于人工神经网络的机器学习方法，其通过多层网络结构模拟人脑的神经元连接，从而能够处理复杂的数据集并实现高精度的分类和识别任务。在深度学习中，卷积神经网络（CNN）是最具前景的模型之一，特别适用于图像和视频数据的处理。卷积神经网络通过卷积运算提取输入数据的特征，并通过池化层减小特征图的尺寸，最终通过全连接层完成分类任务。图 3-3-58 展示了具有两个卷积层和池化层的 CNN 结构示意图。

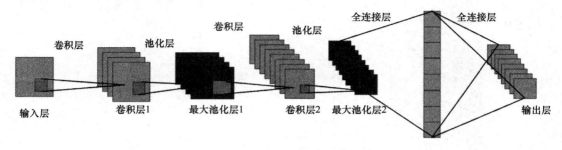

图 3-3-58　CNN 结构示意图

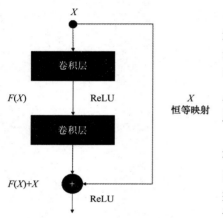

图 3-3-59　残差块的结构图

（2）残差网络（ResNet）的架构和优势。残差网络通过引入残差块，解决了深度卷积神经网络中常见的梯度消失和梯度爆炸问题。残差块的设计理念是在卷积层之间引入跨层连接，使得输入信号可以直接传递到后续层，从而保持梯度的稳定传递。残差块的结构图如图 3-3-59 所示。

这个设计不仅提高了深度网络的训练效率，还允许构建更深的网络结构，从而提升模型的分类精度。ResNet 的这种结构使其在各种图像分类任务中表现优异。在本实验中将使用 ResNet50 网络来进行垃圾图像分类，相比于其他 ResNet 模型，ResNet50 在深度和计算效率之间找到了平衡，相对于 ResNet18 和 ResNet34，它具有更强的特征提取能力和更高的分类精度，而相对于 ResNet101 和 ResNet152，其参数规模和计算需求较为适中，使其在多种应用场景中易于推广和部署，非常适合应用于移动设备和嵌入式系统等场景。同时，ResNet50 的网络结构和训练方法在实际应用中已被广泛研究和优化，具有丰富的实践经验支持。ResNet50 基本结构图如图 3-3-60 所示。

（3）数据增强技术和超参数优化方法。数据增强技术通过对训练数据进行各种变换（如旋转、平移、缩放等），提高数据的多样性，从而提高模型的泛化能力和鲁棒性。超参数优化方法则通过调整模型的超参数（如学习率、批量大小等），提升模型的训练效率和分类性能。常见的超参数优化方法包括网格搜索、随机搜索和基于群体智能的优化算法（如粒子群算法），使用这些方法可以有效地搜索超参数空间，找到最优的超参数组合。

（4）垃圾分类领域的现状和挑战。垃圾分类是环境保护和资源再利用的重要措施，传统的人工分类方式效率低、误差大且对人体有害。深度学习技术在垃圾分类中的应用已经展现出良好的效果，但其应用方法仍处于初级阶段，面临数据获取、模型优化和计算资源需求等方面的挑战。结合深度学习和超参数优化技术，有望进一步提升垃圾分类系统的性能，为智能城市垃圾管理提供技术支持。

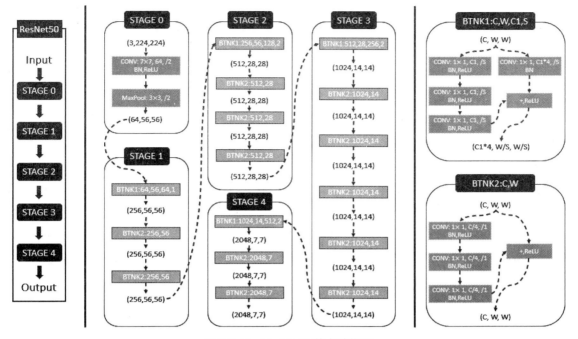

图 3-3-60　ResNet50 基本结构图

5．实验步骤

（1）数据准备：下载 TrashNet 数据集，并进行数据预处理，如去噪、裁剪和归一化等，然后将数据集划分为训练集、验证集和测试集。

（2）模型构建：构建 ResNet50 网络模型，并设置模型的初始超参数，如学习率、批量大小等。

（3）数据增强：应用数据增强技术（如旋转、平移、缩放、翻转等）提高训练数据的多样性，并确保增强后的数据集保持平衡，以防止过拟合。

（4）超参数优化：选择合适的超参数优化方法（如粒子群优化算法），调整模型的超参数，以提高训练效率和分类精度。

（5）模型训练和评估：使用训练集训练模型，并在验证集上调整超参数。在测试集上评估模型性能，计算分类准确率、召回率和 F_1 分数等指标。

（6）结果分析：分析不同超参数设置对模型性能的影响，比较数据增强前、后的模型性能差异，最后总结实验结果，并提出改进建议。

6．实验结果

（1）近年来，许多搜索和优化算法被用于优化神经网络的超参数，其中的许多方法已经被证明是切实可行的，并得到了普遍认可，如 Nelder-mead 方法、粒子群优化（PSO）、Sobol 序列、网格搜索和随机搜索等。

在本实验中，PSO 被认为是在构造 ResNet50 网络模型时搜索超参数的最佳方法。表 3-3-9 展示了在 TrashNet 数据集上，各种超参数优化算法在优化学习率上的结果。可以看出，PSO 取得了最高的准确率，达到了 99.01%，证明该方法确实适用于本实验中的垃圾分类模型。

表 3-3-9　ResNet50 在 TrashNet 数据集上使用不同超参数优化算法的性能

算　法	学　习　率	准　确　率
Nelder-mead	0.0000494512	98.67%
PSO	0.0000547499	99.01%
Sobol	0.0007812495	98.43%
网格搜索	0.0006372433	98.25%
随机搜索	0.0010324521	97.98%

本实验中 PSO 用于优化超参数，包括学习率、批量大小和丢弃率。其他超参数，包括 ResNet50 的结构，都是手动进行调整的。

（2）在二分类问题中，模型分类的 F_1 分数可由式（3-3-22）计算

$$F_1 = 2 \frac{\text{Precision} \cdot \text{Recall}}{\text{Precision} + \text{Recall}} \tag{3-3-22}$$

式中，Precision 是模型的精确率，Recall 是模型的召回率。它们的计算公式为

$$\text{Precision} = \frac{\text{TP}}{\text{TP} + \text{FP}} \tag{3-3-23}$$

$$\text{Recall} = \frac{\text{TP}}{\text{TP} + \text{FN}} \tag{3-3-24}$$

其中，TP（True Positive）为真正例，即模型正确预测为正的样本数量；FP（False Positive）为假正例，即模型错误预测为正的样本数量（实际为负）；FN（False Negative）为假负例，即模型错误预测为负的样本数量（实际为正）。

由于本书中所设计的垃圾分类模型是一个多分类模型，因此实验使用准确率和 Macro-F_1 分数这两个经典的多分类性能评估指标作为评价标准。其中，准确率为模型预测正确的样本占总样本的比例，而 Macro-F_1 则为将一个垃圾类别和其余垃圾类别分别视为一个类的二分类模型在分别计算出 F_1 分数后所得到的算术平均。在 TrashNet 数据集上的 ResNet50 的准确率和 Macro-F_1 分数分别达到了 99.01% 和 0.9886。ResNet50 在 TrashNet 数据集上的混淆矩阵如图 3-3-61 所示。

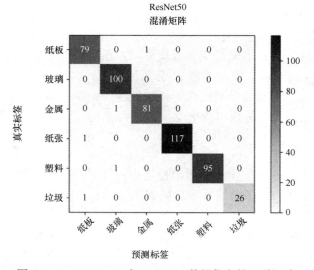

图 3-3-61　ResNet50 在 TrashNet 数据集上的混淆矩阵

由此可以看出，ResNet50 网络模型在 TrashNet 数据集上预测的错误量较小，准确率较高。可以认为本实验构建的 ResNet50 网络模型在 TrashNet 数据集上取得了很好的分类效果。

7．扩展与思考

（1）探讨深度学习在垃圾分类中的应用前景和挑战。

（2）研究如何进一步改进模型性能，如引入更多的网络层、使用不同的优化算法等。

（3）探索其他领域的图像分类问题，尝试用相同的方法进行解决。

（4）讨论如何将该技术应用于智能城市的垃圾分类管理系统，实现资源的最大化利用和环境的保护。

3.4　本章小结

本章介绍了物联网实验的嵌入式硬件系统平台、集成开发环境和软件设计流程，以及各类实验。通过这些实验，可以加深读者对物联网基础理论的理解，提高动手能力，为如何实际应用所学的物联网知识提供参考，也为更深入地学习物联网知识打下坚实的基础。

3.5　习题 3

3.1　描述 ZT-EVB 开发平台的组成，并解释它在物联网实验中的作用。

3.2　描述在 IAR 软件中创建新工程并编写程序的步骤。

3.3　解释 ZigBee 技术在物联网实验系统中的应用，并讨论其优势。

3.4　解释 Z-Stack 协议栈的 OSAL（操作系统抽象层）的作用及其如何实现多任务调度。

3.5　描述 Python 在物联网中的作用，并解释为什么 Python 是 IoT 开发中不可或缺的工具。

3.6　描述 TensorFlow 环境在 Anaconda 中的配置步骤。

3.7　解释残差网络（ResNet）的架构和它在图像分类中的优势。

3.8　描述数据增强技术和超参数优化方法在深度学习模型训练中的作用。

3.9　描述在物联网实验中进行射频类网络与通信实验的目的。

3.10　解释在物联网实验中进行 Z-Stack 协议栈运行实验的步骤。

3.11　描述在 ZT-EVB 开发平台上实现 ZigBee 设备绑定的过程。

第4章　AI 赋能的智慧生活与健康管理

随着科技的飞速发展，人工智能已经渗透到我们生活的方方面面，为传统领域注入了新的活力。在这个万物互联的时代，AI 赋能的智慧生活与健康管理正成为人们追求高质量生活的重要途径。本章将基于案例深入介绍 AI 如何在家居、安防和医疗领域发挥其独特优势，实现资源的优化配置，提升生活品质，以及如何通过智能化的手段，为我们的健康管理提供更加精准和个性化的服务。让我们一起走进这个充满创新与变革的世界，感受 AI 带来的无限可能。

4.1　智能家居

4.1.1　智能家居简介

智能家居是指使用不同的方法和设备来提高人们的生活水平，使家庭变得更舒适、安全。将物联网应用于智能家居领域，能够对家居类产品的位置、状态、变化进行监测，分析其变化特征，同时根据人的需要在一定程度上进行反馈。智能家居行业的发展主要分为三个阶段：单品连接、物物联动和平台集成。首先连接智能家居单品，然后走向不同单品之间的联动，最后向智能家居系统平台发展。当前，各智能家居类企业都在从单品连接向物物联动的阶段过渡。

智能家居虽然能给人们的生活带来很大的方便，但可以很明显地感受到，智能家居的普及效果并不好，即使国家大力普及智能家居，智能家居的普及进度也依然很慢，主要有以下几个原因。

1. 行业内没有统一的技术协议

科学技术能否应用于社会不仅取决于该技术是否成熟，还需要与掌握技术的厂商进行协调，只有在两者达成一致的情况下，该技术才能得到应用。现阶段，国内的智能家居行业并没有统一的智能家居系统支持协议，在一些技术与厂商的协调过程中始终存在矛盾，最终使这些技术难以得到支持，不能普及，导致智能家居的一些功能难以实现。

2. 智能家居技术未成熟

虽然智能家居概念已经提出了很久，但其发展进度并不快，至今为止，智能家居系统中只有安全报警技术及智能控制技术较为成熟，而信息处理、环境调节等功能则还有待完善。致使智能家居技术发展缓慢的原因是智能家居系统的功能研发具有很大的风险，在未研制成功时的投入过大，一旦研究失败，就会对企业造成重大的经济损失。

3. 市场接受程度低

由于智能家居技术尚未成熟，且现阶段的智能家居系统的布置价格昂贵，因此，大部分人对该技术仅仅停留在听说过的阶段,对其功能并不了解,也没有亲身体验的机会,这使得智能家居的普及更加困难。

4.1.2　智能家居的系统分类

智能家居系统一般由智能家居控制系统、安防系统、媒体娱乐系统、环境监测系统构成。

智能家居控制系统如同人的大脑,集中控制整个家居的各个系统,包含对居室内的机电设备、灯光、窗帘、背景音乐、智能门锁、家电、安防防盗系统、可视对讲系统等的集成和控制。按布线方式划分,智能家居系统主要分为有线智能家居系统及无线智能家居系统。机电设备(如空调)、灯光、窗帘、家电等通过专门设置的控制器,结合区域场景设置采取相应的动作,以实现满足需求的控制。

安防系统通过智能家居控制系统在不同区域设置的控制终端(无线/有线触摸屏、操控面板等)进行设置,主要包括布防、撤防、应答呼叫等操作,大大方便了用户的操作。

媒体娱乐系统主要配合媒体娱乐设备,实现餐厅、客厅的媒体娱乐功能,通过该系统可以自由选择媒体娱乐,进行家庭 K 歌、家庭影院、视频聊天等活动。

环境监测系统主要进行各类环境的监测,如温湿度监测、空气质量监测、风速监测、光照监测等。该系统能让用户了解家居范围内的环境状况,并根据不同的环境进行调整。

在实际应用中,要实现智能家居的所有功能,对建筑形式有一定要求,一般安装在酒店、高档办公楼、别墅等大规模的建筑中较为合理。但这些场所终究只是少数,若要普及智能家居,则必须研制出适合普通住宅的系统。因此,现在的智能家居根据功能的多少和要求的高低,分为单点解决方案与整体解决方案,信息传输采用有线网络与无线网络结合的方式。

1. 单点解决方案

单点解决方案也称为零件、轻型终端解决方案,是针对某些具体功能而研发的产品。产品由插座、智能摄像机及一些通过 App 控制的电视、空调等智能设备构成,具有安装简单、易操作、无须布线、成本低等特点,可以满足智能家居的初级要求,可以拥有本地操作及远程操作、定时开关、摄像机录像异常提醒、语音交互等功能。其缺点也很明显:难以总体完美地满足智能家居系统的要求;对无线网络的要求较高,家用网络容易出现网络波动,会造成摄影机登录失败等问题。单点解决方案还能用于已经装修好的或不想改变原路线的住宅,这种解决方案采用带机械臂的开关面板或单火模块设置在原有的开关面板上,通过网关实现本地、远程、定时、光感、场景等控制,这也是低成本解决局部智能照明的办法。但机械臂开关面板的缺点是需要定期充电。单点解决方案智能家居系统结构如图 4-1-1 所示。

2. 整体解决方案

现阶段的整体解决方案已经能实现大部分智能家居设想的功能,但在信息化应用系统方面依旧较为薄弱,主要通过手机或计算机在互联网上搜索来实现。以往的整体解决方案主要靠有线网络来实现,这大大增加了布线的难度与对建筑的要求,而随着无线网络的快速发展,现在的整体解决方案架构主要采用有线网络与无线网络结合的模式。人机的交互方式也呈现出多样化,从一开始通过面板开关、手机、平板电脑、计算机等终端操作方式进行本地和远程控制、定时控制、场景控制等，到现在的语音交互、手势感应交互等方式，使老年人、儿童等不擅长进行终端操作的群体也能很好地使用产品，提高了系统的可操作性。整体解决方案产品的硬件设备包括网络交换机、无线路由器、红外发射装置、蓝牙、计算机、笔记本电脑、综合布线设备、操作执行终端设备等；软件包括集成系统平台软件、具有开放架构的成熟应用软件或根据智能家居要求定制的功能软件、防病毒软件、网络安全软件等；产品内置小型处理器，可以在系统设备无外部网络时离网运行，大大提高了系统的可靠性，避免了因网络不畅通而影响系统运行的弊病。由于智能家居技术还未完全成熟，处在发展阶段，因此现阶段的智能家居系统架构具有很强的扩展性，对许多设备都具有兼容性，可以做到即插即用，除此之外，系统应用软件也具有易于升级的特性。整体解决方案智能家居系统结构如图 4-1-2 所示。

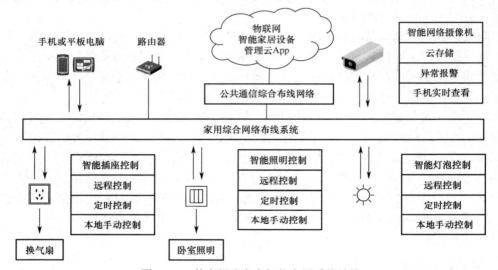

图 4-1-1　单点解决方案智能家居系统结构

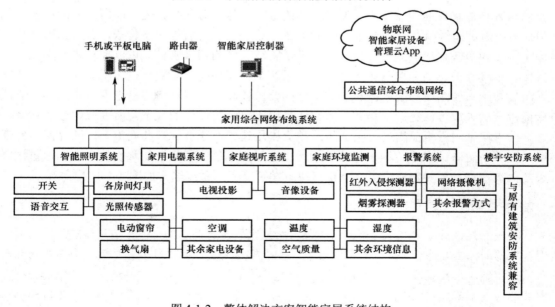

图 4-1-2　整体解决方案智能家居系统结构

4.1.3 智能家居应用实例

1. 智能别墅解决方案

图 4-1-3 所示为智能别墅整体解决方案系统结构图，该系统属于整体解决方案，基本具备现阶段智能家居的所有功能。整个系统具有如下功能。

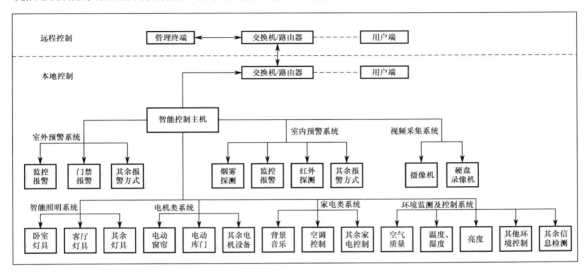

图 4-1-3 智能别墅整体解决方案系统结构图

（1）灯光控制。用户可以任意控制住宅范围内的区域灯光组合与变化，会客、用餐、烛光、派对、看电视等各种模式可随意切换。

（2）入户门及各个房间门的控制。采用智能门锁，使用户不用亲自开门，智能门锁会自动对用户在控制器中设置的允许进来的人放行；当你手里塞满东西时，不用腾出一只手来开门；当你在外出行时，也可以遥控给清洁工开门。当有人进门时，App 就会发送一条推送通知，当人走时，也会接收到一条推送通知。这意味着用户可以清楚地得知来人停留了多久及其身份信息。

（3）各类电器的控制。用户可以通过智能手机一键启动整个住宅内的各类电器。用户可以根据自己的喜好设置各种电器的组合模式，如可以按照自己的喜好设置启动影院时的环绕音响、情景灯光、窗帘关闭、投影机和屏幕升降，以及空调开关。

（4）安防监控控制。用户按下晚安键后，不仅灯光、电视、音乐等功能全部关闭，而且安防系统将自动打开，同时系统会检测所有的入户门、车库门是否反锁和关闭，如果没有，那么系统会自动将其关闭。

当家里的防范保护系统监测到入侵时，全屋照明同时亮起，家里所有的音响系统发出警告音，第一时间威慑入侵者。外出的时候，用户可以通过手机按下模拟住家功能，家里的灯光系统会模拟住家依次亮起，家里的窗帘会模拟住家开闭。同时也可通过前门和花园的 360°球形摄像机观察家中情况，进行防盗监控。

（5）温湿度的控制。智能系统会进行相关整合，不论你在哪里，都可以任意控制家里的温度，还可根据天气预先设计每周 7 天的动态温度曲线。系统可以做到主要区域的动态恒温，无论外界温度如何变化，只要是有人在的区域，都能提供一个最舒适的温度。

（6）背景音乐。用户可以使用智能手机作为背景音乐的遥控器。每个房间可设置独立的声响系统，不同家庭成员可在自己的独立空间享受自己喜好的个性音乐，让智能背景音乐系统与你的生活完美地结合。马上要出发打高尔夫球了或者马上要开饭了，只要对着可视设备说一句，各个房间的人就都可以听到，也可以设定不让谁听到你的声音。

（7）其他功能。除上述6种功能外，智能家居系统还具备天然气、火灾等的监控及报警，漏水监控及报警，空气状态的监控及调控，电动窗帘的控制，用电监控及控制，花园的防盗及监控报警，入户人员的监控及记录等功能。

智能家居是以家为平台，集建筑自动化、智能化于一体的高效、舒适、安全、便利的家居环境。智能家居采用嵌入式技术开发，整个系统具备安全、稳定、可靠性高、时尚、低碳、管理轻松、操作简便、维护方便、扩展性强等突出特点。

2．宠物智能家居

宠物是人们的精神寄托，饲养宠物可以让人们亲近自然，满足人们的心理需求。随着社会经济的发展，越来越多的人加入了饲养宠物的队列，但随之而来的是许许多多的宠物饲养问题：当主人上班或出差时，宠物无人饲养；宠物伤人、宠物随地排泄等不文明养宠行为；宠物被不法分子偷走、宠物生病等宠物安全问题。为了解决这些问题，人们提出了宠物智能家居系统。宠物智能家居系统的结构框图如图4-1-4所示。

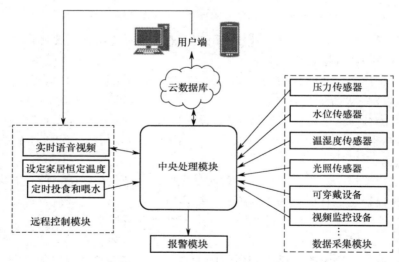

图 4-1-4　宠物智能家居系统的结构框图

整个系统由数据采集模块、远程控制模块、中央处理模块及报警模块组成。数据采集模块负责各类数据的采集，主要包括判断喂食、喂水数量的压力传感器、水位传感器，收集宠物家居范围内环境信息的温湿度传感器、光照传感器等，监测宠物身体状态的可穿戴设备、视频监控设备等。中央处理模块主要负责对其他模块的管理与控制，该模块与云数据库相连，将数据上传到云数据库并与各类预先设置的模型进行对比，判断宠物状态，并将判定结果发送到中央处理模块与用户端，若判定宠物状态不佳或生病，则中央处理模块通过报警模块告知用户。远程控制模块主要用于用户远程控制宠物智能家居，具有设定家居恒定温度、定时投食和喂水、实时语音视频等功能。

实时语音视频功能的实现过程如图 4-1-5 所示。首先通过数据采集系统的摄像头进行视频数据的采集，然后将采集的视频数据上传到服务器，在服务器中进行视频信息的编解码，形成视频流，服务器保存视频流后上传至云存储，用户可以通过应用程序实现实时语音视频功能，也可以查询过往的宠物监控视频。

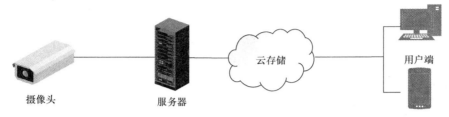

图 4-1-5　实时语音视频功能的实现过程

实时投食和喂水功能的实现过程如图 4-1-6 所示。当到达用户设定的投食时间或执行用户手动输入投食指令时，单片机控制电动推杆，打开食物箱，向餐盘中投放食物，压力传感器实时收集食物的质量数据，当食物的质量数据达到预先设定的阈值时，单片机控制电动推杆关闭投食通道。喂水过程与投食过程相似。

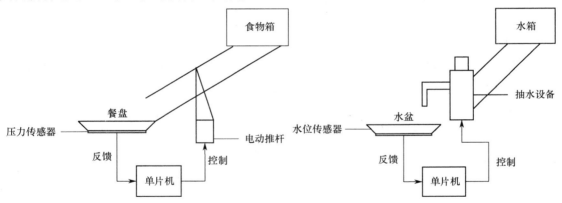

图 4-1-6　定时投食和喂水功能的实现过程

3. 基于 STM32 的老人跌倒检测

（1）应用背景。我国目前正经历着人口老龄化的趋势，老人的特点包括反应迟缓、平衡感降低以及身体机能老化等，因此，老人对智能家居有着个性化的需求。为应对上述需求，一种面向老人的智能跌倒检测系统被提了出来，该系统采用 STM32 作为主控芯片，包括心率、体温和血氧采集模块，Kinect 体感姿态检测模块，OLED 显示屏及按键，通过 ESP8266EX 模块与手机相连。系统软件方面采用 C 语言在 Keil5 平台进行编程，并导入 STM32 芯片中实现。

（2）理论知识及关键技术。老人跌倒检测相关的理论原理涉及多个学科和技术领域的交叉，其核心是利用传感器技术和数据处理算法来检测与识别老人的跌倒事件。以下是老人跌倒检测相关的主要理论原理。

① 传感器技术。

加速度传感器：通过测量物体在三个方向（通常是 X 轴、Y 轴、Z 轴）上的加速度变化，可以检测到老人身体的突然加速或减速，这通常是跌倒的明显特征。

陀螺仪：陀螺仪可以用于测量物体的角速度变化，进而分析物体的运动姿态和变化。在老人跌倒检测中，陀螺仪可以帮助识别老人身体姿态的突然改变。

磁力计：虽然磁力计主要用于确定方向，但在某些老人跌倒检测系统中，它可以与其他传感器结合使用，提供更全面的运动信息。

② 数据融合。

将来自不同传感器的数据进行融合，以提高老人跌倒检测的准确性和可靠性。例如，加速度传感器和陀螺仪的数据可以相互补充，以更准确地识别跌倒事件。

③ 阈值设置。

通过分析历史数据和实验数据，可设定合适的阈值。当传感器数据超过这些阈值时，系统就会认为发生了跌倒事件。这些阈值可能包括加速度的峰值、角速度的变化率等。

④ 模式识别与机器学习。

通过收集大量的跌倒和非跌倒数据，利用机器学习算法进行训练，使系统能够自动识别和区分跌倒事件，这种方法可以提高系统的适应性和准确性。

⑤ 实时性。

老人跌倒检测系统需要具有实时性，以便在老人跌倒后能够立即发出警报，这要求系统具有快速数据处理能力和高效的通信机制。

⑥ 误报与漏报。

在老人跌倒检测系统中，误报（将非跌倒事件误判为跌倒）和漏报（未能检测到真正的跌倒事件）是两个重要的问题。为了降低误报率和漏报率，需要不断优化算法和进行参数设置。

⑦ 非接触式检测。

除基于传感器的接触式检测方法外，还可以使用视频图像和人工智能算法进行非接触式检测。通过摄像头捕捉老人的实时视频流，并利用图像处理技术和机器学习算法进行分析，可以识别跌倒事件的发生。

综上所述，老人跌倒检测相关的理论原理涉及传感器技术、数据融合、阈值设置、模式识别与机器学习、实时性、误报与漏报以及非接触式检测等多个方面。通过综合利用这些原理和技术，可以构建出高效、准确的老人跌倒检测系统。

（3）方案设计。本案例是一款穿戴式家用老人跌倒检测系统，具备实时监测穿戴者心率、体温及血氧等身体参数的功能。当这些参数超出安全范围时，系统会通过 GSM（全球移动通信系统模块）发送警示信息至用户手机。在室内，系统配备了 Kinect 体感姿态检测模块，利用骨骼跟踪技术循环检测，以判断老人是否发生跌倒。一旦发生跌倒，系统就立即向陪护端发送报警信息，并同时拍摄跌倒场景，将结果发送至手机 App 端。

老人跌倒检测系统总体架构如图 4-1-7 所示。

① 硬件设计。

a）心率、体温和血氧采集模块

心率、体温和血氧采集模块 MAX30102 集成了光电检测器、红光 LED 及红外光 LED，并配备了带有环境光抑制功能的低噪声电路，用户可以将其穿戴在手指或手腕等位置。在硬

图 4-1-7　老人跌倒检测系统总体架构

件方面，该模块具备 2C 兼容的标准通信接口，可直接将采集到的数据传输给主控芯片 STM32。在软件方面，通过编程可以实现对该传感器的定时关闭，以达到待机电流约等于零且维持电源供电的运行状态。

b）GSM 短信发送模块

所选用的 GSM 短信发送模块为 SIM900A，具备便携、经济和高效的性能优势，并且芯片采用 ARM926EJ-S 架构，支持 AT 指令，在通信领域得到广泛应用。该模块内部通过二极管将 5V 电源电压降至 4.2V，并通过串口与 STM32 进行通信，通信速率可由用户自行预设。当检测到用户的心率或血氧超出或低于预设值时，GSM 短信发送模块将会向指定的手机号发送危险提示信息。

c）OLED 显示模块

所选用的 132×96 点阵 OLED 显示模块具备高刷新率、低能耗和小体积的优势，因此，它与物联网开发相适配，同时简单易懂的用户界面更符合老年人操作电子设备的特点。

d）Wi-Fi 模块 ESP8266EX

Wi-Fi 模块选用了乐鑫公司研发的 ESP8266EX。该模块在软件上支持实时操作系统（RTOS）和 Wi-Fi 协议栈；在硬件上，内置 Tensilica L106，是一款 32 位 RISC 处理器，时钟频率最高可达 160MHz。由于其具有稳定的性能、相对较低的成本以及相对轻量的能耗，因此该模块被广泛应用于移动设备、可穿戴电子设备和物联网项目。

e）Kinect 体感姿态检测模块

该系统的 Kinect 体感姿态检测模块被安装在家居环境中。为了保护用户隐私，可以将其设置为只显示骨骼信息，以避免记录周围环境的图像。老人跌倒姿态的检测通常涉及人体特征检测或动作识别，人体特征检测利用深度相机从空间中捕捉人体骨骼特征的关键点，并将其处理成有用的人体姿态数据，通常包括骨骼特征关键点、手指关键特征点以及人体空间位置等。动作识别则通过分析和处理获取的人体相关数据，判断人体正在进行的活动。设计的跌倒姿态检测综合考虑了老人的人体中心点下降速度、两髋中心离地高度及倒地动作的持续时间，以避免漏检或误检。

② 算法设计。

Kinect 体感姿态检测模块运用实时骨骼跟踪技术，通过检测人体骨骼点在空间中的位置，根据跌倒算法来判断老年人是否发生了跌倒。该算法将 Kinect 体感姿态检测模块记录到的动作每 10 帧作为计算一次人体中心点下降速度的时间节点，并将计算的速度用 V_{fall} 表示。若 V_{fall} 大于阈值速度 V_S，则检测人体两髋中心离地的高度 H_{base}。阈值速度一般设置在 1.21～2.05m/s 范围内。

若 H_{base} 小于阈值高度 H_S，即为检测到的两髋中心离地高度；若出现意外情况，导致测量错误，本次姿态检测失效，则可以将右脚掌作为参考再次计算 H_{base}，再次判断 H_{base} 是否小

于 H_S。若小于，即为检测到的两髋中心离地高度。

在人体跌倒瞬间，仰卧式、俯卧式和侧卧式较多，两髋中心离地高度的阈值通常是可以测量的较小值。根据实际情况，如存在衣服、皮带等外部因素，H_S 的值通常略小于 0.30 ～ 0.37m/s。

综上所述，若测量的数据满足 $V_{fall} > V_S$，$H_{base} < H_S$，且保持 5s，则检测到老人发生跌倒事件。系统的运行逻辑如图 4-1-8 所示。

（4）案例总结与展望。本智能家居系统专注于面向老人，实现了居家环境中的跌倒检测，心率、体温和血氧监测，信息与手机互通以及空气质量检测等功能。系统具有强大的拓展性，可以根据实际需求灵活扩展，例如，添加 LD3302 语音控制模块和 PM2.5 检测模块等。系统电路采用模块化设计，具有高度的实际应用性，分为智能家居部分和佩戴部分。佩戴部分的集成度高，方便携带，不会影响用户的日常动作。

跌倒姿态检测在面向老人的物联网领域一直是一个难点，也是老人群体的迫切需求。需要注意的是，本案例设计的跌倒姿态检测主要适用于家居环境，超出 Kinect 体感姿态检测模块的监控范围可能会导致可靠性下降。因此，老人跌倒检测系统在未来的发展中需要加强，以适应更广泛的监控范围。

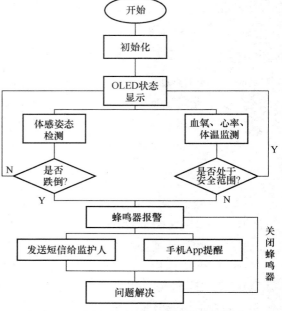

图 4-1-8　老人跌倒检测系统的运行逻辑

系统目前采用有线电路和继电器进行控制，未来可考虑采用 ZigBee 或 Wi-Fi 等无线通信技术，提升系统的灵活性和便捷性，这将有助于进一步提升系统的整体性能和完善用户体验。

4．基于 Wi-Fi 控制的智能开关设计

（1）应用背景。随着个人移动终端的不断智能化和无线网络低成本、高速率的发展，原本只是一种概念的智能家居系统有了实现的可能。此外，近些年物联网理念被提出，其相关标准不断成熟完善。相信在不久的将来，在大数据平台的支撑下，家居智能化将走入千千万万的家庭。

谈到家用电器控制，其中最基本的控制方式就是电气开关。传统意义上的电气开关通过人工触碰按压开关以开启或关闭家用电器，或者通过人工旋转按钮来控制电器工作的强度，例如，调节灯光亮度、调节风扇转速等。除此之外，红外遥控器、射频遥控器等同样属于延伸意义上的开关。

智能家居所要解决的问题就是如何实现家用电器控制的智能化，也就是如何使得电气开关更加智能，以及更少的人工干预。本案例通过整合现有的技术资源：Wi-Fi 无线网络、OpenWRT/Linux 开源无线路由器系统、物联网协议 ZigBee、Android 智能手机系统等来实现

一个基础的智能家居应用框架——基于 Wi-Fi 控制的智能开关。

（2）理论知识及关键技术。基于 Wi-Fi 控制的智能开关设计的理论知识及关键技术主要针对智能家居领域，其设计旨在提高开关的智能化程度、便利性和安全性。以下是对其理论知识及关键技术的简要概述。

① 理论知识。

智能家居系统：智能开关是智能家居系统的一个重要组成部分，其设计需与整个智能家居系统相兼容，以实现远程控制、自动化操作、节能等功能。

无线局域网（WLAN）技术：Wi-Fi 作为一种广泛应用的无线局域网技术，具有数据传输速率高、信号稳定、覆盖范围广等特点，是智能开关实现远程控制的基础。

互联网协议（IP）：智能开关控制设备需要使用 IP 协议进行网络通信，以确保设备之间能够交互、传输信息。

传感器技术：智能开关通常配备传感器，用于监测环境参数（如温度、湿度、光照等），以实现自动化控制和节能。

② 关键技术。

Wi-Fi 模块集成：智能开关内部需要集成 Wi-Fi 模块，以实现与无线路由器的连接和网络通信。Wi-Fi 模块的选择和集成方式直接影响智能开关的性能和稳定性。

控制电路设计：智能开关的控制电路需要实现对开关状态的控制，还需要具备数据处理和存储功能，以支持远程控制、定时开关等功能。

软件开发：智能开关的软件开发包括固件开发和 App 开发。固件开发用于实现智能开关的基本功能和网络通信，App 开发则用于提供用户友好的操作界面和远程控制功能。

安全性设计：智能开关的设计需要考虑安全性设计问题，包括数据加密、用户权限管理、防黑客攻击等措施，以确保用户数据和设备安全。

兼容性设计：智能开关需要与其他智能家居设备相兼容，以实现互联互通和自动化控制。因此，在设计中需要考虑不同设备的通信协议和数据格式等问题。

（3）方案设计。

① 实现平台。

基于 Wi-Fi 控制的智能开关设计实现平台通过 Wi-Fi 网络将智能开关与用户的智能手机或其他智能设备连接起来，实现对家居电器设备的远程控制。用户可以通过手机 App 或其他智能设备随时随地控制家中的灯光、插座、窗帘等设备的开关状态，实现智能化管理和控制。

该平台主要由以下几部分组成。

a）Wi-Fi 模块：智能开关内置 Wi-Fi 模块，负责与路由器进行无线通信，实现与互联网的连接。Wi-Fi 模块需要具有良好的稳定性和兼容性，以确保智能开关能够稳定地接入 Wi-Fi 网络。

b）控制模块：控制模块是智能开关的核心部分，负责接收来自 Wi-Fi 模块的控制指令，并控制家居电器设备的开关状态。控制模块需要具备快速响应和高效处理的能力，以确保用户指令的及时执行。

c）电源模块：电源模块为智能开关提供稳定的电源供应，确保开关能够正常工作。电源模块需要具备良好的稳定性和安全性，以适应不同家居环境的需求。

d）用户界面：用户界面是用户与智能开关进行交互的接口，通常通过手机 App 或其他智能设备实现。用户界面需要简单明了、易于操作，并提供丰富的控制功能和设置选项，以满足用户的不同需求。

② 总体设计概要。

本案例设计了基于 Wi-Fi 和 ZigBee 的智能家居系统，主要包括 Wi-Fi 网关、ZigBee 协调器及其终端节点、传感及控制模块三大部分。其中采用了基于 Linux 的 OpenWRT 开源无线路由器系统作为 Wi-Fi 网关负责 TCP/IP 数据到串口数据的协议转换，以便和单片机进行通信；ZigBee 无线网络采用了 TI 公司的 CC2530 芯片，内部集成了基于 51 内核的单片机和 RF（射频）模块，具有网络结构简单、组网灵活、功耗低、传输可靠等优点；ZigBee 无线网络采用星形网络连接方式，包括协调器和终端节点，与传感器和控制器相连的 ZigBee 终端节点负责采集传感器信息和控制器状态信息，通过协调器将信息传给 Wi-Fi 网关，进而反馈到 Android 终端 App 上。通过相同路径，Android 终端 App 也可以通过 Wi-Fi 网关和 ZigBee 协调器发送指令到 ZigBee 终端节点来控制控制器执行相应动作。

③ 通信协议的比较。

通信协议按照其传输介质，可分为有线通信协议和无线通信协议。有线通信的传输介质一般为电缆或者光缆，电信号或者光信号在介质中传输；无线通信的介质一般为空气，通过把信源信号调制为射频信号或者不可见光（红外线等）进行传输；有线通信受到的干扰较小，可靠性、保密性强，但建设费用高；无线通信易受干扰，容易被拦截监听，保密性一般，但建设成本低，无须架设专用线路。无线通信协议的比较如表 4-1-1 所示。

表 4-1-1　无线通信协议的比较

通 信 方 式	红外	蓝牙	ZigBee	Wi-Fi	RFID
成　　　本	低	2～5 美元	5 美元	25 美元	0.5 美元
功　　　耗	低	20mA（较高）	5mA（低）	10～50mA（高）	忽略不计
传 输 距 离	1～10m	20～200m	2～200m	20～200m	1m
传 输 速 率	4～16Mb/s	1Mb/s	250kb/s	11～150Mb/s	1kb/s
通 信 频 段	38kHz	2.4GHz	2.4GHz	2.4GHz 5GHz	低频：125～135kHz 高频：13.56MHz 超高频：860～960MHz
协 议 标 准	IEEE 802.11b	IEEE 802.15.1x	IEEE 802.15.4	IEEE 802.11b/g/n/ac	ISO/IEC 18000-6
安 全 性	高	高	中等	中等	中等
应 用 领 域	红外遥控器	无线手持设备，无线鼠标，蓝牙耳机	无线传感网络，物联网	无线移动接入，WLAN 接入	交通卡、饭卡、物流管理、身份识别、图书管理等
网 络 节 点	点对点	7	65535	32	6

智能家居通常采用蓝牙、Wi-Fi、ZigBee 三种通信方式。前两者在家庭领域中的应用价格较高（在整体系统部署、扩展能力和长期维护方面，蓝牙的综合成本往往更高），设备的扩展性能较差，一个网端最多对应 10 个端口。而 ZigBee 无线网络可以无限地接入新的端口，嵌入各种家居设备。很多企业都选择使用 ZigBee 无线网络进行开发。在各种无线物联网技术中，ZigBee 无线网络具有功耗低、安全性高、组网规模大、成本低、近距离等特点。此外，ZigBee 无线网络还具有复杂度低、自组网、数据速率低等特点，这些特点使得 ZigBee 无线网络适用于自动控制及远程控制领域，能够嵌入各种设备。

ZigBee 无线网络的传输距离为几十米，传输速率为 20～250kb/s，网络架构具备 Master/Slave 属性，并可实现双向通信功能。ZigBee 标准已经定义了针对照明设备和电器的协议，供开发者生产相应的产品和解决方案。ZigBee 工作在 IEEE 802.15.4 的物理层，其频段是免费开放的，包括全球使用的 2.4GHz、在美洲使用的 915MHz 和在欧洲使用的 868MHz，因此兼容的产品能在全球各地的无须授权的频带上运行。ZigBee 技术还具有灵活的自适应性和扩展性，一个 ZigBee 无线网络最多可以包括 65536 个网络设备节点。这些网络设备节点可以自动组建成一个网状（Mesh）网络，并且新添加的节点也会自动加入网络。ZigBee 无线网络传输安全可靠，具备特有的安全层，采用 128 位的高级加密技术，具有非常高的安全性。ZigBee 无线网络同时采用了跳频和扩频技术，有着极强的抗干扰能力。

④ 软件设计。

a）OpenWRT 编译及配置

编译过程：使用 OpenWRT SDK，首先导出 OpenWRT 官方源代码，然后通过命令行工具进行编译。

软件包更新：使用命令获取软件包更新，并更新到 menuconfig 的显示列表中，以便在配置目标系统时选择所需的软件包。

b）Wi-Fi 转 UART 串口协议程序设计

ser2net 配置：在路由器上使用 ser2net 进行网络数据到串口数据的转换。需要修改 ser2net 配置文件，添加启动脚本，并设置开机自启动。

功能说明：通过 ser2net，实现了路由器与 CC2530 的 UART 串口通信，以便智能开关系统与传感器、继电器等设备进行数据交换。

c）控制及传感网络程序设计

温湿度传感器程序设计：包括 DHT11 通信时序图、初始化设备准备读取数据等，从而设计 DHT11 的通信流程和数据读取方法。

人体红外传感器程序设计：与温湿度传感器类似，包括通信时序图和数据读取流程。

继电器程序设计：通过设计继电器的控制程序，实现对继电器的开关操作。

红外控制程序设计：通过利用 NEC（日本电气股份有限公司）红外遥控协议的结构和编码方法来实现红外控制。

d）ZigBee 无线网络探究

ZigBee（IEEE 802.15.4）信道与 Wi-Fi（IEEE 802.11b/g/n/ac）信道存在重叠，特别是在 1、6、11 信道上。虽然 Wi-Fi 和 ZigBee 都采用了 CSMA/CA（Carrier Sense Multiple Access with Collision Avoidance，载波侦听多路访问/碰撞避免）机制来减少数据传输中的冲突，但信道重叠仍可能导致同频干扰。

为了避免这种干扰问题，ZigBee 可以选择避开 Wi-Fi 频段重叠的信道。案例使用 15、20、25、26 信道来避免来自 Wi-Fi 无线网络的干扰。这样，ZigBee 设备可以在不受 Wi-Fi 干扰的信道上进行通信，确保网络的稳定性和可靠性。

e）ZigBee 通信程序设计

数据收发函数：通过使用 Z-Stack 或其他 ZigBee 协议栈的 API，实现 ZigBee 的数据收发函数。

通信协议定义：定义通信协议的帧格式和校验方法，并提供查询终端、控制终端、查询温湿度等功能的通信协议。

f）Android 应用程序设计

UI 界面设计：设计 Android 应用的用户界面（如图 4-1-9 所示），包括主窗口的控件初始化、按键单击事件监听等。

网络连接：初始化与 Wi-Fi 网关的连接，并实现合法 IP 地址的判断。

消息处理及发送：设计主线程消息处理中心函数和消息发送函数，用于处理用户操作和向设备发送控制指令。

校验码算法：使用 Java 实现校验码算法，用于数据传输的错误检测。

（4）案例总结与展望。本案例着重介绍了如何利用开源系统 OpenWRT 搭建智能家居控制系统的方案，以及如何通过 Wi-Fi 转 UART 串口协议程序实现网络数据与串口数据的转换。同时，通过控制及传感网络程序设计的讨论，阐明了智能家居中常用的传感器和控制器的工作原理及应用。通过以上方法，本案例实现了基于 Wi-Fi 控制的智能开关设计方案。

在 ZigBee 无线网络探究部分，本案例提出了基于信道选择的干扰避免策略，并深入介绍了 ZigBee 协议栈的组成和工作原理，为读者深入理解无线通信协议提供了重要参考。

图 4-1-9　Android 应用的用户界面

最后，在 Android 应用程序设计方面，本案例展示了智能开关控制终端的功能设计和用户界面设计，展示了如何利用 Android 平台实现远程控制智能家居设备的方案。

展望未来，随着物联网技术的不断发展，智能家居领域将迎来更多的创新和突破，并共同推动智能家居技术的进步，为人们创造更加便捷、智能的生活环境。

5．基于物联网的新型智能能量盗窃检测系统

（1）应用背景。随着物联网技术的迅速发展，智能家居系统已经成为现代生活中的一部分，它通过连接各种设备和传感器，实现了对家庭能源消耗、安全和舒适度的智能监控与控制。如今，每个配电网的末端都会放置一个智能电表，以记录功耗并远程生成能源报告，家庭配电网络如图 4-1-10 所示。然而，随着智能家居系统的普及，能量盗窃成为一个日益严重的问题。能量盗窃不仅导致能源浪费，还可能对电网安全造成威胁。在传统的电网系统中，能量盗窃可能导致电压不稳定、线损增加等问题，进而影响正常用户的用电质量和供电可靠性。因此，及早发现和防止能量盗窃对于维护电网安全和提高能源利用效率至关重要。

针对能量盗窃问题，传统的检测手段往往依赖人工巡检和统计分析，效率低下且容易出现漏检现象。因此，研发一种智能的能量盗窃检测系统势在必行。这种系统需要具备实时检测、自动识别和预防能量盗窃的功能，以应对日益复杂的盗窃手段和场景。

（2）理论知识及关键技术。智能家居的产生是通过物联网技术和智能电表的集成与应用实现的。为了对高级计量基础设施（AMI）进行监测和控制，能源管理系统（EMS）是系统基础设施必不可少的集成系统。需求侧管理系统（DSMS）作为 EMS 的一个功能模块被纳入，其功能主要集中于管理需求响应和负载。它收集需求信息，以规定最佳的电力使用，如实施

负荷转移，以便在高峰和非高峰时段使用电力市场。它允许用户通过移动设备在家庭区域内指挥智能家电。

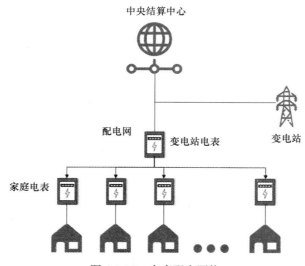

图 4-1-10　家庭配电网络

能量盗窃已成为智能电网社区中的一个严重问题。能量盗窃方法主要包括入侵智能家电，最常见的是直接窃取其他家庭的电力供应，其他涉及的方法包括篡改智能电表的软件、机制，以及通过云存储操纵数据。因此，攻击者可以在社区中所有客户的总账单保持不变的情况下，通过篡改和黑客攻击来操纵其他家庭，增大他们的用电量，从而减小自己的用电量。

本案例的核心原理涉及数据预处理、能量消耗预测、决策模型、实时检测和反馈。以下是每个部分方法的具体原理。

① 数据预处理。

在数据预处理阶段，原始能耗数据首先被收集并进行处理，以准备用于后续的建模和分析，这包括数据格式化、去除噪声、填充缺失值等操作。数据可能以时间序列的形式存在，因此需要对其进行适当的处理以满足机器学习模型的要求。

数据预处理的目标是清洗和准备数据，使其适用于机器学习模型的训练和预测。例如，可能需要对时间序列数据进行平滑处理或采用滑动窗口技术来生成可用于训练的数据样本。

② 能量消耗预测。

能量消耗预测是指通过机器学习模型来预测未来一段时间内的能量消耗情况。案例使用了多种机器学习模型进行预测，包括多层感知器（MLP）、循环神经网络（RNN）、长短期记忆网络（LSTM）和门控循环单元（GRU）。

这些模型利用历史能量消耗数据作为输入，通过学习数据之间的模式和趋势来预测未来的能量消耗。模型的训练过程通常包括参数优化和模型评估，以确保模型具有良好的泛化能力和预测性能。

③ 决策模型。

案例使用了多个决策模型来识别潜在的能量盗窃行为，其中包括简单移动平均（SMA）

算法、最大移动平均差异算法等。这些决策模型基于历史数据和预测结果来评估能量消耗的异常情况，例如，SMA 算法可以计算一定时间段内的平均能量消耗值，并将当前能量消耗值与该平均能量消耗值进行比较，以识别异常情况。

④ 实时检测和反馈。

案例通过实时检测和反馈机制来及时发现并应对能量盗窃行为。一旦检测到异常能耗模式，系统就会触发警报并采取适当的措施，如通知用户或者自动切断能源供应。

通过综合利用数据预处理、能量消耗预测、决策模型、实时检测和反馈，系统能够及时准确地识别潜在的能量盗窃行为，从而提高智能家居系统的安全性和可靠性。

（3）方案设计。图 4-1-11 所示为能量盗窃检测系统整体架构。系统设计用于检测能量盗窃并提醒消费者，其用监控设备收集信息并分析数据以检测能量盗窃。

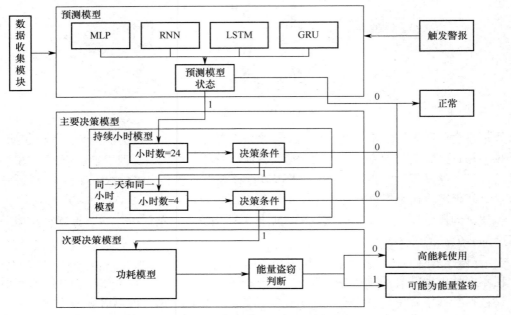

图 4-1-11 能量盗窃检测系统整体架构

整体架构包括以下模块和模型：

① 数据收集模块；

② 预测模型；

③ 主要决策模型、连续小时模型、同一天和同一小时模型；

④ 次要决策模型、功耗模型。

系统的第一阶段是预测模型。预测模型使用多模式预测系统，该系统包含不同的机器学习模型：MLP、RNN、LSTM 和 GRU，它预测并比较实际数据以检测异常。系统的第二阶段是主要决策模型，此阶段使用称为 SMA 的统计模型来过滤第一阶段的异常情况。系统的第三阶段是次要决策模型，此阶段对第二阶段进一步过滤，并确定是否发生了能量盗窃。在做出最终决定后，将对下一个传入数据重复整个过程。本案例系统建议直接在智能电表上使用独立的硬件系统实现，以此检测任何能量盗窃干扰行为，如篡改硬件、操纵数据。无论是否篡改硬件或操纵数据，与仅监控来自云或运营商数据库的数据相比，它都更加准确，因为许多其他因素可能会影响分析。

数据收集模块收集 DSMS 所需的数据，其实现如图 4-1-12 所示。数据收集模块的主要工作是整理来自家中各种实时监控智能设备的信息，为实时监控做好准备。该系统可以安装在智能家居上，通过非侵入式能量检测方法收集数据，并且可以从任何形式的恶意攻击中检测能量盗窃。

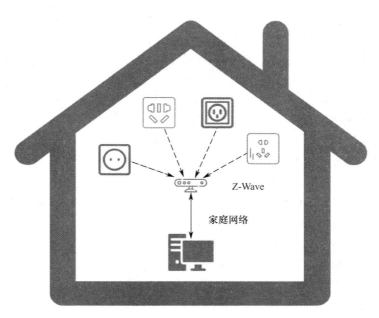

图 4-1-12　数据收集模块

（4）案例总结与展望。本案例基于多模型预测系统和统计模型构建。通过多种算法综合分析，开发了基于 MLP、RNN、LSTM 和 GRU 等机器学习模型集成的多模型预测系统，实现了对能量盗窃的检测，从而提高了智能家居的安全性，为用户提供可靠的能源管理保障。

未来可以进一步优化系统的算法，提高能量盗窃检测的准确性和效率，应对更复杂的实际情况，还可以尝试应用于商业和工业领域，保护更广泛的能量系统安全。此外，随着物联网技术的发展和数据积累的增加，案例系统需要不断改进和更新，以适应不断变化的能量盗窃形式。

总体来说，本案例作为一种智能能量盗窃检测系统，在提高能源安全性、保护用户利益方面具有重要意义，并具有广阔的应用前景和发展空间。

6．基于物联网的智能摇篮婴儿监护系统设计

（1）应用背景。自动化如今已在各个行业中得到普遍应用，智能手机在促进自动化方面起着重要作用。在大都市中，由于生活成本高昂，双职工家庭的数量日益增大，这使得父母在工作和照顾婴儿之间面临着艰难的抉择。

婴儿作为家庭中的特殊成员，其生命安全和健康状况是家长们最为关心的问题。然而，由于婴儿无自理能力，容易受到外界环境的影响，因此需要一个全天候、全方位的监护系统

来保障其安全。基于物联网的智能摇篮婴儿监护系统可以通过各种传感器和智能设备，实时监测婴儿的生命体征、睡眠状态、环境温湿度等关键信息，并通过智能算法进行分析和判断，及时发现异常情况并采取相应的应对措施，从而确保婴儿的安全和健康。

同时，基于物联网的智能摇篮婴儿监护系统可以通过手机 App 等智能设备，实现远程监控和控制功能。

由此，案例提出了一种基于 IoT 的智能摇篮婴儿监护系统，相对于传统需要人力的简易摇篮，该智能摇篮婴儿监护系统可使用手机 App 进行操作，父母可以借助该系统全天候监控他们的婴儿。该系统将使用多个传感器和电机检测摇篮内的温度和湿度。当感应到婴儿哭泣时，它将自动摇动摇篮，并在婴儿长时间哭泣时向父母的手机 App 发送警报。

（2）理论知识及关键技术。物联网技术是实现智能摇篮婴儿监护系统的核心技术。它涵盖了传感器技术、无线通信技术、嵌入式系统技术、人机交互技术等，通过将这些技术集成在一起，可实现对婴儿睡眠环境、生理状态及安全状况的全面监控。

传感器技术是智能摇篮婴儿监护系统的重要组成部分。通过选择合适的传感器类型和布局方式，可以实时监测摇篮内的环境参数（如温度、湿度、空气质量等）和婴儿生理状态（如体温、呼吸、心率等）。无线通信技术是实现智能摇篮婴儿监护系统远程监控和控制的关键，常用的无线通信技术包括 Wi-Fi、蓝牙、ZigBee 等，使用这些技术可以实现传感器数据的实时传输和远程访问。嵌入式系统技术是智能摇篮婴儿监护系统的重要支撑技术。通过嵌入式系统，可以实现传感器数据的采集、处理和控制指令的执行等功能。此外，人机交互技术是实现智能摇篮婴儿监护系统用户友好的关键，通过移动应用、触摸屏、语音交互等方式，用户可以方便地查看婴儿睡眠环境、生理状态等数据，并实现远程控制摇篮的摇动、播放音乐等功能。

综上所述，基于物联网的智能摇篮婴儿监护系统设计涉及多个领域的理论知识及关键技术。在实际应用中，需要根据具体需求和实际情况进行选择与配置，以确保系统的性能和可靠性。

（3）方案设计。

① 系统架构。

智能摇篮婴儿监护系统具有多项功能，旨在实现对婴儿的远程监控和智能护理。其配备了声音传感器，能够实时监测婴儿的哭声。当系统监测到哭声时，会触发相应的响应动作，如启动摇篮摆动或启动音乐玩具。同时系统使用温湿度传感器来监测婴儿周围环境的温度和湿度。如果环境温度过高或过低，系统会自动调节摇篮附近的温度，保持一个舒适的环境。此外，系统通过 Wi-Fi 连接到服务器，允许用户通过智能手机或计算机远程监控和控制摇篮及其附件设备。用户可以远程启动或停止摇篮的摆动，控制摇篮附近的迷你风扇等。当系统监测到异常情况，例如，婴儿的哭声或环境温湿度超出预设范围时，系统会发送警报或通知给用户，以便及时采取必要的行动。最后，系统配备了无线摄像头，用户可以通过手机 App 或计算机浏览器实时观看婴儿的视频画面，实现远程视频监控。系统还支持用户通过无线摄像头内置的麦克风与婴儿进行语音互动，如通过手机应用程序与婴儿说话或播放音乐。

通过这些功能，智能摇篮婴儿监护系统为父母提供了一种方便、实用的方式来监测和照顾婴儿，使他们能够更好地应对日常生活中的各种情况，从而保障婴儿的安全和舒适。系统设计框架如图 4-1-13 所示。

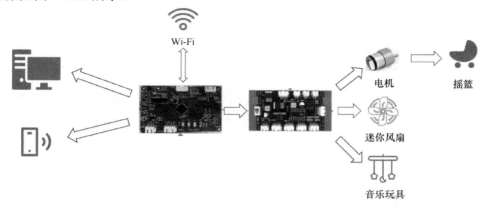

图 4-1-13　系统设计框架

智能摇篮婴儿监护系统的硬件组件包括以下关键部分。

a）NodeMCU 微控制器板：NodeMCU 是一款基于 ESP8266 芯片的开源硬件平台，具有内置的 Wi-Fi 模块，可实现与网络的无线通信。在该系统中，NodeMCU 被用作主控制单元，负责接收传感器数据、控制执行器的操作，并通过 Wi-Fi 将数据上传到服务器。

b）温湿度传感器（DHT22）：DHT22 传感器用于监测环境中的温度和湿度。它能够提供准确的温湿度读数，帮助父母了解婴儿所处环境的舒适度，并根据需要采取相应措施。

c）声音传感器：声音传感器用于检测婴儿的哭声或其他声音信号。当传感器检测到声音超过预设的阈值时，系统将触发相应的响应动作，如启动摇篮摆动或启动音乐玩具。

d）直流电机：直流电机用于控制婴儿摇篮的摆动运动。通过调节电机的转速和方向，系统可以实现摇篮的自动摆动功能，以安抚婴儿并帮助其入睡。

e）迷你风扇：迷你风扇用于调节婴儿周围环境的温度。当系统检测到环境温度升高时，迷你风扇将自动启动，以确保婴儿在舒适的环境中休息。

f）无线摄像头：无线摄像头用于实现实时视觉监控功能。通过无线连接，父母可以随时远程监视婴儿的情况，确保其安全并及时响应任何潜在的问题。

以上这些硬件组件共同构成了智能摇篮婴儿监护系统的基本框架，为父母提供了一种方便、可靠的远程监护解决方案。

② 算法设计。

智能摇篮婴儿监护系统的软件组件涵盖了多个方面，主要包括以下部分。

a）Arduino IDE：Arduino 集成开发环境用于编写、编译和上传 NodeMCU 微控制器板的控制程序。通过 Arduino IDE，可以轻松地编写传感器和执行器的控制逻辑，并将其加载到 NodeMCU 上，进行实际运行。

b）Proteus 仿真软件：Proteus 是一款用于电子电路仿真和 PCB 设计的软件。在系统设计的早期阶段，Proteus 被用于模拟和测试电路设计的正确性和可靠性。尽管在一些情况下未能完全利用 Proteus，但它仍然为系统设计提供了重要的仿真支持。

c）MQTT 协议：MQTT（Message Queuing Telemetry Transport）是一种轻量级的、发布

订阅型的消息传输协议，常用于物联网设备之间的通信。在该系统中，MQTT 协议用于在 NodeMCU 和服务器之间进行数据传输与通信，实现传感器数据的上传和执行器控制指令的下发。

d）Adafruit.io MQTT 服务器：Adafruit.io 是一个提供 MQTT 服务器服务的物联网云平台，用于存储和管理传感器数据，并支持远程设备的控制和监控。系统通过 MQTT 协议将传感器数据上传到 Adafruit.io 平台，同时可以从平台获取控制指令，实现远程监护和控制功能。手机 App 界面如图 4-1-14 所示。

以上这些软件组件共同构成了智能摇篮婴儿监护系统的核心部分，通过它们的协作，实现了对婴儿的远程监控和智能控制功能，为父母提供了更多的便利和安全保障。

（4）案例总结与展望。本案例介绍了一种基于物联网的智能摇篮婴儿监护系统，旨在提供远程监控和智能护理功能，以帮助父母更好地照顾婴儿。系统结合了硬件组件、软件组件和网络连接，实现了对婴儿哭声、环境温湿度等参数的实时监测，并可以远程控制摇篮和附件设备，提供报警通知功能和远程视频监控等功能。

图 4-1-14　手机 App 界面

在未来的发展中，系统可以增加更多的监控和控制功能、改进无线摄像头连接等方面，并需要继续完善系统的功能和性能，以满足用户不断增长的需求，并进一步提高系统的性能和可靠性，为婴儿的健康和安全提供更好的保障。

此外，基于物联网的智能摇篮婴儿监护系统还可以实现数据共享和互联互通的功能。通过与医疗机构、社区服务等相关部门的数据对接，可以实现婴儿健康信息的共享和交流，为婴儿的健康成长提供更好的支持和保障。同时，还可以促进家庭成员之间的沟通和协作，提高家庭管理的智能化水平。

4.2　智能安防

安防是物联网的一大应用市场，因为安全永远都是人们的基本需求。传统安防对人员的依赖性比较高，非常耗费人力，而智能安防通过物联网技术与机器学习、深度学习技术的结合，实现了利用设备进行智能判断。目前，智能安防最核心的部分是智能安防系统，该系统对拍摄的图像进行传输与存储，并对其进行分析与处理。一个完整的智能安防系统主要包括三大部分：门禁、报警和监控，行业中主要以监控为主。

4.2.1　智能安防系统的总体结构

智能安防系统主要由环境感知系统、多态通信系统、智能分析系统和云平台组成，其系统的总体结构如图 4-2-1 所示，对应物联网系统的感知层、网络层与应用层。

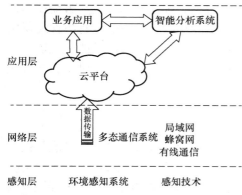

图 4-2-1　智能安防系统的总体结构

环境感知系统包括各种传感器,主要负责安防区域内环境信息和系统运行信息数据的采集。通过该系统可以实现对安防区域内环境的全面感知,包括人员和动物的非法入侵、安防区域内的温湿度变化及设备的运行状况。

多态通信系统主要用于实现信息的可靠传输,该系统融合了有线通信和无线通信等通信模式,建立了全覆盖的多态通信系统,确保了信息的可靠、快速传输。该系统还包括以 Wi-Fi、3G、4G 等移动通信技术为支撑的远程报警系统。

智能分析系统主要通过建立各种模型,如感知数据模型、智能分析数据模型、智能决策模型等,对安防区域内的环境感知数据和系统运行数据进行智能分析。当智能分析系统认为系统状况和环境数据异常时,会触发报警系统。

云平台主要用于处理安防区域内所收集的数据,对格式化数据和非格式化数据进行处理,开展规范化、规格化清洗,剔除垃圾数据。

4.2.2　物联网在智能安防系统中的应用

1．在视频监控中的应用

视频监控是智能安防系统中最重要的一环,传统的视频监控技术只具有拍摄功能,且难以做到全方位监控。智能安防系统中的视频监控系统通过物联网中的智能识别技术,在对关键区域进行监测时,会对目标人物或物体进行智能分析来确定该人或物是否违反规定,若违反规定,则触发报警系统,大大提高了视频监控系统的可靠性。

2．拓宽了智能安防系统的监测手段

传统安防系统的监测手段单一、功能有限,智能安防系统融入了物联网的传感技术,克服了传统安防系统的这一缺点,通过物联网中的各类传感器,如红外传感器、超声波传感器、温湿度传感器等,大大提高了安防区域的安全性。

3．提供了定位功能

对于安防系统而言,预防入侵很重要,而被入侵后能第一时间做出反应也很重要。物联网为智能安防系统提供了实时定位功能,确保在不安全行为(如火灾、非法入侵等事件)发生时可以立刻查询不安全行为发生的位置,最大程度地减小不安全行为所带来的损失。

4.2.3　智能安防系统的主要功能

1．智能视频监控

传统的视频监控只能单纯地进行视频的录制,没有处理能力,这使得在恶劣天气及复杂环境中,视频监控很难达到预期的目标,这对于安防系统来说是致命的缺陷。随着人工智能技术的发展,传统的视频监控渐渐被智能化的监控所代替。相较于传统视频监控,智能视频

监控利用智能分析技术开展视频流智能化处理，通过定义要素、制定规则和建立智能模型，实现对视频流的析出、分解和评估，对整个安防区域环境进行实时监控。一旦有事件违反了设定规则，系统就会建立智能模型进行判断，并及时发出告警。一般而言，智能视频监控系统主要监测的有运动物体、火苗、烟雾、温湿度等各种因素，在达到触发条件时，智能视频监控系统会自动报警。

2. 周界安防

传统的周界安防系统存在红外围栏误报率高、电子围栏无法提前对入侵进行预警且定位精度差、视频监控信息密度过低等问题。随着无线传感器网络、红外和超声波技术及深度学习技术的发展，周界安防系统的各方面性能都得到大大提升。首先，系统将电子围栏技术和深度卷积神经网络的目标检测与识别技术相结合，达到一定的智能化目的；然后，利用卷积神经网络强大的识别能力及计算机的计算能力，提高了系统的检测场景适用性，提高了整体检测精度，提高了检测速度且保证了实时性；最后，新技术的融入还提高了对入侵技术的检测和防御能力，降低了漏报率和误报率。图 4-2-2 所示为三层防御的周界安防的入侵检测系统的总体框图。

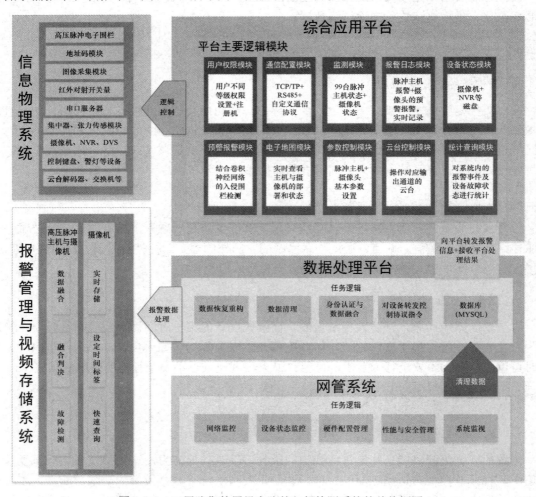

图 4-2-2　三层防御的周界安防的入侵检测系统的总体框图

3．联动报警

入侵报警系统（Intruder Alarm System，IAS）的主要功能是通过传感器技术、通信技术、计算技术等评估进入安防区域内的行为的性质，对违反规定的行为进行识别与告警。传统的报警系统的图像监控、声光报警等安防技术相对独立，防火、防盗检测手段较为单一，功能不足且缺乏智能决策报警机制。在智能安防系统中，除传统的传感器感知外，还加入了红外、超声波、数据分析等技术，确保不安全行为（如火灾、非法入侵等）能在第一时间被告警。智能安防系统的报警方式也不再如传统入侵报警系统一般只有单一的报警方式，而是呈现多样化的，主要包括手机应用报警、短信报警、警铃报警等方式。除检测技术与报警方式外，智能安防系统还加入了定位功能，确保行为发生时能准确定位发生的位置。

4．门禁系统

门禁系统，顾名思义就是对出入口通道进行管制的系统。门禁系统由传统门锁发展而来，传统门锁无论多么坚固，都有打开的方法。为此，人们设计了密码锁与电子磁卡锁，这就是早期的门禁系统，但这两种锁依旧存在很大的缺陷。而后随着科技的发展，门禁系统得到了飞跃式的发展，进入了成熟期，最主流的门禁系统包括感应卡式门禁系统、指纹门禁系统、虹膜门禁系统、面部识别门禁系统等。在智能安防系统中，该系统主要实现实时监控、防盗报警、远程控制及状态记录等功能。

4.2.4　智能安防应用实例

1．看守所解决方案

看守所是对罪犯和重大犯罪嫌疑分子进行临时羁押的场所，是羁押依法被逮捕、刑事拘留的犯罪嫌疑人的机关。经过多年的不懈努力，看守所的信息化建设取得了一定的成果，但依旧存在纵横向割裂、难以沟通、难以融合、难以共享和缺乏对一线业务及管理决策层业务的支持等问题。随着智能安防系统的提出与其技术的日益成熟，看守所的安防系统所存在的问题也渐渐得到了解决，图 4-2-3 所示为看守所的安防系统模型。

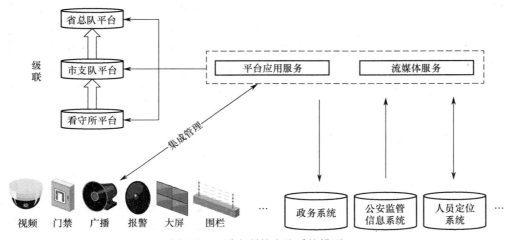

图 4-2-3　看守所的安防系统模型

该系统通过业务平台管理并控制各种安防设备及附属设备，对各种类型的信息做到统一格式管理、统一格式存储，整个系统由视频监控子系统、报警控制子系统、门禁及巡更子系统、大门管理控制子系统、在押人员控制子系统、智能分析子系统及三维电子地图子系统组成，各子系统间可无缝互联，且各子系统提供的预留接口可进行标准化、规范化的扩展。模块与功能界面独立展现，信息与资源设备集中管控，确保系统解决方案充分发挥现有安防设备的价值，除此之外，还具有较强的兼容能力与扩展性。

2．儿童智能安防系统

我国对儿童安全问题的重视程度较低，整体意识处于较差水平，当家中只有儿童时，很容易发生意外。为了防止这种情况的发生，人们在智能安防系统中加入了专门防止儿童在家庭受到意外伤害的功能，设计了儿童智能安防系统。系统的主要硬件结构如图 4-2-4 所示，整个系统由控制处理器、LCD 触摸屏、电源模块、摄像头模块、舵机模块、蜂鸣器模块、烟雾传感器模块、温湿度传感器模块、SIM868 模块、Wi-Fi 模块组成，通过两块树莓派 3B+来控制。

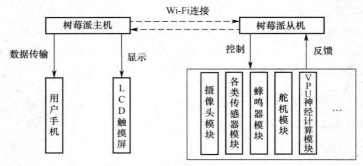

图 4-2-4　儿童智能安防系统的主要硬件结构

系统的总体设计如图 4-2-5 所示，用户首先通过 LCD 触摸屏对报警阈值及功能开关进行设置。系统开启后，通过控制三轴舵机，保证在舵机上的具备自动聚焦功能的摄像头能跟随儿童，且同时开启各类传感器，如烟雾传感器、温湿度传感器等。在树莓派中提前输入了具有危险性的动作与物品模型，因此，树莓派能通过将摄像头获取的图像与模型进行对比，预测儿童是否靠近了危险物品或做出了危险动作。当树莓派预测儿童做出了危险动作、靠近了危险物品或传感器测量数据超过阈值时，就会触发蜂鸣器报警并通过 Wi-Fi 将报警信息通知给儿童的监护人。当儿童走到室外时，系统会通过安放在儿童身上的小型 GPS 定位装置锁定儿童位置，并判断儿童是否超出设定范围，一旦儿童超出设定范围，系统就会通过 GSM 通知监护人。通过以上的各种功能，监护人能确保儿童单独在家中时一直处于监护状态，能最大限度地避免儿童出现危险，更好地保护儿童，防止悲剧发生。

3．海上风电场船舶电子围栏系统

随着社会的不断发展，人们对资源的消耗日益增加，传统的煤炭、天然气、石油等资源逐渐短缺，且带来了很大的环境污染问题。为了解决这些问题，人们将目光投向了新能源开发，如风力资源的开发。风力资源的开发与利用主要有陆地风能和海上风能两种形式：陆地风电场受地理环境的影响较大，且占用土地资源多，但开发技术与成本较低；海上风电场不占用土地资源，且不受地形的影响，风速更高，但开发技术与成本高。虽然海上风电场开发技术的成本高，但它所能带来的风力资源很可观，且由于我国土地资源严重受限，因此，我国非常重视对海上风电场的开发。

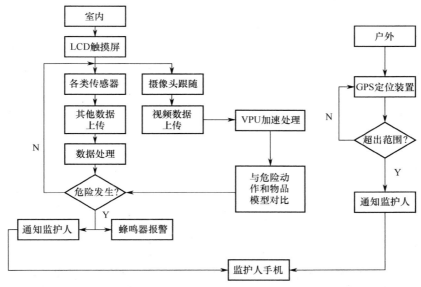

图 4-2-5　儿童智能安防系统的总体设计

海上风电场通过在海底建造电缆的方式将风力资源所形成的电力与各种通信信息传输到陆地，因此，海底电缆对于海上风电场的正常运作起着至关重要的作用。海底环境恶劣且具有不确定性，因此不仅要求海底电缆具有防水、耐腐蚀、抗外力等特殊性能，还要求有电气绝缘性与很高的安全可靠性，且在铺设电缆时具有很高的难度，可以看出，每条海底电缆都需要耗费巨大的精力与成本。在海上，除自然损坏外，路过的船舶也很容易对海底电缆造成伤害，为解决这一问题，人们提出了海上风电场船舶电子围栏系统。

海上风电场船舶电子围栏系统主要由数据采集转发模块、服务器端模块和客户端模块三部分组成。数据采集转发模块主要负责数据采集、各类指令的执行；服务器端模块主要负责对数据采集转发模块采集的数据进行分析；客户端模块实现人机交互的功能，用户可以通过该模块设定电子围栏区域并查询监控区域内的实时数据。整个系统的工作流程如图 4-2-6 所示。

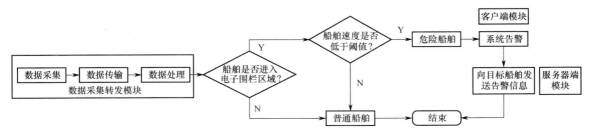

图 4-2-6　海上风电场船舶电子围栏系统的工作流程

数据采集转发模块通过物联网感知技术对过往船舶的各类数据进行收集，然后上传到服务器，服务器通过预先设置的模型与算法判断船舶是否进入电子围栏区域，若没有进入，则标记为普通船舶；若进入了，则继续判断船舶速度是否低于阈值，若高于阈值，则标记为普通船舶，若低于阈值，则标记为危险船舶，客户端模块自动向服务器告警，服务器端模块再向数据采集转发模块发出告警指令，数据采集转发模块收到该指令后向目标船舶发送告警信息。

由于海上环境较为复杂，因此，判断船舶是否进入电子围栏区域的方法较为复杂，一般采用如下算法：通过可视化电子海图将电子围栏区域映射为一个多边形，当有船舶进入信息采集区域（警戒区）时，对其所在点进行标记，假设标记为（X_i，Y_i）。当点（X_i，Y_i）在多边形的边或顶点上时，判定船舶在警戒区内；若不在，则从点（X_i，Y_i）开始向右作 1 条射线，记这条射线与多边形的交点个数为 C，取 C 对 2 的余数进行判断，若余数为 0，则判定船舶在警戒区外，若余数为 1，则判定在警戒区内。如图 4-2-7 所示，有（X_1,Y_1）、（X_2,Y_2）、（X_3,Y_3）、（X_4,Y_4）这 4 个点，（X_1,Y_1）在多边形的边上，在警戒区内；从点（X_2,Y_2）向右作 1 条射线，与多边形有 2 个交点，在警戒区外；从点（X_3,Y_3）向右作 1 条射线，与多边形有 3 个交点，在警戒区内；从点（X_4,Y_4）向右作 1 条射线，与多边形有 4 个交点，在警戒区外。

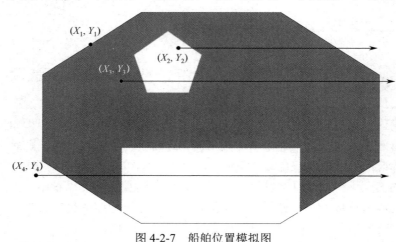

图 4-2-7 　船舶位置模拟图

4．基于区块链的物联网门禁系统

（1）应用背景。随着智能设备和高速网络的快速发展，物联网正在悄无声息地融入我们的日常生活，可以预见未来物联网设备的数量将持续增长。远程控制这些大量的物联网设备是必要的：为了执行所需功能并实现信息共享。然而，安全和隐私问题给用户带来了经济损失，这些问题也成为物联网发展的一大阻碍。由此，访问控制被认为是确保物联网安全和隐私的最重要技术之一。

已经有多种物联网访问控制方案被提出，但几乎所有方案都基于单一服务器架构，这种集中式方案存在单点故障等限制。此外，恶意或被感染的服务器可能会轻松修改访问策略，从而允许非法访问请求。因此，为物联网系统设计一种安全的分散式访问控制方案是必要的。

区块链具有去中心化、可验证性和不变性等属性，可以解决上述问题。越来越多基于区块链的物联网门禁系统被提出，这些系统以不同方式将区块链与物联网集成，以实现高效且可扩展的分布式物联网访问控制。具体而言，它们通过智能合约做出分布式访问决策，或者在区块链上记录访问策略（权限凭证），以证明用户已经通过查询区块链被授予了访问权限。

（2）理论知识及关键技术。

① 超级账本结构。

在本系统中，采用了超级账本（Hyperledger Fabric，HLF）构建系统，并聚焦 HLF 的关键组成部分。

a）节点（Peer）：区块链节点通过链码（Chaincode）维护账本，并进行账本的读/写操作。

b）账本（Ledger）：账本是 HLF 中所有状态转换的有序、不可篡改的记录。如图 4-2-8 所示，账本主要由两部分组成——区块链文件系统和状态数据库。区块链文件系统是一个事务日志，由区块组成。每个交易都是参与方提交的链码调用的结果，并导致一组资产键值对被提交到账本。状态数据库保存了一组区块链文件系统状态的当前值，如键值对。

c）链码（Chaincode）：链码是定义资产及其交易逻辑的软件，可提供执行资产修改的交易指令。链码强制执行对键值对或其他状态数据库信息的读取或更改规则。

d）成员服务（Membership Services Provider，MSP）：MSP 在许可的区块链网络上对身份进行认证、授权和管理。此外，MSP 在组织之间创建通道。

e）通道（Channel）：通道是两个或多个特定网络区块链节点之间进行私密和机密交易的私有"子网"。每个节点都必须通过身份验证和授权才能加入通道。

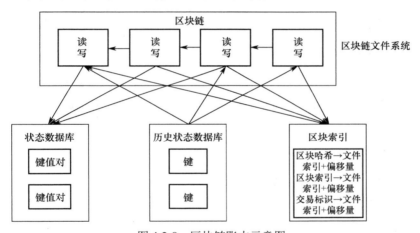

图 4-2-8　区块链账本示意图

② 基于身份的签名。

基于身份的签名（IBS）允许用户将其身份（ID）用作其公钥。在本系统中，物联网领域使用 IBS 来过滤访问请求，以防止分布式拒绝服务攻击（DDoS）。

系统将角色（用户、物联网设备、边缘设备）信息和物联网领域信息组合成实体的 ID。因此，过滤器可以区分访问请求是由其自己的域还是通过验证 IBS 的受信任域用户发起的。具体来说，使用设备的 ID 和其域信息作为物联网设备的 ID；同样地，使用 MAC 地址和其域信息作为边缘设备的 ID；用户的 ID 则由用户的名称和域信息组成。

由此，本系统能够有效地实现简化密钥管理、减少通信开销、提高隐私保护能力、防止身份伪装等功能。

③ 基于属性的访问控制。

基于属性的访问控制（Attribute-Based Access Control，ABAC）模型包含 DAC（Discretionary Access Control，自主访问控制）、MAC（Mandatory Access Control，强制访问控制）和 RBAC

（Role-Based Access Control，基于角色的访问控制），并在动态环境中更加灵活，可扩展和较安全。此外，ABAC 特别适用于个体频繁轮换的组织，因此，ABAC 模型满足了物联网系统的轻量级、大规模、动态和实时特性。

基于属性的访问控制的定义如下。

S、R 和 E 分别代表三个实体：主体、被访问资源和环境。SA_k（$1 \leqslant k \leqslant K$）、$RA_m$（$1 \leqslant m \leqslant M$）、$EA_n$（$1 \leqslant n \leqslant N$）分别表示主体、被访问资源和环境的属性。

$ATTR(S)$、$ATTR(R)$、$ATTR(E)$ 分别表示主体、被访问资源和环境的属性分配关系，如

$$ATTR(S) \in SA_1 \times SA_2 \times \cdots \times SA_K \tag{4-2-1}$$

$$ATTR(R) \in RA_1 \times RA_2 \times \cdots \times RA_M \tag{4-2-2}$$

$$ATTR(E) \in EA_1 \times EA_2 \times \cdots \times EA_N \tag{4-2-3}$$

一般来说，一个策略规则被用来确定主体 S 是否能够在环境 E 中访问资源 R。该策略可以表示为一个函数，其返回一个布尔值，其输入参数为 S、R 和 E 的属性。

规则：　　　　$Can_{access}(S, R, E) \leftarrow f(ATTR(S), ATTR(R), ATTR(E))$　　　(4-2-4)

如果函数 f 的返回值为 true，则允许主体访问资源 R；否则，拒绝访问请求。

④ 策略执行框架。

策略执行框架描述了实体之间的关系以及访问控制的过程。如图 4-2-9 所示，该框架由策略执行点（PEP）、策略决策点（PDP）、策略管理点（PAP）、策略信息点（PIP）组成。

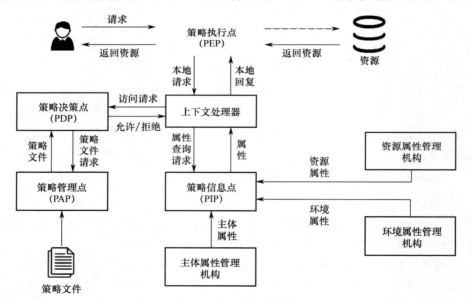

图 4-2-9　策略执行框架

其中，PEP 接收访问请求并将请求发送到上下文处理器，该上下文处理器将请求转换为标准请求并将标准请求发送到 PDP。PDP 从 PAP 中检索与请求相关的策略，然后为请求做出策略决策。在评估过程中，上下文处理器向 PIP 发送属性查询请求，PIP 将从相应的属性管理机构中搜索属性的值，然后将属性返回给上下文处理器。评估完成后，PDP 将策略决策返回给上下文处理器，后者对 PEP 做出相应的响应。PEP 执行决策结果，即是否允许访

问请求。

（3）方案设计。

① 实现平台。

基于区块链的物联网门禁系统的设计和实现通常涉及多个软件组件和技术的整合，主要包括以下部件。

a）系统软件平台

操作系统：通常选择 Linux 作为服务器端的操作系统，因为它稳定、开源且易于定制。

区块链平台：选择一个成熟的区块链平台，如以太坊（Ethereum）、Hyperledger Fabric 或 EOS 等，用于构建和管理区块链网络。

后端开发语言：使用如 Java、Python 或 Go 等后端开发语言来构建系统的后端逻辑。

前端开发工具：如 React、Vue.js 或 Angular 等，用于开发用户友好的前端界面。

b）硬件设备

硬件选择：选择具有网络通信功能的门禁设备，如 RFID 读卡器、指纹识别器、摄像头等。

设备固件：开发或定制设备固件，使其能够与区块链网络进行通信，并执行智能合约中的指令。

安全通信：确保门禁设备与区块链网络之间的通信是加密和安全的，以防止数据泄露和篡改。

② 系统架构。

图 4-2-10 所示为本系统的系统架构，系统设置完成后，用户向边缘设备（PEP）发送请求。边缘设备过滤非法请求，并将请求转发到选定的 PDP。每个 PDP 都会做出策略决策并提交最终访问决策，最后边缘设备将访问决策返回给用户。系统中的系统设置、请求控制、PDP 执行和 PEP 执行描述如下。

a）系统设置：HLF 为每个物联网域都建立一个本地区块链账本。物联网域的实体将它们的属性和策略文件摘要上传到本地区块链账本，然后将策略文件存储在数据库中。密钥生成中心（KGC）为物联网域实体的 ID 生成相应的私钥 skID。为了实现跨域访问控制，MSP 在物联网域之间建立通道，物联网设备加入通道以共享其本地区块链账本。

b）请求控制：用户向边缘设备发送请求。一个请求包括请求编号、用户 ID、所访问设备的 ID 以及由用户的私钥签名的基于身份的签名（IBS）。边缘设备通过用户 ID 来区分请求者是否属于其物联网域，并通过设备 ID 区分资源是否属于其物联网域或受信任域。接下来，边缘设备将验证签名，如果签名有效，边缘设备运行策略决策点选择算法。最后，边缘设备将访问请求转发给所选的 PDP。

c）PDP 执行：如果请求是跨域访问控制请求，则加入通道的选定 PDP 通过调用函数获取相应的属性和策略文件摘要，并根据摘要从数据库中检索策略文件，而不在通道中的 PDP 从通道 PDP 成员获取属性和策略。如果访问请求是域内访问控制请求，则每个选定的 PDP 通过调用函数获取相应的属性和策略文件摘要，并根据摘要从数据库中检索策略文件。然后每个 PDP 进行链下策略决策。最后，每个 PDP 将结果返回给边缘设备，结果包括 PDP 的 ID（物联网设备的 ID）、请求编号、策略决策（允许/拒绝）及由 PDP 的私钥签名的 IBS。

d）PEP 执行：PDP 使用实用拜占庭容错（PBFT）共识算法来确认最终的访问决策。

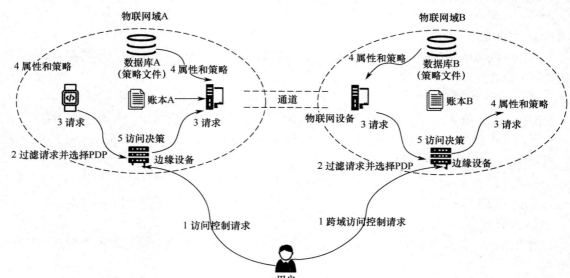

图 4-2-10　基于区块链的物联网门禁系统的系统架构

预准备：边缘设备（PEP）收集请求结果，然后验证它们的签名，并确定结果是否由选定的 PDP 通过其 ID 返回。最后，边缘设备将 PDP 的有效结果广播到网络中。

准备：一旦 PDP 收到来自边缘设备的结果，它就通过调用访问决策算法做出最终的访问决策，然后 PDP 将其最终的访问决策广播到网络中。

提交：如果一个 PDP 收到其他 PDP 的 $2f$ 个最终访问决策（假设 PDP 的数量 $n \geqslant 3f+1$），并且这些最终访问决策与其自己的最终访问决策相同，那么该 PDP 将向网络广播一个提交消息。

回复：一旦 PEP 收到 $2f+1$ 个提交消息，PEP 将向请求者和被请求设备返回最终的访问决策。

（4）案例总结与展望。本案例提出了一个基于区块链的物联网门禁系统，采用了 ABAC 模型和 HLF 技术来为每个物联网领域建立一个轻量级的本地区块链账本。此外，系统还建立了通道来实现跨域访问控制，以应对 DDoS。为了进一步提高安全性，每个边缘设备都使用请求者的 ID 来过滤非法请求。同时，本案例开发了一种策略决策点选择算法，可以实现链下和实时的策略决策。所有这些措施都有助于确保物联网门禁系统的安全。

5. 基于无人机的物联网人脸识别平台设计

（1）应用背景。无人驾驶飞行器在不断增长的业余爱好者和服务提供商社区中越来越受欢迎，其能够提供多样化的民用、商业和政府服务，包括环境监测、抗洪救灾和人员管理等多方面。目前的 LTE 4G/5G 网络和移动边缘计算等新兴技术将拓宽无人机的用例场景，其中配备物联网设备的无人机在从高空提供物联网服务方面具有巨大的潜力，如图 4-2-11 所示。

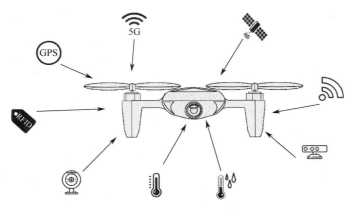

图 4-2-11　配备各种物联网设备的无人机

本案例将介绍基于无人机的集成物联网平台的高级视图，该平台用于从高空交付物联网服务，以及整个系统编排器。作为该平台的设想用例，本案例演示了无人机如何用于基于人脸识别的人群监控。为了评估用例，本案例研究了将视频数据处理卸载到边缘计算（MEC）节点与机载无人机的本地处理节点之间的性能差异。为此，开发了一个测试平台，该平台由一个本地处理节点和一个 MEC 节点组成。为了执行人脸识别，使用了开源计算机视觉中的局部二进制模式直方图方法。结果表明，基于 MEC 节点的卸载方法在节省无人机稀缺能源、缩短识别处理时间、及时发现可疑人员方面具有有效性。

（2）理论知识及关键技术。与有人驾驶飞机相比，无人机表现出突出的特性，如动态、易于部署、易于在飞行中重新编程、能够在任何地方测量任何东西，并且能够在具有高度自主性的受控空域中飞行。如前所述，无人机可用于提供从民用到商业和政府的各种服务。使用合适的物联网设备、摄像头和通信设备，可以为无人机定义无数用例。例如，使用高分辨率摄像头和合适的通信系统（如 LTE），无人机可用于人群监控，这是本案例的核心主题。出于安全原因，显然可以考虑使用此案例来监控人群中的任何可疑活动。当配备合适的物联网设备时，无人机可用于从高处收集物联网数据。根据物联网数据计算所需的能量和物联网任务的紧迫性，收集到的物联网数据可以在本地处理，也可以使用合适的无线接入技术（RAT）将数据传输到适当的服务器。数据可以用任何传感器（如温湿度传感器）或任何图像设备（如数码相机）收集，后者可用于监视、检查、测绘或建模。大多数现有的无人机都能够将数据实时传输到地面控制站（GCS），有些具有本地数据存储和处理功能，使它们能够在机上执行计算任务。大多数无人机上的物联网设备（如传感器、摄像头、执行器和 RFID）都是可远程控制的。

此外，无人机可以采用飞行自组网（FANET）原理将数据传输到服务器或 GCS 上。FANET解决了与基于基础设施的架构方法相关的几个设计限制，解决了无人机与 GCS 之间的通信距离限制，为通信提供了一定程度的可靠性。无人机通信中的一个重要问题与无人机上采用的通信技术类型有关。由于无人机具有动态和移动特性，因此需要保证它们之间的可靠通信（良好的覆盖范围、稳定的连接和足够的吞吐量）。先进的通信系统（LTE 4G 和 5G 移动网络）将成为支持无人机长距离、高空和高机动性的通信标准，无人机将使用这些通信技术以机器对机器（M2M）的方式与地面上的各种物联网设备传输或交换数据，并与 GCS 进行通信。实际上，当前的 LTE 4G 系统能够支持数十万个连接，从而提高网络的可扩展性，适用于低成本、长距离和低功耗的机器类型通信（MTC）以及物联网设备。此外，5G 网络将提供高数据传输速度（超过 10Gb/s）和极低的延时（1ms），这些网络将提供无处不在的覆盖，包括高海拔地区。它们将支持 3D 连接，赋予了无人机超高可靠性、超高可用性和超低延迟特性。这些移动网络最重要的功能之一是支持极端实时通信，例如实时移动视频监控和流媒体。此外，它们应提供宽带接入，以便在人口稠密地区实现高清视频和照片共享。这些移动网络还有望通过支持远程规划和改变飞行路线（在需要时）来支持无人机，从而避免它们之间的物理碰撞。

与 MEC 一起，这些先进的通信系统可以解除无人机的计算和存储资源限制，使它们能够将密集型计算卸载到边缘云。事实上，MEC 的目标是在移动网络环境中将通用存储和计算放在靠近网络边缘的位置，MEC 还旨在使数十亿移动设备直接在网络边缘运行实时和计算密集型应用程序。MEC 可以应用于不同的用例，如视频分析、定位服务、物联网、增强现实、优化的本地内容分发和数据缓存。MEC 的突出特点是其服务移动性支持、与最终用户的紧密联系以及 MEC 服务器的密集地理部署，这些能力将有助于无人机的广泛部署，例如美国国家航空航天局（NASA）设想的无人机交通管理系统（UTM）。随着无人机的广泛部署，新的商业模式将会出现，无人机可以用作地面互联网的骨干网或补充 5G 的覆盖范围。在这一方面，值得一提的是谷歌的项目 SkyBender，该项目使用无人机在墨西哥沙漠中以比 4G 系统快 4 倍的速度提供互联网。然而，由于该项目采用高频毫米波技术，与传统的无线通信技术相比，其通信范围更小，因此存在交付范围限制。

（3）方案设计。

① 系统架构。

虽然无人机常用于完成简单的单一任务（如包裹递送、录制视频等），但实际上它们可以同时用于提供众多增值服务，特别是当它们配备可远程控制的物联网设备时。通过这种方式，无人机将形成一个创新的基于无人机的物联网平台并在天空中运行，这将减少创建新生态系统的资本和运营费用。利用该平台，物联网数据可以通过安装在无人机上的远程可控物联网设备收集，只要在正确的时间、预定位置和/或每个特定事件触发就可打开和关闭。根据所需的能量，收集到的数据可以在本地机载无人机上处理，也可以卸载到地面的云服务器。为了构建一个高效的基于无人机的物联网平台，需要一个平台编排器（集中式或分布式），它能够了解有关无人机的各种上下文信息，如它们的飞行路线、它们的物联网设备和它们的电池状态。例如，在警察部门从特定位置请求视频记录的场景中，相应的无人机必须偏离其原始路径才能执行任务，为此，必须了解无人机的当前状态，如其当前的地理位置和剩余能量。图 4-2-12 显示了设想的基于无人机的物联网平台架构。该图展示了一个广泛的无人机网络，每个无人机都被分配一个特定的任务：一些正在飞行，一些准备在需要时飞行。

无人机的数据传输由适合目标无人机应用的任何无线技术执行，如 Wi-Fi 和蜂窝网络（4G、5G）。无线技术的选择可能取决于多种因素，例如所需的安全性、可靠性和系统响应能力。除了无人机对地通信，无人机还可以以飞行自组网（FANET）的方式形成集群，利用其短程无线通信技术（如蓝牙和 Wi-Fi）从共享其机载物联网设备、计算资源和数据传输链路中受益。在集群中，可以选择合适的无人机作为集群负责人，代表其他无人机将收集到的物联网数据传输到地面站。在无人机没有足够的单个功率或计算资源来完成任务或可能需要相互补充的物联网设备来执行物联网任务的情况下，这种聚类方法可能是有益的。图 4-2-12 描绘了系统编排器（SO），它协调无人机及其物联网设备的操作并处理用户对物联网服务的请求。为了满足对物联网服务的需求，SO 首先根据许多指标选择最合适的无人机，例如无人机的当前路线、机载物联网设备、剩余能量水平以及当前任务的优先级。SO 还协调无人机的飞行路径，确保无碰撞行驶。对于无人机和地面站之间的安全通信，SO 指示无人机采用哪种接入技术以及何时使用，并指定数据应传输到何处（如边缘云与中央云）。假设 SO 具有所有必要的智能，能够自主地自我学习、自我修复、自我配置，并充分解决来自不同政策的任何可能冲突。

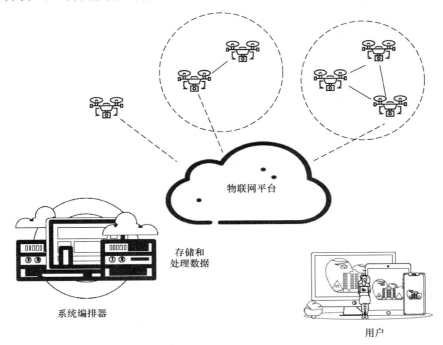

图 4-2-12　设想的基于无人机的物联网平台架构

② 功能实现。

在体育场馆或街道等公共场所，保护平民免受威胁非常重要。事实上，近年来，城市地区的犯罪（如街头盗窃、故意破坏）率有所增加，因此，通过在人群中发现和识别罪犯来预测犯罪是一种重要的方法。在传统的巡逻系统中，需要许多安保人员和大量的人力来为人们提供必要的安全。本着这种想法，无人机可用于通过远程监视名胜古迹的人来协助安保人员。无人机可以提供对任何危害的预防能力，不仅有助于控制，还有助于跟踪、检测和识别采用人脸识别方法的犯罪分子。使用带有适当物联网设备（如摄像机）的无人机可以提供高效的人群监控系统，检测任何偏心运动和可疑动作，并识别罪犯的面孔，该技术的使用为人群监控和人脸识别提供了鸟瞰图，因此，可以加强人群安全和安保，同时可以减小部署在地面上的安保人员数量。人脸识别过程包括明确定义的步骤：面部特征提取、已知人脸的数据库创建，以及将录像人脸与轮廓人脸相匹配的人脸检测。此外，领域中已有多种视频分析工具，这些工具能够适应无人机的高机动性，可实现高精度的人脸识别，并能够同时识别多张人脸。录制的人脸识别视频的处理可以在本地进行，也可以在远程服务器上进行，从而可以将人脸识别操作卸载到 MEC 节点。OpenCV 提供了引人注目的人脸识别算法，它采用机器学习来搜索视频帧中的人脸轮廓。事实上，OpenCV 使用局部二进制模式直方图（LBPH）及其相关的库和数据库。LBPH 的方法是通过将像素与其相邻像素进行比较来总结图像中的局部结构，LBPH 可实现准确的人脸识别。

　　案例所用的无人机是内置六轴飞行器，配备 LTE 调制解调器和带有高分辨率数码相机的云台，以及多种计算和传感资源。它们包括一个用于稳定飞行的飞行控制器（FC）模块，配备陀螺仪、加速度计和气压计，以及将 LTE 调制解调器互连到 FC 的嵌入式 Linux 系统（树莓派 Raspberry Pi）。要设置 LTE 连接，任何 PC 都可以用作 GCS。在 PC 上，安装了飞行控制软件，例如 Mission Planner。PC 通过连接的 LTE 调制解调器与飞行控制器进行通信和控制。

　　六轴飞行器可携带 1.5kg 的有效载荷，包括实验室设备和计量装置。在充满电的电池下，其飞行时间约为 30min，有效载荷满载。它还具有安全着陆方案，以应对不太可能发生的电机故障情况。在设想的场景中，安保人员进入控制站并持续监视人员。在注意到特定人员（或一群人）的异常行为后，他们命令无人机拍摄该人员的视频，并对捕获的视频进行面部识别，以识别可疑人员并验证他/她/他们是否有任何犯罪记录。为了研究将面部识别操作的计算卸载到 MEC 节点与在本地处理相比的好处，本案例开发了一个小规模测试平台，测试平台环境由一个树莓派（RPi）和一台用作 MEC 节点的笔记本电脑组成，RPi 作为无人机上的本地处理单元工作。此外，笔记本电脑还充当无人机网关的命令和控制站，用于打开或关闭摄像头，或命令其本地处理人脸识别或将处理卸载到 MEC 节点，从而实现人脸识别。

　　（4）案例总结与展望。本案例介绍了一种基于无人机的物联网平台的高级视图，并将基于无人机的人群监控应用面部识别工具作为平台的一个具体用例进行介绍。测试平台是使用内置无人机和现实生活中的 LTE 网络开发的。本案例比较了两种情况：当视频在无人机上本地处理时，以及当它们的处理被卸载到 MEC 节点时。所获得的结果清楚地表明了计算卸载在节省能源方面的好处，并显著提高了快速检测和识别人群中可疑人员的系统响应能力。对于较长的视频及被分析的人数众多的情况，性能的改进将变得更加明显。

　　在未来，可以尝试在使用一组无人机时进行人群监控和面部识别，并研究当无人机在它们之间共享处理任务时和将计算任务卸载到 MEC 节点时通过本地处理的能耗。还可以使用多个 MEC 节点来研究集群成员在本地执行任务时与卸载到 MEC 节点时的处理效率。

4.3　智能医疗

　　在智能医疗领域，新技术的应用必须以人为中心。而应用物联网技术是数据获取的主要途径，能有效地帮助医院实现对人的智能化管理和对物的智能化管理。对人的智能化管理指的是使用传感器对人的生理状态（如心跳频率、体力消耗、血压等）进行监测，主要指的是医疗可穿戴设备将获取的数据记录在电子健康文件中，方便个人或医生查阅。除此之外，通过 RFID 技术还能对医疗设备、物品进行监控与管理，实现医疗设备、物品可视化，主要表现为数字化医院。

4.3.1　智能医疗系统的体系结构

　　与智能交通系统的体系结构相似，智能医疗系统的体系结构包括感知层、网络层及应用层，如图 4-3-1 所示。

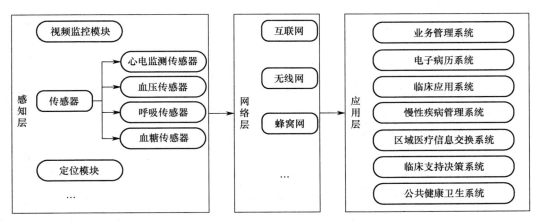

图 4-3-1　智能医疗系统的体系结构

　　感知层指的是为医疗监测提供的专用传感器终端，不同于传统感知层的各类传感器，如温湿度传感器、压力传感器等，该层的传感器主要包括心电监测传感器、血压传感器、呼吸传感器、血糖传感器等医疗专用传感器。除传感器外，该层还包括定位模块和视频监控模块。网络层与智能交通系统的网络层一样，包含各类通信方式，用于信息传输。应用层主要包括7 个系统：业务管理系统、电子病历系统、临床应用系统、慢性疾病管理系统、区域医疗信息交换系统、临床支持决策系统及公共健康卫生系统。

4.3.2　物联网在智能医疗系统中的应用

1．在人员管理中的应用

　　通过物联网的定位与视频监控技术，可以实时、准确地得到医生、护士及需要监护的患者的位置，以及各个重要区域的人员出入情况，在出现紧急情况或有非法人员闯入时可以更快速地进行合理的人员调动。如在婴儿室，可通过物联网技术对母亲及看护人员的身份进行确认，确保误抱、偷抱婴儿的状况不会发生。

2．在医疗过程中的应用

　　依靠物联网技术通信和应用平台，医院可以提供挂号、诊疗、查验、住院、手术、护理、出院、结算等多种智能服务。

3．在供应链管理中的应用

　　物联网的 RFID 技术保证了医院供应链的效率，确保了每件医疗设备、每份药品的各种信息均可查询，且为医疗设备与药品都建立了独一无二的编码，大大方便了医院对医疗设备与药品供应的管理。

4．在健康管理中的应用

　　使用物联网的各类感知设备及各类通信技术，可以使医院远程监控患者在医院或在其他区域时的身体状况，大大缓解了医生资源短缺、资源分配不均的窘境，降低了公众医疗成本。

4.3.3 智能医疗应用实例

1. 实时人体健康监测

随着现代医疗技术、传感器技术、无线互联网络技术和智能分析技术的发展与融合，新一代基于物联网的实时人体健康监测技术已经具备了实际应用的条件。与传统人体健康监测技术相比，以现代医疗传感、数字化传输、存储、智能信息处理和无线互联为核心技术的多传感实时人体健康监测体系在医疗传感，海量数据传输、存储和访问，高度智能化的海量信息分析挖掘等方面，都实现了质的飞跃。在新的体系中，能够精准、可靠地自动监测人体健康的重要参数，有效地分析病人的个体状况与群体病人病情规律挖掘的全局状况，可大幅提升急性或慢性心、肺疾病病人治疗的反应速度，帮助医生提前获得病人状况，及时提供治疗方案，极大地提升治疗效率，并进而减少医疗费用。

实时人体健康监测系统由智能终端信息采集、云计算框架下的海量信息智能分析、信息交互与在线医疗三个模块组成，系统的总体框架如图 4-3-2 所示。

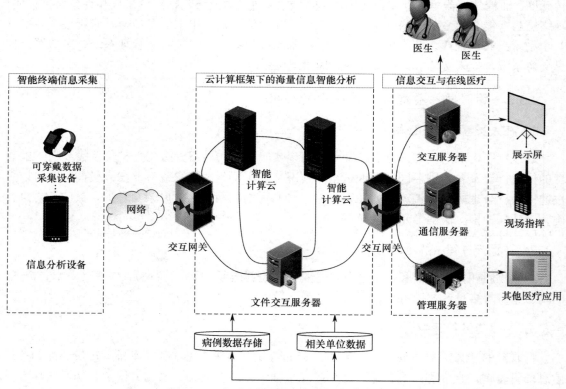

图 4-3-2　实时人体健康监测系统的总体框架

智能终端信息采集模块完成对病人或疑似病人的人体健康关键参数的采集，包括气道、呼吸气流等信息，并具有一定的智能分析与处理功能，在线实现病情分析，并能通过无线网络与海量信息处理平台相关联，从而完成局部范围内的信息感知，采集的器件包括可穿戴数据采集设备、移动呼吸气体流量传感器、人体生理传感器、语音采集仪、智能手机终端等。

云计算框架下的海量信息智能分析模块在智能终端监测和采集的数据基础上，通过智能分析的手段，完成分布式智能终端信息的融合与存储，从海量行为数据中提取病人病情的病生理特征，建立相应的病生理与推理模型，挖掘潜在的病人。

信息交互与在线医疗模块采用可视化技术，将处理结果输出至展示屏或客户端，通过人机交互技术对病人信息进行维护，对病生理改变完成人工确认，并通过在线声光报警与短信报警等方式实时通知医护人员，并可实现统计分析等辅助功能。与此同时，本模块可以与其他相关数据（如医保单位数据、病理存储数据）相关联，以提供更多的病例与病人信息。

2. 数字化医院智能系统

随着人们生活水平的提高及医疗知识的普及，越来越多的人开始意识到身体健康的重要性，这使得医院的人流量越来越大，也对医院的就医环境提出了越来越高的要求，为此，建设数字化医院智能系统显得尤为必要。数字化医院智能系统除可以提高医院的服务质量和工作效率、降低运营成本外，还能创造一个安全、舒适、便捷的就医环境。数字化医院智能系统主要由网络通信系统、安全防护系统、多媒体音频系统、医院专用系统及楼宇自控系统构成，其结构如图 4-3-3 所示。

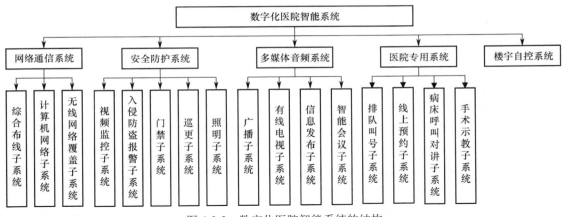

图 4-3-3　数字化医院智能系统的结构

① 网络通信系统。网络通信系统是医院数字化的核心系统，该系统负责提供可靠的通信传输通道和网络平台。该系统主要由综合布线子系统、计算机网络子系统及无线网络覆盖子系统组成。

综合布线子系统主要包括从网络机房到各工作区末端各信息插座之间的管线敷设及设备安装。为了方便医院在大楼投入使用后对整个综合布线子系统进行管理工作，在管理间设置了电子配线架。该系统可以满足各类计算机、通信设备、建筑物自动化设备传输弱电信号的要求，为数据传输提供基础。

计算机网络子系统主要由服务器、核心交换机、路由器、防火墙及机房组成，是数字化办公的核心。该系统设置了内网、外网及智能专网，内网为满足医院信息管理系统（HIS）、临床信息系统（CIS）、医学影像系统（PACS）、放射信息系统（RIS）、远程医疗系统等医院信息系统的服务要求，应具备高宽带、大容量和高速率，并具备将来扩容和宽带升级的条件；

外网为工作人员提供接入网络服务；智能专网为医院的各智能化系统提供接入平台。该系统的设计应首先确保系统的稳定性、实用性和安全性。

无线网络覆盖子系统的功能是针对医院的不同建筑，设置无线网络设备，确保在医院内实现无线网络无死角覆盖，且满足接入需求及对网络带宽的需求。

② 安全防护系统。近年来，医患关系紧张，医闹事件层出不穷，且医院人流密集，为了保护医院工作人员及患者的人身、财产和信息安全，设立一个稳定、可靠的安全防护系统尤为重要。安全防护系统主要由视频监控子系统、入侵防盗报警子系统、门禁子系统、巡更子系统及照明子系统组成。

视频监控子系统主要负责 24h 监控医院的各个角落，且将录像进行保存，方便在有事件发生时进行取证，除此之外，该系统与入侵防盗报警子系统相连，实现报警联动功能。

入侵防盗报警子系统具有非法闯入探测功能、记录和查询功能及报警功能，用于防止非法入侵与紧急报警。

门禁子系统主要在各部门通道口及停车场设置门禁设备，用于记录医院工作人员的出勤情况和进行车辆管理。

巡更子系统主要采用离线式电子巡更系统，在建筑物内的走廊两侧、楼梯间及重点位置设置巡更点，确保安保人员巡视时无死角。

照明子系统主要负责整个医院的照明，具有定时开启照明、设置照明时间、设定场景模式、远程开关灯具、照度感应、人体探测等功能。且设置了应急照明系统，当医院发生火灾时，应急照明系统会开启消防提示灯，为医院内的人员指明撤离方向。

③ 多媒体音频系统。该系统由广播子系统、有线电视子系统、信息发布子系统及智能会议子系统构成，主要负责医院内的各种音频设备。

广播子系统由日常广播及紧急广播两部分组成，平时播放背景音乐和日常广播，用于叫号、发布信息等，火灾时受火灾信号的控制，自动切换为紧急广播。

有线电视子系统用于播放各种节目，改善等待患者或住院患者的就医体验。

信息发布子系统用于播放医院就医导航、医院公告、公共信息、企业宣传资料，可在迎接上级检查时、外事活动中播放视频等。

智能会议子系统设置了大会议室，具备会议、报告、视频会议、数字多媒体等综合功能，能满足各种会议的需求。

④ 医院专用系统。该系统主要包括排队叫号子系统、线上预约子系统、病床呼叫对讲子系统及手术示教子系统，是一个与医院业务和流程关联紧密、专业性非常强、提供医疗业务所需的特定功能的智能化系统。

排队叫号子系统和线上预约子系统分属于线下与线上的排队方式，两者相辅相成，在大大减小医院人流量的同时，优化了医院排队体系，改善了服务环境，提高了工作效率。且随着线上预约技术的普及，有看病需求但并不急切的人可以根据自己的时间状况选择预约时间，大大方便了人们的就医。

病床呼叫对讲子系统专门用于医院护士与病床患者之间的呼叫、对讲。

手术示教子系统通过现代音频、视频传输技术，使实习生可对手术过程进行异地观摩，该系统的建立解决了实习生现场观摩导致手术现场拥挤，影响主刀医师操作及病人心情的问题，有力地促进了临床教学质量的提高、医疗环境的进一步完善。

⑤ 楼宇自控系统。该系统主要控制及监测医院内的机电设备，如对空调制冷、供暖、排水系统进行状态监管等。楼宇自控系统通过统一的软件平台对建筑物内的设备进行自动控制和管理，并对用户提供信息和通信服务，用户可以对建筑物的所有空调、给水排水设备、供配电设备、安保设备等进行综合监控和协调，从而获得经济舒适、高效安全的环境。

3．智能口罩

近些年，人们渐渐意识到口罩的重要性，全球对于口罩的需求也越来越大，这极大地促进了口罩行业的发展。传统口罩的强封闭性易使用户呼吸不畅，佩戴方式不便易勒到耳朵、不能重复使用等问题极大地影响用户佩戴口罩的体验，影响人们的生活。因此，在保证口罩效果的同时，改善用户佩戴口罩的体验至关重要。现阶段市面上有许多品牌的智能口罩，针对不同的用户有不同的设计，但设计目的大同小异。

① 引流。传统口罩为了保证过滤效果，需具有强封闭性来保证空气不会未经过口罩就被人吸入体内，这导致口罩的空气流通性很差，长时间佩戴易感到呼吸不畅。引流设计就为了解决这一问题，采用静音风机与空气滤芯设备，静音风机向口罩内部提供经过空气滤芯的纯净空气，保证了空气质量；然后结合空气动力学与 3D 建模技术，减小口罩的进风孔洞，增大口罩的排气孔洞，使口罩结构更符合引流需求，保证了当静音风机送风时不会引起用户不适，且加快了口罩内的空气循环。

② 口罩智能化。在设计了引流结构后，许多口罩都加入了这一结构，且加入了一些简单的功能，如调节风机风速等，但依旧存在许多问题，如人们难以了解滤芯状态（不确定何时更换，过早更换会浪费资源，过晚更换又起不到过滤效果），又如风机调节过于困难等。为了解决这些问题，人们希望能加强口罩与人之间的交互，即实现口罩智能化。口罩智能化主要包含以下几个方面：首先，通过在口罩内加入姿态传感器、空气质量传感器等传感器，实现口罩内各类信息的采集，并自动实现一些功能，如根据用户姿态自动调整风速、当空气质量不达标时自动提醒用户更换滤芯等；然后，在口罩中加入通信设备，使传感器所采集的数据能上传到云端，云端对这些数据进行处理后上传到网页或手机 App 中，用户可以通过手机、可穿戴设备等实时查看并根据数据来调整口罩状态。

③ 口罩样式。传统口罩通过弹力带扣住耳朵来固定口罩，难以契合所有人的面部结构，如面部较大的人在佩戴时耳部易被勒疼，面部较小者佩戴则易脱落。除此之外，传统口罩的形状并不是完全贴合用户面部的，因此传统口罩虽然封闭性强，但依旧不可避免地会漏风。人们希望口罩能根据每个人的面部做出相应的调整。

智能口罩是在传统口罩的基础上所提出的新型医疗设备。图 4-3-4 所示为智能口罩的系统结构。智能口罩开启后，通过中央处理模块启动控制模块及数据采集模块。数据采集模块由各类传感器组成，监测整个口罩内部的情况，然后通过无线通信技术上传到中央处理模块，中央处理模块收到数据后将数据上传到云数据库，根据云数据库中预先设定的阈值与模型，判断智能口罩与用户的状态，然后将数据传输到中央处理模块和用户端，中央处理模块根据判定结果对控制模块进行控制，如调整静音风机、滤芯的状态，而传输到用户端的数据则可供用户参考，用户可根据需要对控制模块内的设备进行调整。

4．智能便携式杀菌消毒装置

随着对新冠病毒的不断研究，人们发现其传染性极强，可以通过空气传染，可见如何保障空气质量这一问题非常重要。传统的杀菌消毒方法主要有通风换气、过滤、化学消毒、紫外线消毒等，但它们都存在一定的缺陷，如过滤的效果好但成本过高，紫外线消毒会对人体造成伤害，化学消毒的消毒剂均具有一定的毒性故消毒后需要长时间通风等，且这些方式都只能固定在一处使用，而且消毒准备措施也较为复杂。因此，设计一款智能化的便于携带的杀菌消毒装置显得尤为重要。

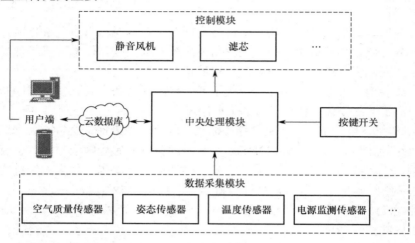

图 4-3-4　智能口罩的系统结构

此处介绍的智能便携式杀菌消毒装置的核心方法是等离子杀菌消毒法，等离子杀菌消毒法的原理为超能离子发生器（SPIC）释放兆亿级的正负离子，利用正负离子湮灭产生的大量能量破坏细菌包膜、杀死细胞核。相较于传统杀菌方式，等离子杀菌消毒法具有如下几个特点。

① 高效性。相同环境空间下，等离子杀菌消毒法的杀菌消毒程度远高于紫外线消毒方式，且作用时间远短于紫外线消毒方式。

② 环保性。传统的杀菌消毒方式虽然能有效消灭空气中的各种有害气体，但其自身往往带有一定的对人体有害的物质。例如，臭氧消毒时，臭氧的高氧化性易腐蚀室内物品，且臭氧对人体有害；又如，紫外线消毒时采用的紫外线具有较高的辐射。而等离子杀菌消毒法所产生的有害气体相较于传统的杀菌消毒方式几乎可以忽略，有效避免了环境的二次污染。

③ 高效降解性。等离子杀菌消毒法除可净化空气外，还可降解各类有毒气体，同时可以去除烟气、烟味等。

智能便携式杀菌消毒装置结构如图 4-3-5 所示。系统组成与智能口罩相似，由控制模块、数据采集模块、中央处理模块组成。控制模块负责整个系统主要功能的实现，实现流程如下：由于等离子杀菌消毒法难以处理大颗粒物质，因此在空气进入时，需要先对其进行过滤，确保没有大颗粒物质进入超能离子发生器，然后为了提高工作效率，在超能离子发生器中加入一个输入口风机，气体进入超能离子发生器后被分为有害物质及纯净气体，再通过催化分解等离子体高压放电产生臭氧，进一步净化空气，最后通过输出口风机控制纯净空气输出的速率。数据采集模块主要负责监控装置状态及外界空气质量状态，然后将这些数据上传到中央处理模块，中央处理模块通过无线通信技术连接用户端，用户可以实时查看这些数据并可以调整控制模块的杀菌效率。

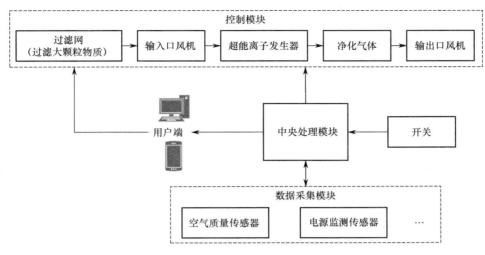

图 4-3-5　智能便携式杀菌消毒装置结构

5．基于 RFID 物联网的档案管理系统

（1）应用背景。近年来，我国档案事业的蓬勃发展确实令人瞩目，档案规模的不断扩大、数量的增大以及种类的多样化都充分展示了档案事业的活力。然而，随着档案信息的迅速膨胀，传统档案管理手段与技术所暴露出的问题也日益严重，这些问题主要包括如下几个。

① 档案编目流程烦琐且低效、整理时间较长：传统的档案编目方式往往依赖人工操作，流程烦琐且效率低下。

② 档案存放次序较易被打乱：在档案的存放和管理过程中，由于人为操作或环境因素，档案的存放次序很容易被打乱。

③ 档案查阅耗时长且冗杂：传统的档案查阅方式通常需要人工在档案库中逐一查找，耗时较长，且容易出现误差和遗漏。

④ 对失效档案的管理滞后：随着时间的推移，部分档案可能会因为过期、损坏或失去利用价值而成为失效档案。然而，传统的档案管理方式往往缺乏对失效档案的有效管理和处理机制，导致失效档案堆积、占用空间，甚至可能引发安全隐患。

鉴于当前档案管理面临的种种问题，技术的升级与改造确实迫在眉睫。而物联网中的 RFID（射频识别）技术作为新一代物料跟踪与信息识别的利器，为档案管理的自动化、智能化提供了强有力的支持，展现了其他方式无法比拟的优越性。

（2）理论知识及关键技术。基于 RFID 物联网的档案管理系统实现的平台通常是一个集成了 RFID 技术、物联网技术和档案管理功能的综合性系统。以下是该系统实现平台的一些关键技术。

① RFID 技术：RFID 技术是档案管理系统的核心技术之一。通过在档案盒、文件夹等载体上贴有 RFID 标签，系统可以实现对档案位置、数量、状态等信息的实时监控和记录。RFID 读写器可以同时识别多个 RFID 标签，提高管理效率。

② 物联网技术：物联网技术通过将 RFID 标签、传感器、网络等物理设备连接起来，可实现信息的智能化识别、定位、跟踪、监控和管理。在档案管理系统中，物联网技术可以实

现对档案全生命周期的跟踪和管理，包括档案的入库、出库、借阅、归还等各个环节。

③ 档案管理软件设计技术：档案管理软件是系统的核心软件，负责档案的录入、查询、统计、打印等功能。该软件与 RFID 技术相结合，可以实现对档案的自动化采集、快速查找、实时更新和同步等功能。同时，该软件还可以提供丰富的报表和统计分析功能，帮助档案管理人员更好地了解档案的使用情况和管理效果。

④ 智能硬件技术：基于 RFID 物联网的档案管理系统需要配备相应的硬件设施，包括 RFID 读写器、天线、智能档案柜、门禁系统等。这些设施与档案管理软件相结合，可以实现对档案的全方位管理和控制。

⑤ 数据存储和备份技术：档案管理系统需要存储大量的档案信息数据，因此需要具备可靠的数据存储和备份机制。可以采用数据库技术来存储档案信息数据，并定期进行数据备份和恢复测试，以确保数据的安全性和完整性。

（3）方案设计。RFID 技术具有非接触式识别、数据容量大、读取速度快、保密性高、识别距离远、环境适应性强及多用途与灵活性等优点，这些优点使得 RFID 技术在多个领域得到了广泛应用，将 RFID 技术应用于档案管理系统中不仅能大大提高管理的效率，同时有助于提高档案管理的安全性。以下为基于 RFID 技术的档案管理系统，主要由 RFID 数据管理系统和档案管理信息系统组成，其功能模块构架如图 4-3-6 所示。

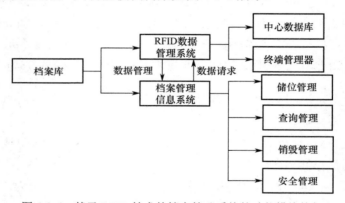

图 4-3-6　基于 RFID 技术的档案管理系统的功能模块构架

① RFID 数据管理系统。该档案管理系统通过中心数据库和终端管理器的协同工作，实现了数据的高效存取与信息的快速输入/输出。这种系统架构不仅优化了档案管理流程，还大大提高了管理效率与安全性。

中心数据库作为系统的数据存取中心，负责存储和管理所有与档案相关的信息。通过采用先进的数据库技术，中心数据库能够确保数据的安全性、完整性和准确性，为档案管理提供了坚实的数据基础。

终端管理器则是连接中心数据库与现场操作的桥梁，包括读写器和手持式阅读器两种重要设备。读写器负责将数据库中的信息写入 RFID 标签，或从标签中读取信息并导入数据库，这一功能使得档案的自动化盘点、借阅和归还等操作变得简单高效，大大提高了档案管理的效率。手持式阅读器则赋予了管理人员现场信息采集与通信的能力。管理人员可以通过手持式阅读器快速读取档案上的 RFID 标签信息，进行实时数据录入和查询。这些采集到的数据可以即时导入中心数据库，为档案管理信息系统提供最新的数据支持。

② 档案管理信息系统。该系统由储位管理子系统、查询管理子系统、销毁管理子系统和安全管理子系统组成，各子系统的具体功能如下。

储位管理子系统在档案管理中扮演着至关重要的角色，它通过实现档案盒编目号与储位编目号的自动匹配，极大地提高了档案出入库时的储位定位效率。此外，储位自动识别模块所具备的储位分配和信息管理功能，使得档案馆的储位管理更加可视化、动态化，从而优化了整体档案管理流程。储位管理子系统通过集成先进的自动识别技术，如 RFID 或条形码技术，能够实时、准确地捕获档案盒和储位的信息。当档案进行出入库操作时，系统能够自动读取档案盒上的编目号，并快速匹配相应的储位编目号。这一过程无须人工干预，大大提高了操作的准确性和效率。

查询管理子系统在档案需要被查阅时起到了至关重要的作用。该子系统提供了多种查询功能，如档案编目号查询和密级查询，以满足不同用户的需求。当需要进行档案查阅时，用户可以通过查询管理子系统输入查询条件，系统便会自动在数据库中检索符合条件的档案信息。一旦找到匹配的档案，系统就会发出出库指令，这一指令通过计算机总线传输至档案架，使得档案架上的对应指示灯亮起。管理人员只需按照指示灯的指示，便可迅速找到并取出所需的档案，进行出库作业。

销毁管理子系统确保了档案在达到设定的保管期限时能够得到及时、有效的处理。这一子系统在档案入库前便设定了每份档案的保管期限，为后续的管理提供了明确的依据。当档案达到其设定的保管期限时，销毁管理子系统会自动触发提醒机制，向管理人员发送失效档案的相关信息。这一提醒功能确保了管理人员能够及时了解哪些档案需要进行处理，从而避免了档案的过期滞留和可能的安全风险。管理人员在接收到提醒后，可以进一步查看销毁管理子系统中的详细信息，包括档案的基本信息、保管期限、到期日期等，这有助于管理人员对即将到期或已到期的档案进行全面的了解和评估，为后续的销毁工作做好充分的准备。

安全管理子系统负责档案防盗和现场监管，确保档案的安全。该子系统通过一系列先进的技术手段，实现了对档案安全机制的有效实施。一旦档案盒在非正常情况下离开储位，阅读器就能迅速捕捉到这一信息，并将档案信息无线传回档案管理系统。这一过程的实现得益于无线传输技术的应用，它使得信息的传输变得快速而准确。档案管理系统接收到异常信息后，监控模块会立即启动警报程序。警报模块在接收到信息后，会迅速向计算机控制中心发出警报。计算机控制中心作为整个安全管理子系统的核心，能够迅速响应并处理各种安全事件。除自动警报功能外，安全管理子系统还可以与其他子系统进行联动，同时，系统还可以自动记录异常事件的相关信息，为后续的调查和处理提供有力证据。

综上所述，RFID 数据管理系统与档案管理信息系统通过系统接口实现了无缝对接，这种对接不仅提升了档案管理的效率，还提高了档案数据的安全性和完整性。具体来说，RFID 数据管理系统利用其独特的技术优势，负责档案数据的收集、存储及电子标签的读/写工作。通过这一系统，档案的入库、出库、盘点等操作变得更加快捷和准确，大大提高了档案管理的工作效率。

③ 业务流程设计。基于 RFID 的档案管理系统的应用主要分为入库、盘点和查阅，具体内容如下。

a）入库

在新档案准备入库之际，首要步骤是根据档案的类别、年份及密级等核心信息，精心进行编目处理。通过先进的终端管理系统，这些档案被赋予独一无二的 RFID 标签，其携带的电子数据随即被传输至中心数据库，以供系统其他关键模块随时调用。

当入库操作启动时，档案管理信息系统的储位管理子系统会智能地发出入库指令。紧接着，系统精准读取待入库档案盒的详细信息。在这一过程中，储位自动识别模块与档案自动识别模块紧密协作，进行档案盒信息的精确匹配。一旦匹配成功，储位自动识别模块就迅速为档案盒分配一个合适的存放位置。

b）盘点

RFID 技术的引入让档案的盘点工作变得前所未有的简单与高效。当需要进行档案盘点时，档案管理信息系统的查询管理子系统会迅速发出盘点指令。紧接着，RFID 阅读器即刻启动，精确地收集档案的相关信息以及它们所在储位的数据。收集完成后，这些信息会立即与中心数据库中的记录进行比对。在比对过程中，如发现任何不匹配的信息，系统会即时提示管理人员。此时，管理人员可以带手持式阅读器前往现场进行逐一核对，确保信息的准确性。

c）查阅

在档案的查阅及出库流程中，系统的高效性和精确性得到了充分体现。如图 4-3-7 所示，当管理人员需要查阅特定档案时，他们会首先通过查询管理子系统输入档案的编目号，系统随即启动，根据编目号迅速从中心数据库中检索出对应的档案信息，并进行核对，以确保信息的准确性。

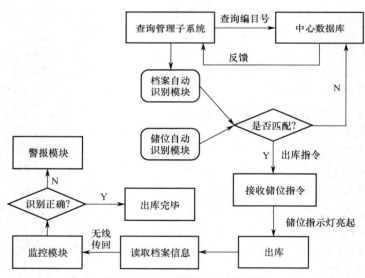

图 4-3-7　档案查询及出库流程

一旦核对无误，系统就会向储位管理子系统发出出库指令。这时，档案自动识别模块会依据档案编目号迅速定位到对应的储位编目号，从而精确指示档案存放的物理位置。紧接着，储位指示灯亮起，为管理人员提供明确的指示。

当管理人员根据指示灯的指引找到档案并准备出库时，出库口的 RFID 阅读器会立即进入工作状态。它精确地读取档案上的 RFID 标签信息，并将这些信息迅速反馈给档案管理系统。管理人员再次核对这些信息，确保档案出库的正确性。

（4）案例总结与展望。基于 RFID 物联网的档案管理，以其高效、准确、实时的特性为档案管理领域带来了显著的变革与进步。通过引入 RFID 技术，实现了对档案信息的快速、准确识别，大大提升了档案管理的效率，降低了人为错误的风险，有效防止档案被非法复制或篡改，进一步保障了档案信息的完整性和真实性。

随着物联网、大数据、人工智能等技术的不断发展，基于 RFID 物联网的档案管理系统将迎来更多的发展机遇和挑战。以下是对未来基于 RFID 物联网的档案管理系统的一些展望。

① 智能化管理：未来，基于 RFID 物联网的档案管理系统将更加智能化。通过引入人工智能技术，系统可以自动分析档案的使用情况和管理效果，为档案管理人员提供决策支持。此外，系统还可以实现档案的自动分类、自动摘要等功能，进一步提高档案管理的效率和准确性。

② 云端化部署：随着云计算技术的普及，未来基于 RFID 物联网的档案管理系统将实现云端化部署。通过将系统部署在云端服务器上，可以实现档案信息的远程访问和共享。同时，云端化部署还可以提高系统的可扩展性和可靠性，降低企业的运维成本。

③ 安全性提升：在档案管理过程中，档案的安全性至关重要。未来，基于 RFID 物联网的档案管理系统将加强安全性措施，如采用更先进的加密算法、设置更严格的权限管理等。此外，系统还可以与企业的其他安全系统（如安防监控系统）进行集成，共同保障档案的安全。

6. 基于物联网的心血管疾病高效混合推荐系统

（1）应用背景。近年来，雾计算已被用于提供框架来设计基于物联网的医疗解决方案。心血管疾病（CVD）作为一种危及生命的疾病，正迫切需要这样的解决方案，以用于识别心脏病患者并为其提供健康的生活方式，最终帮助他们改善健康状况。过去，心血管疾病主要发生在老年人身上，但现在几乎每个年龄段的人们都面临着心血管疾病的风险。

案例中的基于雾计算的推荐系统为心血管疾病患者提供有关生活方式、饮食计划和锻炼的建议。该系统从患者那里收集不同的属性并诊断疾病，并根据患者的健康状况等信息提供相应的建议。

（2）理论知识及关键技术。本案例采用了基于物联网的框架来提供具有成本效益和高质量的、无处不在的医疗服务。多样的医疗保健应用程序生成了大量的临床数据，必须妥善管理这些数据，以便进一步分析和处理。物联网和云的采用为有效管理医疗保健传感器数据提供了一种很有前途的解决方案，并允许封装技术细节，从而消除了对技术基础设施专业知识的需求。此外，它还以较低的成本轻松实现了收集和交付数据过程的自动化。

如今，传感器用于持续观察血压、心跳和运动模式等健康状况，这些基于物联网的传感器可分为两大类。

① 用于量化人体内部或外部的生理传感器，以测量心电图（ECG）、体温或脉搏率等基本体征。

② 用于收集人体运动迹象的生物动力学传感器，如收集速度的增大或减小等。不同类型的传感器可以与身体传感器相结合，以提供有关环境、温度、光线和湿度的详细信息。

近年来，远程监控系统变得越来越高效。远程监控系统的算法从简单的算法发展到更复杂和信息丰富的算法。现在，它们不仅能提供关于病人的简单信息，如睡眠时间，而且能够向最终用户提供更多的信息数据。在最近的研究中，使用机器学习技术发掘出了与 CVD 相关的更复杂的信息。这些技术可以用于预测、异常检测和疾病分类。现有的心血管疾病推荐系统使用机器学习（ML）分类技术对疾病进行分类，然而使用基于社区的推荐系统根据人口统计信息提供定制和适当的推荐仍然是一个重要的研究领域。

（3）方案设计。本案例提出了一种基于物联网的高效混合推荐系统，通过无线传感器网络对患者的临床测试结果提供个性化推荐，模型如图 4-3-8 所示。传感器是计算资源有限、电池寿命短的设备，因此需要有效管理传感器数据，将其转发到云端。雾和云提供了一个灵活的基础设施，可以对生物传感器生成的数据流进行有效分析。雾计算和物联网的使用简化了医疗保健流程，提高了医疗服务质量，这是通过增加医疗保健系统不同对象之间的凝聚力来实现的。在医疗领域引入了许多新的服务，例如，通过连接到医疗设备的传感器网络收集患者的重要数据，并将数据传输到医疗中心的云进行存储和处理。

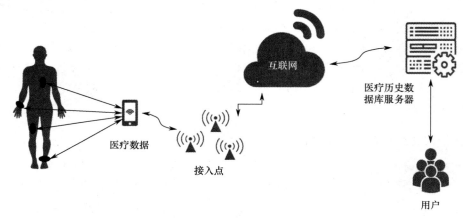

图 4-3-8　基于物联网的高效混合推荐系统

所提出的模型简化了健康信息传输、访问和通信的过程。此外，该系统可以部署在人群中，并可以生成大量上下文数据，这些数据以可扩展的方式进行存储、处理和分析。

基于物联网的系统可以通过减小传统云计算的负载来帮助提高这些系统的性能。该系统由三个主要模块组成：

① 使用生物传感器在物联网环境中远程收集患者数据的数据采集模块；

② 心血管疾病的特征选择和分类模块；

③ 针对每类心血管疾病提供建议的推荐模块。

在第一个模块中，系统在物联网环境中远程收集患者的数据。传感器有助于收集特定患者的信息，人体的内部和外部参数可以被物联网环境中的传感器收集。首先，数据由这些节点收集、处理和转发。然后，这些节点相应地提供响应。这些传感器可以是心理传感器、环境传感器或生物动力学传感器。传感器收集数据并发送到协调节点，该协调节点分别聚合不同参数的数据。运行状况监控的聚合值将转发到物联网的服务器节点进行存储和处理，这些收集的数据称为电子医疗记录（EHR）。

在第二个模块中，系统对上述数据进行数据预处理和特征选择。通常，数据集包含许多不相关的属性，因此，建议选择最相关的特性。在有限的属性下减小属性的数量并进行准确的疾病预测是数据挖掘中的一项具有挑战性的任务。从数据中去除噪声，有助于从心血管疾病的临床数据中提取有意义的信息。特征选择的过程是识别那些对疾病更特异的属性，这项技术被用于选择那些高度显著的特征。

在第三个模块中，系统为每个已确定的心血管疾病（亚类）开发了单独的基于社区的推荐系统，在确定疾病后，分三个步骤提出建议。在第一步中，系统选择与需要推荐的当前患者性别相似的患者。在第二步中，系统将患者分为不同的年龄组，并确定患者所属的年龄组。在最后一步中，系统使用剩余属性计算两个患者之间的相似性。通过比较患者间的属性值，为这些属性分配权重。与其他属性相比，重要属性的权重更大。例如，胸痛类型是确定建议的重要属性，因此，与其余属性相比，它将被赋予更大的权重。最后，系统将所有这些加权值相加，以找到最终分数并提供建议。

（4）案例总结与展望。本案例开发了一种高效的心血管疾病高效混合推荐系统。系统诊断心血管疾病，并根据年龄和性别为患者提供适当的身体和饮食建议。案例系统使用特征选择技术来提高分类的性能，然后根据性别和年龄对患者进行分组，这种分组使系统能够生成更具体的建议。之后为其余属性分配权重，并在最后一步中计算活跃患者与社区之间的相似性。该系统的实施目的是提高现有系统在疾病检测方面的质量并提供建议。该系统在来自偏远地区的患者身上表现良好，而这些地方通常没有专业的心脏病专家，同时本案例可能有助于年轻的心脏病医生快速做出医疗决定。

总体来说，本案例提出的基于物联网的心血管疾病高效混合推荐系统在心血管疾病诊断和治疗方面具有潜在的应用前景。未来可以进一步完善系统，提高诊断和推荐的准确性与效率，并将系统拓展到更广泛的医疗领域。

7. 一种基于物联网架构的病房环境辅助生活监控系统

（1）应用背景。环境辅助生活（AAL）是一个新兴的多学科领域，旨在为个人健康监测和远程医疗系统提供不同类型的传感器、计算机、移动设备、无线网络和软件应用的生态系统。室内环境常包括多种污染源，因此，室内空气质量（iAQ）被认为是关系居民健康的重要变量。根据美国环境保护署的研究，室内积聚并集中了装修、家具和居住者日常活动所释放的污染物，人体暴露于室内空气污染物的水平可能是室外毒素水平的 2～5 倍，有时甚至超过100 倍。事实上，室内的空气污染物已被列为危害整体健康的五大生态危险之一。对于需要在室内静养恢复身体的病人来说，监测室内空气质量就显得尤为重要了。通风是通过调节室内空气参数，如空气温度、相对湿度、风速和空气中的化学物质浓度等，在建筑物中创造具有可接受 iAQ 的热舒适环境的一种方式。本案例提出的室内空气评估系统将对通风时室内污染物扩散情况进行数值预测，以便于检测和改善室内空气质量。同时，局部和分布式化学品浓度评估对于安全关键应用（如气体泄漏检测和污染监测）以及控制供暖、通风和空调（HVAC）系统的能源效率都具有重要意义。

本案例中的病房环境辅助生活监控系统旨在确保对不同病房的室内空气质量进行自主、准确和同步的监测。其是一款基于物联网模式的病房空气质量监测系统，采用 Arduino、ESP8266 和 XBee 技术进行数据处理和数据传输，并采用微型传感器进行数据采集。它还允许通过网络访问和移动应用程序实时访问从不同地方收集的数据。

（2）理论知识及关键技术。本案例开发的病房环境辅助生活监控系统是一种室内空气质量监测系统，使用户（如建筑物管理人员）可以实时了解各种环境参数，如空气温度、相对湿度、一氧化碳（CO）、二氧化碳（CO_2）和室内亮度，同时允许添加其他针对特定污染物的传感器。

① 案例系统对这些参数进行监测和采集后会使用 PHP 开发的 Web 服务将数据记录在 MySQL 数据库中，最终用户可以从 PHP 构建的 Web 门户中访问和查询数据。

② 登录后，终端用户可以访问 Web 门户，获取所有的环境参数信息。监控到的数据会显示为数值或图表形式。此外，系统允许用户保留参数的历史记录，并提供历史记录的变化趋势，帮助用户精确和详细地分析空气质量。这对于决定采取哪些可能的干预措施来改善室内的空气质量非常重要。案例系统配备了一个功能强大的警报管理器，当特定参数超过最大值时，它会向用户发出警报。

③ 为了允许快速、简单、直观地随时随地访问，本案例在智能手机上创建了一个 Android 移动应用程序。

（3）方案设计。

① 实现平台。

病房环境辅助生活监控系统主要通过物联网技术实现室内环境的实时监测、数据分析和智能控制。传感器用于监测室内环境的各项参数，如温度、湿度、光照、空气质量等，这些传感器将实时数据发送到控制器。控制器作为系统的核心，接收来自传感器的数据，进行必要的处理和分析，并据此控制相关设备，如空调、照明、空气净化器等。通信模块负责将数据传输到云平台，同时实现与移动终端的通信，以便用户远程查看和控制室内环境。云平台作为数据存储和处理中心，可以实时分析环境数据，提供预警和通知服务。移动终端作为用户与系统的交互界面，可以使用户通过手机或平板电脑等随时查看室内环境数据、调节环境参数、接收预警信息等。

② 系统架构。

a）无线传感器网络框架

无线通信通过 XBee 模块实现，该模块实现了 ZigBee 网络协议。无线传感器网络（WSN）采用星形拓扑作为其网络配置，由于端点相对较近，并且与单个协调器节点通信，因此使用单跳通信，如图 4-3-9 所示。

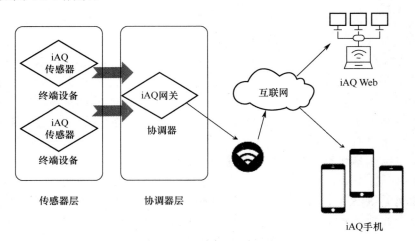

图 4-3-9　无线传感器网络（WSN）架构

b）硬件及框架系统

室内空气质量系统由一个或多个室内空气质量传感器组成，它们用于收集和传输安装它们的不同房间的环境因素。系统传感器将数据发送到网关，该网关通过 Wi-Fi 连接到互联网，以便将数据实时记录到结构化数据库。因此，可以构建一个模块化系统，从而同时监控一个或多个空间。图 4-3-10 所示为案例中使用的系统架构。

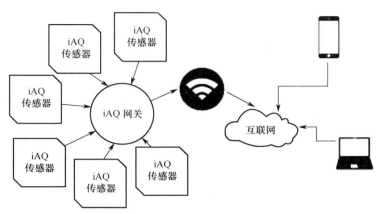

图 4-3-10　案例中使用的系统架构

案例的监控系统集成了 Atmel AVR 微控制器。为了实现室内空气质量传感器和室内空气质量网关之间的通信，采用了 ZigBee 技术和 XBee 模块。系统配备了多个传感器模块、一个处理器单元（Arduino MEGA）和一个无线通信模块，示意图如图 4-3-11 所示。

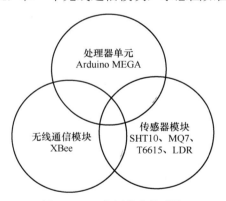

图 4-3-11　案例的监控系统

目前，系统配备了 5 个传感器：空气温度传感器、相对湿度（RH）传感器、一氧化碳（CO）传感器、二氧化碳（CO_2）传感器和亮度传感器。

系统网关仅使用无线技术进行节点之间的通信以及互联网连接，它通过 XBee 模块接收来自传感器的数据，然后将数据发送到 MySQL 数据库。

③ 应用设计。

考虑到智能手机在人类生活中的重要性，本案例创建了一个 Android 移动应用程序。此移动应用程序为信息可视化提供数据身份验证和保护机制，允许详细查看系统数据，并在任何值超过常规值时接收通知。移动应用程序旨在快速方便地访问病房空气质量系统，最终让用户将病房空气质量系统的所有相关信息放在口袋里。

　　案例的移动应用程序界面如图 4-3-12 所示，左侧显示了移动应用程序中的登录界面，确保只有授权用户才能访问；在右侧的图像中显示了参数表单，用户可以在其中选择一个传感器节点，并自动显示当前的湿度、温度、二氧化碳、一氧化碳和光照强度，用户还可以快速访问这些参数的最小值和最大值以及这些事件的日期。

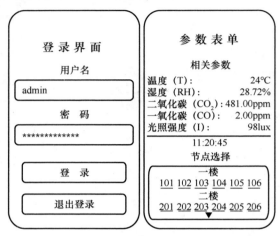

图 4-3-12　案例的移动应用程序界面

系统的固件在 Arduino IDE 中使用 C/C++语言结合 Arduino 库进行开发，在线网页使用 PHP 和 MySQL 数据库进行开发，允许数据收集的 Web 服务也用 PHP 构建，移动应用程序是使用 IDE Android Studio 构建的。

　　（4）案例总结与展望。在实际应用中，本案例系统已经展现出许多优势，例如，通过实时监测和智能控制，可以为病人创造更加舒适、健康的病房环境。同时，系统可以根据病人的生活习惯和需求自动调节环境参数，提高生活品质。

　　本案例的系统也可以进一步扩展到平时的生活，未来的系统可能会进一步集成更多的功能和服务，如智能家居、智能安防、智能健康监测等，形成一个更加全面、智能的生活辅助系统。随着人工智能技术的不断进步，系统可能会具备更高的智能化程度，例如，系统可以通过学习用户的生活习惯和需求，自动调整环境参数，提供更加个性化的服务。同时，随着系统功能的增加和数据的丰富，数据安全和隐私保护将成为一个重要的问题。未来的系统需要采取更加严格的数据加密和隐私保护措施，确保用户数据的安全和隐私。此外，随着市场的不断细分和用户需求的多样化，未来的系统应能提供更加个性化的定制化服务，满足不同用户的需求。

4.4　本章小结

　　在本章中，我们详细探讨了物联网在智能家居、智能安防和智能医疗等多个领域的应用。通过具体的应用实例，深入了解了物联网技术在人们生活中的运用，以及 AI 技术如何赋予物联网更强大的智慧能力。

在智能家居领域，介绍了智能家居的系统分类和智能家居应用实例，如智能别墅解决方案、宠物智能家居等。这些实例展示了物联网技术如何为家庭生活带来便利和智能化。在智能安防领域，探讨了智能安防系统的总体结构、物联网在智能安防系统中的应用、智能安防系统的主要功能。通过看守所解决方案、儿童智能安防系统等实例，进一步了解了智能安防的实际应用。在智能医疗领域，了解了智能医疗系统的体系结构、物联网在智能医疗中的应用。同时，通过实时人体健康监测、数字化医院智能系统等实例，深入了解了智能医疗的实际应用。

总体来说，本章通过丰富的实例和详细的阐述，使我们对物联网在 AI 赋能的智慧生活与健康管理领域的应用有了更深入的了解。AI 技术的融入为人们的日常生活带来了前所未有的便利和创新。随着物联网技术的不断发展，未来物联网在各个领域的应用将更加广泛和深入，为人类社会带来更多的智慧和便利。

4.5　习题 4

4.1　填空题。

（1）智能家居行业的发展主要分为三个阶段：_____、_____和_____。

（2）智能家居系统一般由智能家居控制系统、_____、_____和_____构成。

（3）智能家居根据功能的多少和要求的高低，分为_____和_____。

（4）智能安防系统主要包括三大部分：_____、_____和_____。

（5）智能医疗系统的体系结构包括_____、_____和_____。

（6）智能安防系统的主要功能包括_____、_____、_____和_____。

4.2　简述智能家居在提升生活品质方面的作用。

4.3　简述智能家居发展缓慢的主要原因。

4.4　智能家居系统与单点解决方案相比，有哪些优势？

4.5　分析基于 Wi-Fi 控制的智能开关设计方案中，如何避免来自 Wi-Fi 无线网络的干扰。

4.6　智能安防系统中的周界安防是如何实现的？

4.7　阐述智能安防系统中的环境感知系统的作用。

4.8　描述智能医疗系统中的业务管理系统的主要功能。

4.9　解释智能医疗中电子病历系统的重要性。

4.10　分析基于物联网的新型智能能量盗窃检测系统的工作原理，并说明其优势。

4.11　论述 AI 技术在智能家居、智能安防和智能医疗领域的应用前景，并说明其对社会发展的影响。

第 5 章　AI 赋能的智慧城市与运作调控

在当今时代，人工智能（AI）正引领着一场深刻的产业革命，其影响力渗透到经济结构的每一个角落。在这个背景下，智慧城市的构建成为新时代城市发展的必然趋势。智慧城市作为城市转型升级的重要载体，正发挥着越来越重要的作用。AI 技术的融入，为城市的发展注入了新的活力。从智能交通的管理与服务，到智慧农业的绿色革命，再到智能物流的效率提升，AI 赋能的智慧城市正逐步改变着我们的生活。接下来将共同探讨这三个领域的发展现状与未来趋势，为实现城市运作调控的智能化、高效化贡献力量。

5.1　智能交通

近年来，随着人们生活水平的提高，私家车的数量呈几何倍数式增长，随之而来的是交通问题的日益突出，主要表现在以下几个方面。

（1）基础设施短缺且利用率不高。我国基础设施还不够完善，许多道路存在宽度不合理、破损较严重等问题，且传统的交通系统难以满足现代化的交通体系的需求。

（2）车辆的增长速度远高于基础设施的建设速度。近十几年来，我国经济一直处于蓬勃发展的状态，人们的生活水平提高，车辆渐渐成为每家每户必备的物品，因此，即使在国家大力兴建基础设施的情况下，依旧难以赶上车辆增长的步伐。

（3）交通拥堵。交通拥堵问题在十多年前就已经初步成型，虽然在这十多年间我国通过出台限号、限行等政策，来限制私家车出行，以及大力发展公共交通、提倡公共交通出行，但交通拥堵问题依旧日益严重。

（4）交通安全形势严峻。车辆增多会不可避免地带来更大的交通风险，近些年来，交通事故频发造成了重大的经济损失，因此国家对交通安全的重视程度也越来越高。

（5）环境污染。随着车辆的增多，机动车尾气排放已成为城市大气污染的主要来源，机动车尾气正在严重地危害着人们的身体健康。

为了解决这些交通问题，智能交通应运而生。智能交通系统（Intelligent Traffic System，ITS）是物联网的一种重要体现形式，利用信息技术将人、车和路紧密地结合起来，改善交通运输环境、保障交通安全及提高资源利用率。物联网技术在智能交通领域的具体应用领域包括智能公交车、共享单车、车联网、充电桩监测、智能红绿灯及智慧停车等方面。其中，车联网是近些年来各大厂商及互联网企业竞相进入的领域。

智能交通系统应用最为广泛的是日本，其次是美国、欧洲等国家或地区，我国的智能交通系统起步较晚，但也已开始普及，这大大缓解了交通压力，促进了可持续发展。

5.1.1　智能交通系统的体系结构

从技术层面上来看，智能交通系统的体系结构分为感知层、网络层和应用层，如图 5-1-1 所示。

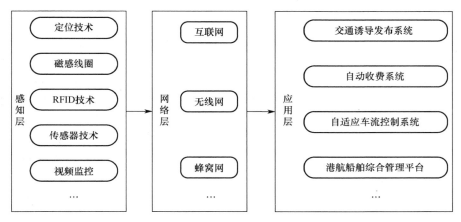

图 5-1-1　智能交通系统的体系结构

该系统首先通过感知层获得车辆、道路和行人等需要了解的信息，然后通过网络层的各种通信技术，将感知层采集的信息传输到服务端，服务端根据不同的应用和业务需求对这些数据进行分析、处理、融合，实现重要信息的存储管理及其相关信息（如公交知识信息、交通诱导信息等）的及时发布。

5.1.2　物联网在智能交通系统中的应用

物联网技术在智能交通系统中主要有以下几个方面的应用。

（1）设计合理的交通结构。一种合理的交通结构能大大缓解交通压力，提升交通车流量的上限。在设计交通结构时，引入物联网技术具有以下两个优势：第一，物联网技术为交通系统引入了信息技术，从而为城市智能交通结构的合理设计提供必要的网络支持与技术支持，并促进城市智能交通结构的合理运行；第二，物联网技术可以对城市轨道交通与公交车系统进行合理的规划和设计，从而保证城市道路交通系统的有效运行。总体而言，在交通领域中运用物联网技术，可以实现对城市交通的智能调控与道路资源的实时规划和合理规划，从而提升交通系统的效率。

（2）在交通信息管理系统中的应用。交通信息管理系统是整个交通系统中最重要的部分之一，该系统负责整个智能交通运行过程中信息的收集与传输，并为交通指令的下达提供必要的信息参考，起着统筹全局的作用。物联网技术本身作为一种实时数据收集处理的技术，很好地符合交通信息管理系统的需求。

（3）车辆定位及警员定位。定位技术是物联网中一种重要的技术，对于交通系统而言，实时准确的车辆定位可以让公安机关迅速发现违规车辆或出现交通事故的位置，而警员定位则可以使公安机关合理地分配警员出警，从而大大提升交通事故的处理效率。

5.1.3　智能交通系统的关键技术

除物联网技术、云计算技术、雾计算技术、人工智能技术及大数据技术外，建模仿真技术及地理信息系统技术在智能交通系统中也起到了至关重要的作用。

（1）建模仿真技术。建模仿真技术是以控制论、相似原理和信息技术为基础，以计算机系统和物理效应设备及仿真器等专用设备为工具，根据研究目标建立并运行模型，对研究对象进行动态试验、运行、分析、评估认识与改造的一种综合性、交叉性技术。仿真流程一般为建立研究对象模型、建立并运行仿真系统、分析与评估仿真结构。在城市智能化建设中，该技术主要用于对城市各功能领域和运营活动进行建模仿真研究、试验、分析和论证，为智能化城市体系的构建和各类业务项目的实施运行提供决策依据与不可或缺的关键技术支撑。

（2）地理信息系统技术。地理信息系统（Geographic Information System，GIS）是一门结合了地理学、地图学、遥感和计算机科学的综合性学科，是一种用于输入、存储、查询、分析和现实地理数据的计算机系统，是一种特定的十分重要的空间信息系统。该系统是处理网络空间数据和属性数据的最有效的工具之一，以其为理论基础设计的软件开发平台可以实现交通网络数据库设计、数据输入预处理、空间查询与分析、网络图形和数据之间的转换、专题地图可视化输出等多项功能，因此被广泛应用于交通规划。地理信息系统的组成如图 5-1-2 所示。

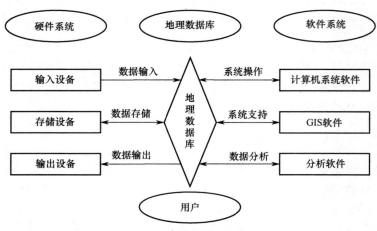

图 5-1-2　地理信息系统的组成

5.1.4　智能交通系统的构成

智能交通系统一般由以下 5 个子系统组成，针对具体的应用，会在这些系统的基础上进行扩展或删减。

1. 交通管理系统

传统道路建设往往趋于简单，但随着社会的发展，城市道路呈现出前所未有的复杂性，各种环路、十字路口、交叉路口层出不穷。在许多交通情况复杂的地段，需要大量的交通标识来指引司机有效地开车，因此，构建一个统一的交通管理系统显得尤为必要。交通管理系统主要负责对一片区域内的交通进行监管，对交通情况进行良好的引导，尤其是要在道路的交叉口设立有效的交通管理和信号控制设备，从而有效地控制交通道路情况。这一系统的建立可以有效地避免由司机对路况不熟悉而带来的交通风险，提升交通系统的安全性。

在交通管理系统中，最重要的子系统是交通信号控制系统及交通诱导发布系统。

在城市交通中，信号灯无疑是加强交通管理、减少事故发生的最重要的设备之一。交通信号控制系统就是控制城市交通信号灯的系统，其主要功能是自动协调交通信号灯的配时方案，均衡路网交通流，使停车次数、延误时间及环境污染减至最小，有效提高道路服务水平和机动车辆通行效率。交通信号控制系统功能的实现主要依赖物联网所采集的实时交通流量信息，通过物联网采集的数据，系统对控制区域内的所有路口进行有效的实时自适应优化控制，例如，系统通过调整交通信号配时方案，改变周期、绿信比和相位差等基本参数，协调路口间的交通信号控制，满足不断变化的交通需求，起到交通信号配时优化、交通疏导和交通组织与规划的作用。

交通诱导发布系统主要是交通管理部门用来实现交通流优化、避免交通阻塞、为市民出行提供可靠与快捷的交通路况信息服务、有效管理现代交通的系统。系统通过室外 LED 交通诱导屏、交通电视、交通电台、网络和集群短信，对实时路况、停车泊位、交通管制、道路施工和特殊事件等信息进行发布，为公众出行提供交通信息服务，方便驾驶员选择最优路径，提高城市道路的通行能力。

2．公共交通系统

在城市交通中，公共交通是重要的组成部分，而在传统的公共交通中，人们难以预知下一辆公交车到来的时间，且无法知道公交车的调整信息，如在疫情期间必须佩戴口罩上车，否则不能乘坐公交车，这些未知情况会在很大程度上影响乘车人的心情与安排。而在智能交通系统中，公共交通系统首先建立了电子站牌代替传统站牌，以智能化的方式告知候车的乘客有关车辆的信息；构建了监控系统，使乘客可以获得等待车辆及路面的相关信息；建立了面向市民的公共信息查询系统，只要能使用网络，市民就可以了解到所需要搭乘车辆的信息，提前计算好时间，从而有计划地出行。智能化的公共交通系统能改善人们通过公共交通方式出行的体验，增加乘坐公共交通出行的人数，减少乘私家车出行的人数，缓解交通压力。

3．交通信息采集系统

传统的车辆信息主要是用固定设备采集的，即通过安装相应的设备，如地磁检测器、环形线圈、微波检测器、视频检测器等，从正面或侧面对道路上的机动车进行检测，但是在天气状况较差时，视频检测器会受到影响而不能满足实际的要求，而其他固定设备的检测技术无法具体感知车辆的具体信息。因此，为了实现交通信息的全天候实时采集，应在原有系统的基础上建立交通信息采集系统，充分利用多种信息采集技术进行多传感器的信息采集，在后台对多源数据进行数据融合、结构化描述等数据预处理。使用这些处理后的数据，该系统不仅可以准确地感知城市道路的实时交通运行状况，获得道路的拥堵情况、平均速度、车流量、占有率、平均旅行时间和特定交通事件等信息，为交通组织决策提供及时准确的分析数据，为公众出行提供有价值的参考信息。交通信息采集系统结构如图 5-1-3 所示。

4．公路管理系统

公路管理系统主要负责对公路进行管理，尤其是高速公路的管理。在高速公路上，车辆前进时不可避免地会经过收费站，在收费站进行缴费，很容易遇到堵塞问题。为了实现车辆不停车缴费，以此来缩短车辆在公路上的停滞时间，在智能交通中设计了智能公路管理系统，采用电子不停车收费（Electronic Toll Collection，ETC）系统，大大减小了收费站车辆停滞堵塞的概率。除此之外，在限速、限重区域，会设置专门的传感器或视频监控对过往车辆是否超速、超重进行检测，确保公路安全。

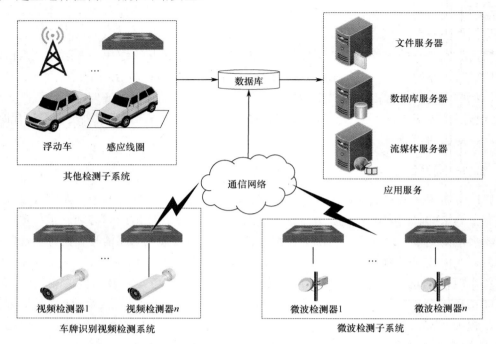

图 5-1-3　交通信息采集系统结构

5．警用车辆及单兵系统

在出现交通事故时，公安机关对人员及车辆的调动速度会对事故区域产生较大的影响，因此，为了提高公安机关的出警速度，在智能交通中建立了警用车辆及单兵系统。通过物联网定位技术，为每辆警车及每个警员配备定位设备，确保公安机关能了解所有警车及警员的实时位置。在接到群众报案、监测到有交通事故发生或有违规车辆时，接案人员通过电子地图确定与出险地点最近的执勤车，并接通车载电话，将出险地点和出险情况告知车辆上的警员，警员可以第一时间赶至现场，大大缩短出警时间，保障安全，降低损失。在处理交通事件时，警员可以通过单兵系统所提供的无线通信设备及摄像设备，将事件情况实时传输回公安机关，从而实现单兵的远程指挥调度。

5.1.5　智能交通应用实例

1．中兴智能公安交通解决方案

中兴智能公安交通解决方案是智能交通的一个实际应用例子，为公安交通管理部门提供的智能化交通管理系统包括交通信号控制系统、流量采集系统、交通诱导发布系统、视频监控系统、非现场执法系统、高清卡口系统、球机违法抓拍系统、交通事件监测系统、警用车辆管理系统及警用单兵系统，在提高现有道路通行能力、协调处置突发性事件、缓解交通拥堵、破获交通肇事逃逸案等方面发挥了重要作用，能迅速提高整个城市的交通管理水平、改变城市的交通面貌、提升城市品位。其系统结构如图 5-1-4 所示。

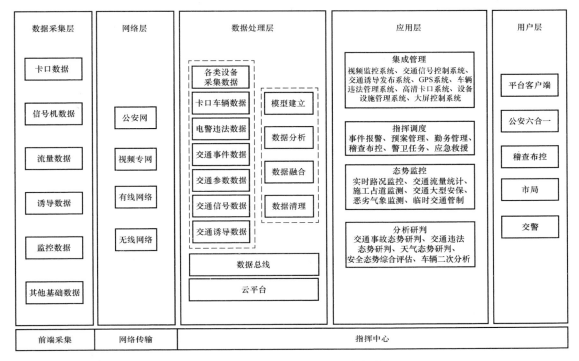

图 5-1-4　中兴智能公安交通系统结构

该解决方案主要帮助公安机关实现交通管理的基础功能。交通管理的基础功能包括实现多渠道、大范围的交通信息的采集、处理和发布，有效地组织、调度交通流，监测管辖区内的交通行为，提高道路服务水平等。

2. 基于 RFID 的高速公路路径监控解决方案

基于 RFID 的高速公路路径监控解决方案是智能交通中针对高速公路收费问题而提出的一种解决方案。目前国内高速多为封闭式联网高速公路系统，车辆由某一入口进入高速公路后，可根据其目的地从相应的出口驶出高速公路。该车辆所应交付的高速公路费用根据其所经过的出入口进行核算。然而，驾驶员在进入高速公路后，为了少缴纳高速公路费，会进行中途换卡、汽车变道等不规范行为，从而隐瞒车辆的真实行驶路径。这种情况已给道路管理部门造成了巨大的经济损失，通过技术手段来实现对某车辆在高速公路系统中的真实行驶路径的跟踪记录是非常有必要的。为此提出了基于 RFID 的高速公路路径监控解决方案，该解决方案在不改变现有高速公路收费方式的基础上，对行驶在高速公路上的车辆的实际行驶路径进行取点式跟踪监控，从而实现高速公路车辆行驶路径的可视化管理，有效控制和杜绝车辆的"欠逃费"事件发生。

选择取点式监控方式而并非全程式监控方式是因为全程式监控在技术和成本上较难实现，而且对高速公路路径监控这一项目而言，全程式监控方式并无必要，而取点式监控技术成熟，成本相对较低，很容易达到对车辆行驶路径的监控目的。该方案的原理如下：采用取点式路径监控，即以车辆经过的高速公路出入口为起始点，按需设立不连续的监控点来采集数据，最后将从车辆在高速公路行驶所经过的起始点（出入口）和中间设立的监控点中所采集的数据统一综合，从而判断出该车辆所行驶过的真实路线。模拟路线图如图 5-1-5 所示，假设城市 A 和城市 B 可经过图 5-1-5 所示的道路到达城市 C，我们可在道路沿线取关键点，并在关键点设立车辆信息采集终端，以采集经过关键点的车辆信息。当车辆从城市 C 出口驶出时，可综合检查该车辆所经过的关键点，然后得出其真实行驶路线。例如，如果采集到 A1、A2、ABC、C2、C1 关键点，那么可判断其从城市 A 来；如果采集到 B1、B2、ABC、C2、C1 关键点，那么可判断其从城市 B 来。

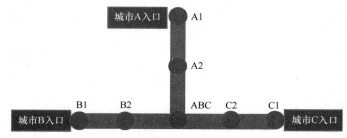

图 5-1-5　模拟路线图

3. 智慧停车场

停车场也是交通领域的重要组成部分，近些年来，私家车数量的爆炸式增长，传统停车场系统停车耗时长、标识不足、难以合理引导车辆停车的问题日益突出，为了解决这些问题，人们提出了智慧停车场。智慧停车场是以物联网技术为基础，融合了智能科学技术后生成的现代化停车系统，它采用车位统一管理、车辆统一调度的设计思想，能全流程实现无人值守的车辆引导、车辆停泊、自助缴费等功能。智慧停车场系统结构如图 5-1-6 所示，主要由物联网终端接口、统一车辆引导系统、综合管理云平台、出入闸口车辆识别系统、查询客户端 5 部分组成。

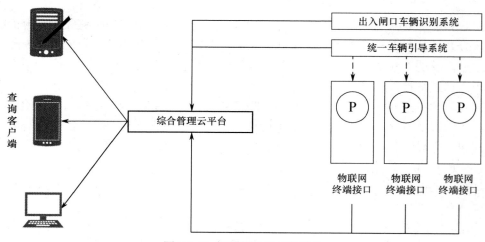

图 5-1-6　智慧停车场系统结构

（1）物联网终端接口。每个停车位上都部署了物联网终端接口，这些物联网终端接口的主要功能是感知车位是否空闲，以及获得有车辆停放时车辆的车牌号、驶入时间戳、驶离时间戳等必要计费信息，这是整个停车场信息采集的起始点。

（2）统一车辆引导系统。该系统用于统计车辆的引导停车标志，统计该引导系统内的空闲车位的数量、方位信息，便于车主寻找停车位，同时，对于较大型的停车场，该系统还能协助车主、停车场管理员快速定位车辆。

（3）综合管理云平台。该平台是智慧停车场的综合管理系统，接收物联网接口信息，经过统计分析后将引导信息发送到统一车辆引导系统，对外通过互联网为车主提供服务，此外，还包括车辆缴费处理等功能模块。

（4）出入闸口车辆识别系统。该系统的主要功能是记录车辆的车牌信息、驶入时间戳、驶离时间戳，并将这些信息发送到综合管理云平台，用于统计缴费信息，同时，该系统也负责督促与指引用户在缴费后 15min 内驶离停车场。

（5）查询客户端。一般通过智能手机、平板电脑等为车主提供剩余车位查询、停车费缴纳等功能，支持统一的开放接口，可以通过 XML 数据连接到微信公众号等信息发布平台。

一个系统的设计与开发离不开合理的业务工作逻辑流程，无人值守智慧停车场以事件流为驱动，形成一套完备的车辆引导进入、缴费统计和车辆驶离等全过程的业务模式，下面对无人值守智慧停车场的工作流程进行简单介绍。

对于进入闸口的车辆，由出入闸口车辆识别系统首先判断停车场是否有空闲车位，如果没有空闲车位，那么引导车辆合理地驶离停车场，如果有空闲车位，那么启动车辆计费周期，并引导车辆行驶至空闲车位。当车辆要驶离车场时，再次由出入闸口车辆识别系统通过计费周期计算出车辆的缴费情况。需要说明的是，智慧停车场会在多个出入口部署出入闸口车辆识别系统，这些部署在出入口的系统通过网络与管理平台互通，实现对任一出入口进出的车辆的管理。出入闸口车辆识别系统采用计数的形式来判断停车场内是否还有空闲车位，有车辆进入时，整个停车场的空闲车位的计数器减 1，车辆驶离时，计数器加 1，当计数器为 0 时，表示停车场已满，计数器的初始值为停车场所有车位的数量。物联网终端部署在每个停车位上，终端上有采集模块，用于采集每个停车位的实时状态信息，然后将这些状态信息以统一的标准格式化，通过内部网络发送到综合管理云平台。综合管理云平台根据各物联网终端接口的信息，分析统计停车场的各空闲车位和已被使用车位的信息。在整个信息系统中，车牌号是识别汽车的唯一 ID，通过 ID 查询出停车费信息，车主可以通过电子支付等方式完成支付。整个系统的工作流程如图 5-1-7 所示。

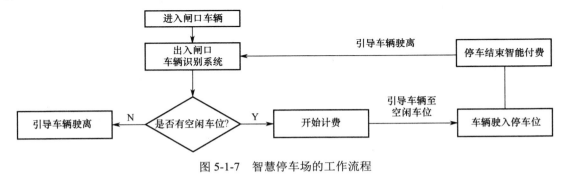

图 5-1-7　智慧停车场的工作流程

4. 驾驶员疲劳监测系统

驾驶员的驾驶状态对交通安全有很大的影响，许多时候驾驶员难以对自己的驾驶状态有较为全面的了解。传统的交通系统受限于技术与认知，提升交通安全往往都体现在发生事故时如何将事故损失降到最低，如安全气囊、安全带等，但在现代交通中，动辄几百上千人乘坐的交通工具，如地铁、火车等，很难有效地在事故发生时顾及每个人的生命安全，且预防事故往往比降低事故更容易，损失也更小。在现代化的公共交通中，连续重复的枯燥驾驶基本是每个驾驶员都要面对的问题，在驾驶地铁、火车时有时还需要倒班驾驶，因此，驾驶员极易出现疲劳驾驶的状况。为解决驾驶员疲劳驾驶这一问题，智能交通系统中加入了驾驶员疲劳监测系统，该系统根据各类指标对驾驶员进行监测，能有效避免因驾驶员驾驶状态不佳却强行驾驶造成的交通事故，大大提高城市交通系统的可靠性与安全性。

驾驶员疲劳监测系统结构如图 5-1-8 所示，主要由终端监测层、云端处理层及远程控制层组成。终端监测层主要由各类传感器、视频监控设备及终端 PC 组成，负责关键信息的采集；云端处理层主要负责数据处理；远程控制层通过各类设备远程获取云端处理层的结果。

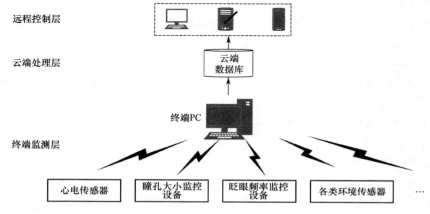

图 5-1-8　驾驶员疲劳监测系统结构

整个系统的工作流程如图 5-1-9 所示。终端监测层通过心电传感器收集驾驶员的心电信息，利用视频监控设备收集驾驶员瞳孔大小、眨眼频率等信息，再由各类环境传感器收集驾驶员附近的环境信息，如光照、温度等，这些信息上传到终端 PC 上，由该终端 PC 将这些信息传输到云端处理层。云端处理层中的数据库预先设定了各类疲劳模型，将上传信息与模型进行比较，判断驾驶员是否疲劳，判断结束后将判断结果上传到远程控制层；若判断结果为疲劳，则远程控制层会自动通过手机、PAD、计算机等设备提醒驾驶员。

图 5-1-9　驾驶员疲劳监测系统的工作流程

5．基于物联网的道路智能决策分析与指挥调度系统

（1）应用背景。

随着城市化进程的加快，交通拥堵、交通事故频发等问题日益严重，传统的交通管理系统已难以满足日益增长的交通需求。物联网（IoT）技术为智能交通系统的发展提供了强有力的支持。通过将交通基础设施、交通工具和交通参与者等连接起来，形成一个广泛分布的传感器网络，物联网技术可以实时获取交通流量、车速、车辆密度等交通信息，以及环境中的

气象条件、道路状态等因素。这些实时数据为交通指挥与调度系统提供了全面准确的信息基础，使其能够更准确地判断交通状况，做出更科学的决策。

基于物联网的道路智能决策分析与指挥调度系统通过利用物联网技术获取的数据，结合大数据、人工智能等先进技术进行数据的挖掘和分析。通过对交通数据进行分析，系统可以预测交通流量、预警交通拥堵等情况，提前采取相应的交通管理措施。同时，系统还可以通过分析交通事故数据，找出事故的主要原因和规律，为交通安全管理提供科学依据。

但目前城市交通信息化管理系统存在数据冗余、一致性差和互通共享难的问题，交通运行状态及指数的深度分析及挖掘困难，导致道路交通规划、交通措施的决策、交通信号配时等交通管理缺少数据支持和科学的决策模型等问题。

本案例的目标是建立基于智能感知、态势推演、面向精细治理和全局服务的城市交通治理体系，应用于智能交通、交通执法以及典型公交运营车辆监管等领域，以解决城市拥堵、公交运营车辆监管等城市痛点问题。

（2）理论知识及关键技术。

案例基于 AIoT 智能平台，通过智能交通感知与决策的人工智能算法设计和关键核心技术攻关，研发车内外特征、车辆行驶状态、司机状态及车内安全状况的智能感知与监测技术，多源车辆视频融合分析与车辆持续跟踪和路径构建技术，交通路网状态、公共停车位信息等智能感知与智能决策技术，实现交通业务和交通服务的智慧化，不断优化交通管理者、交通参与者的应用体验。

（3）方案设计。

① 系统架构。

AIoT 智能平台是结合了人工智能（AI）和物联网（IoT）技术的综合性服务平台。该平台旨在通过物联网技术产生和收集来自不同维度的海量数据，并存储在云端和边缘端。随后，利用大数据分析和更高形式的人工智能，实现万物数据化、万物智联化。

AIoT 智能平台的目的是提高物联网系统的智能化水平，该平台可以实现智能终端设备之间、不同系统平台之间以及不同应用场景之间的互相交流和互相连接，进一步推动万物互联的进程。平台的特点包括智能化和自主性两部分。智能化指平台能够实现对设备的智能控制和管理，提高设备的自动化程度和运行效率。自主性指与传统的物联网相比，AIoT 更强调通过智能算法和学习模型来分析数据，实现自主决策和优化。

目前，AIoT 智能平台在多个领域都有广泛的应用，如智能家居、智慧城市、智能交通等。在智能家居领域，家庭中的各种设备都可以通过 AI 和 IoT 技术实现智能联动，实现自动化控制；在智慧城市领域，AIoT 智能平台可以应用于城市基础设施，如交通管理、垃圾处理、能源管理等，提高城市运行效率和资源利用率。

本案例依托 AIoT 智能平台，以"前端感知立体化、数据存储结构化、分析处理智能化、业务应用可视化"为核心设计理念，搭建物联通信网络，以融合数据资源、智能分析处理等电子信息技术为基础，以城市道路交通管理实际业务的需求为出发点，通过信息化手段打造集软件、硬件于一体的智能化综合创新应用矩阵，具体包括感知控制层、网络传输层、云数据中心层、业务应用平台、指挥调度中心和各级应用客户端等部分，总体架构如图 5-1-10 所示。

感知控制层如图 5-1-11 所示，以各个业务子系统的感知、前端应用为主，构成广泛、精细的感知基础，同时接收并执行指挥中心的指令，发布指挥调度信息。

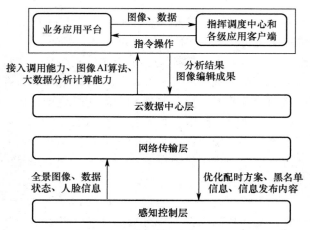

图 5-1-10　基于物联网的道路智能决策分析与指挥调度系统的总体架构

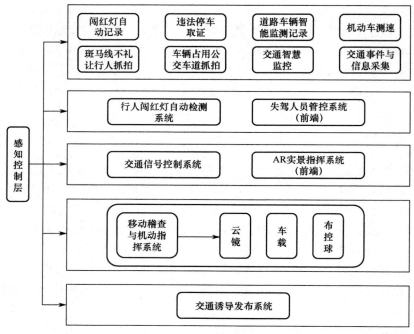

图 5-1-11　感知控制层

网络传输层如图 5-1-12 所示，即构建"前端—中心"的上传网络，以及中心的核心交换网络，其中上传网络一般由运营商提供，核心交换网络由用户自建，采用基于 VRRP 协议的双机设备/负载均衡核心交换方案组网。

云数据中心如图 5-1-13 所示，即通过建设统一的数据中心，实现数据资源汇聚、存储、处理以及应用，通过 CPU 资源集群、GPU 资源集群、大数据资源集群和存储资源集群，实现原始图像的存储、结构化、二次识别，为丰富的应用提供计算分析服务。

业务应用平台如图 5-1-14 所示，整合了交通治理的各类业务应用，通过汇聚、调度各级软硬件资源、算法资源、计算能力资源，以公安交通集成指挥业务框架为依托，为交通管理者提供丰富的应用交互，并能够为民众、其他业务单位提供信息服务。

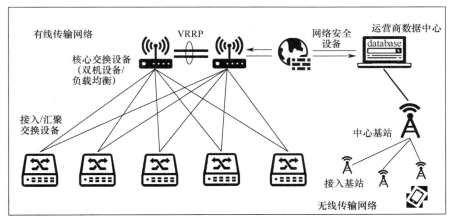

图 5-1-12　网络传输层

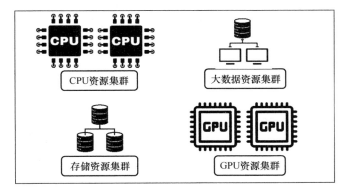

图 5-1-13　云数据中心

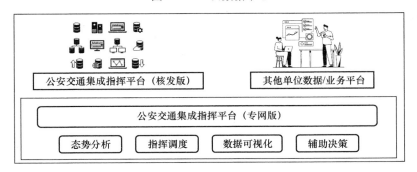

图 5-1-14　业务应用平台

　　指挥调度中心和各级应用客户端如图 5-1-15 所示，是系统与用户实现应用交互的界面，指挥调度中心通过高分辨率的大屏显示控制系统，在应用平台的统一管理下，助力实现警情、勤务可视化，提供辅助决策依据，提高了分析决策和指挥调度效能。各级客户端则根据业务应用的实际需要，分配不同的应用界面，实现资源高效快捷的访问和调用。

　　② 功能实现。

　　基于物联网的道路智能决策分析与指挥调度系统具体包括"1 个平台+4 个系统"，即道路智能交通大数据应用决策服务平台、道路智能交通感知数据采集系统、道路智能交通信息发布系统、道路智能交通信号控制系统、道路交通运行指数评价系统。

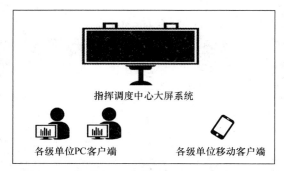

图 5-1-15　指挥调度中心和各级应用客户端

道路智能交通大数据应用决策服务平台是以物联感知、网络通信、数据管理等电子信息技术为基础，以城市道路交通管理实际业务需求为核心，通过信息化手段建立的智能化综合应用平台。平台采用面向服务架构设计思想，有效运用云计算、大数据等先进技术，对各类交通应用资源进行深度整合，基于警用地理信息系统搭建交通态势监测、应急指挥、信息研判、预案管理、信息服务等应用模块，能有效提高交通管理业务的工作效率和服务水平。

道路智能交通感知数据采集系统综合采用视频、微波、线圈、浮动车、卡口等多种采集方式，同时结合共享北斗定位、车载设备、无人机实现道路交通大数据采集，结合云模式下的高清视频分析技术，实现对路口、路段的宏观监控，通过对事故、道路交通信息、道路交通事件检测、道路交通违法取证、高清道路交通监控录像等道路交通信息的大数据采集和分析，获得对交通资源和状态信息的全面感知及指挥能力，实现数据融合、视频资源共享、辅助道路交通指挥决策的目标。

道路智能交通信息发布系统依托移动互联网，不断拓展公众出行信息服务形式，丰富信息内容，提升对公众的服务能力。系统以更加方便、灵活、经济的方式，为公众提供诸如道路施工、交通事故、道路交通气象、临时断道、封路、突发事件、道路交通管制等路况动态信息的发布，以及行车诱导、车管办理、事故快处、通行证办理、驾考培训、车检预约等个性化定制服务，并为城市道路交通各综合行业提供更为广泛和及时的信息资源。

道路智能交通信号控制系统采取两级控制策略，一级为边缘控制，即前端所有检测器的数据全部输入信号机，由信号机根据实时数据自动切换预制方案或自适应调整优化方案；二级为云端控制，即所有前端的信号机、视频检测器全部通过内网网关接入后端平台，由平台根据实时采集的数据和所在时段，自动切换选择相应的配时方案和控制策略并直接下发具体方案给每个信号控制机执行，以满足不同场景下的交通控制需求。

道路交通运行指数评价系统实时发布全路网、分片区中主要道路交通拥堵指数和各主要路段拥堵程度，能够对道路交通拥堵指数、道路交通畅通指数、道路交通拥堵率、拥堵里程比例、拥堵持续时间、高峰拥堵持续时间、常发拥堵路段数、道路交通运行稳定性指数、交叉口运行指数等主要拥堵指数进行监测与评价，定期生成道路交通运行综合评价与道路交通改善建议报告，为道路交通管理决策部门提供全面的道路交通监测参考依据，从而助力提升道路交通治理能力的科学化水平。

（4）案例总结与展望。

本案例建设的城市级道路智能决策分析与指挥调度系统，通过对交通状况和交通数据的感知和采集，并将各感知终端的信息进行整合、转换处理，针对交通信息化发展现状做出分析，形成城市级智能决策分析与道路指挥调度方案。在交通监控方面，通过增强现实（AR）、3D 定位、人工智能（模式识别、事件检测、车辆跟踪等）等技术实现交通监控等应用场景。在交通规划方面，通过增强现实高点全景摄像机获取监控点全景视频，与视场内低点摄像机联动，运用于交通规划、智能诱导、智能停车等应用场景。

6. 基于物联网的智慧街道照明系统

（1）应用背景。

随着全球城市化的迅速发展，城市能源消耗不断增大，传统能源供应模式往往存在效率低下、资源浪费、环境污染等问题，因此，如何实现智慧城市能源的有效管理成为一个亟待解决的问题。

在这一背景下，物联网技术的出现为智慧城市能源管理带来了新的可能性。物联网技术通过连接各种智能设备和传感器，实现了城市各个领域的数据采集、信息传输和智能控制。基于物联网技术，可以构建智慧城市能源管理系统，通过实时监测城市能源消耗、分析能源利用模式、优化能源分配方案等手段，实现对城市能源的智能管理和优化。这一系统可以帮助城市实现能源利用的高效化，减少能源浪费，降低碳排放，提高城市的环境质量和居民的生活品质。

由此，智慧街道照明是一个不仅优先考虑节能而且优先考虑便利性的项目。在夜间（晚上 11 点至凌晨 5 点），智慧街道照明可以基于汽车和人员的移动来控制，也可以根据阳光量自动打开或关闭。采用称为物联网的智能自动化方法可以节省街道照明消耗的能源。就能源消耗而言，街道照明系统非常昂贵，在智慧街道上，智慧街道照明系统的平均成本可能降低一半到百分之七十。

（2）理论知识及关键技术。

① 智能电线杆。

为了设计智慧节能的街道照明系统，可以使用由各种传感器和执行器组成的智能电线杆以及 LED 控制器，这些控制器通过 ZigBee 网络控制和监测本案例设计的智能 LED 照明系统进行照明。ZigBee 是一种无线通信技术，主要用于满足低功耗和低成本的物联网应用需求。它可以通过网状网络的中间设备进行长距离数据传输，以达到更长的距离。此外，它还用于低数据速率应用，以提供安全的网络和较长的电池寿命。ZigBee 网络的主要优点是网络结构灵活、功耗低，但传输速率较低。

② 传感器和执行器。

系统将不同的传感器用于不同的目的，例如，运动传感器用于感应住宅街道、步行街或城市高速公路上是否有乘员或车辆；光传感器用于根据阳光感知特定位置的亮度状态，确保街道的最低照明水平；控制传感器用于监测系统运行状态，检测故障并支持维护和管理工作。

③ LED 控制器（LLC）。

LLC 接收由智能决策模块（SIDMM）基于传感器数据计算得出的强度水平。LED 控制器是所有动态照明控制系统的重要组成部分，用于控制 LED 的颜色，并通过相关色温发光二极管的变色温带与单色调光功能选择和更改色温。该强度信息随后通过控制街道照明系统的 DALI 控制器进一步传输到 LED 灯具的镇流器。DALI 的全称为数字可寻址照明接口，它是一种照明接口系统，允许通过数字信号进行灵活和精确的控制。DALI 照明控制系统具有用于特定照明系统的数字控制器功能，并通过低压双向通信协议在各个功能模块之间传输消息。

④ 主控单元（MCU）。

主控单元由智能决策模块组成，该模块根据行人和高速公路的交通流量计算照明强度水平。此外，主控单元还包含基于脉宽调制（PWM）的调光系统，该系统通过生成基于强度的脉冲宽度来触发直流-直流转换器的电源开关，以调节 LED 的亮度。

⑤ 智能决策模块（SIDMM）。

本案例构建了一个基于高速公路和住宅街道行人交通的智慧节能系统，旨在通过分析车辆和行人的实际移动行为和模式来设计优化的节能模型。智能决策系统基于认知分析，通过输入来预测驱动系统中特定问题的输出并根据深入的数据挖掘做出更准确的决策。

在本案例中，为了确定车辆的移动模式从而调控照明灯具，需要分析大规模参数，如平均交通速度以及微观参数，如车辆行驶时间和车辆间距。任何两辆连续车辆在穿越某个点时的时间差称为"时间前进"，而车辆间距（IVS）由车辆之间的水平距离决定。基于这些参数，系统可以确定经过车辆的移动模式，从而计算出控制街道照明系统的强度信息。

对于低频行人区域，本案例设计了基于智能手机应用程序的控制系统，其中每个智能手机使用 GPS 系统定期将用户位置和配置参数传输到 SSL 服务器。当应用程序服务器检索用户位置时，它会将此信息广播到街道照明控制器。控制器根据接收到的信息和空间数据库，对 LED 路灯进行开机或关机操作，这将有助于节省大量能源。

⑥ 基于脉宽调制（PWM）的调光系统。

由于在 0 点至凌晨 5 点的时间段内，居住者的活动非常少，因此提出了一种基于高速公路和住宅街道照明的运动检测传感器来控制 LED 亮度的调光系统。图 5-1-16 所示为基于 PWM 的调光系统的框图，其中根据传感器输入自适应控制电路产生不同的电压电平信号，然后馈入 PWM 脉冲发生器，产生具有不同占空比的脉冲。PWM 是一种调制技术，它通过产生宽度可变的脉冲来模拟输入信号的幅度。在 PWM 信号中，若高电平脉冲的宽度较大，则表示开关晶体管的导通时间较长；若高电平脉冲的宽度较小，则表示开关晶体管的导通时间较短。这些 PWM 脉冲触发直流-直流（DC-DC）转换器的电源开关，以产生具有两种不同电压电平的输出直流电压，以实现调光功能。调光器是一种电子设备，它连接在灯具中以控制灯的亮度。通过对灯施加电压波形，可以降低光输出的强度。通常，灯的输出以流明（lm）来衡量，也称为"光通量"。

⑦ 可持续电力装置。

可持续电力系统由光伏太阳能电池板（PVSP）单元、电池存储单元和电网组成。电池存储单元在白天通过 DC-DC 转换器充电并存储 PVSP 产生的能量。在光伏太阳能电池板系统中，由于太阳存在非线性行为，电池暴露在各种不利的运行条件下，因此电池被认为是光伏太阳能电池板系统中最敏感的部分。图 5-1-17 所示为基于光伏太阳能电池板系统的电池储能系统，其中所有设备直接或间接连接到直流总线。在白天，电池使用动态充电算法完成充电，在夜间，这种存储电源用于驱动 LED。在具有太阳非线性行为的动态电池完成充电算法之后，基于转换器设计进行占空比和脉宽调制的计算，占空比对应充电或电路关闭的时间。

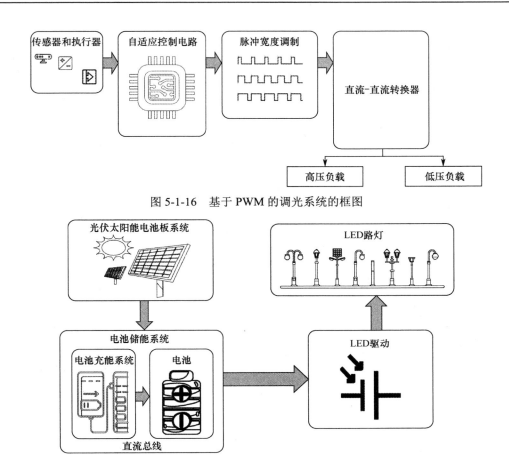

图 5-1-16　基于 PWM 的调光系统的框图

图 5-1-17　基于光伏太阳能电池板的电池储能系统

⑧ 智能电力公用电网。

本案例可以调节住宅街道 LED 路灯的亮度水平，并将电力负载从公用电网转移到安装在智能电线杆上的电池储能电源设备。在频率最低的非高峰时段，负载能耗最低，智能电线杆可以转移到光伏太阳能电池板系统。智能电线杆的节能和消耗状态会定期传输到智能电网，基于这些信息，智能电网进行动态负载配置和管理。

（3）方案设计。

可持续能源可用于经济、社会和环境领域。一个高效的可持续能源管理系统可以通过各种可能的方式，比如使用可再生资源、可持续能源、替代能源，利用智能系统，实施物联网系统、绿色技术去实现。

智能系统是一种技术，用于将现代技术集成到现有的功能或系统中，以提升其性能和智能化水平。在智能系统方面，它利用传感器提取大城市的公用事业系统和交通流量信息，分析信息的模式并进行预测。分析结果通过网络自动传输和共享，无须依赖传统的人机或人与人交互方式，这种系统被称为物联网（IoT），绿色技术被用来解释科学技术在开发环境友好型产品中的作用，绿色技术的一些例子包括水净化、保护自然资源、创造能源和废物回收管理。绿色技术不仅用于开发环境友好型产品，还被集成到各种机械设备和计算设备中，以提升它们的能源利用效率和环保性能。

图 5-1-18 所示为可持续节能智慧街道照明系统的架构图，该系统由智能电线杆等组成，电线杆通过传感器和执行器将光与运动信息传输到主控制单元（MCU），主控制单元根据这些信息进行强度计算，并通过配备在智能电线杆上的 LED 灯光控制器（LLC）使用基于 PWM 的调光系统调整 LED。对于可持续能源，案例使用单独的可持续电力系统，该系统由光伏太阳能电池板、电池存储系统和智能电力公用电网组成。

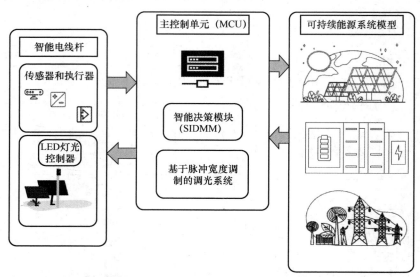

图 5-1-18　可持续节能智慧街道照明系统的架构图

（4）案例总结与展望。

本案例通过介绍智能路灯系统、智能决策模块、PWM 调光系统等技术，提出了一种综合的、可持续的智慧城市能源优化方案。本方案利用物联网技术实现了对能源的智能管理，通过智能决策模块对能源使用情况进行实时监测和分析，并采用 PWM 调光系统对路灯进行智能控制，从而提高能源利用效率、降低能源消耗。本案例具有以下优点。

① 提高能源利用效率：通过智能决策模块的实时监测和分析，能够及时调整能源使用策略，最大限度地提高能源利用效率。

② 降低能源消耗：通过 PWM 调光系统对路灯进行智能控制，可以根据实际需求调整亮度，从而降低能源消耗。

③ 实现智慧城市管理：该方案采用物联网技术，实现了对城市能源系统的智能管理和监控，为建设智慧城市提供了重要支持。

在未来展望方面，可以进一步深入研究以下几个方向。

① 提高智能决策模块的智能化水平：通过引入更先进的数据分析和机器学习技术，进一步提升智能决策模块的智能化水平，实现更精准的能源管理。

② 拓展应用场景：将该案例应用到更多的智慧城市场景中，如交通管理、环境监测等领域，实现智慧城市管理的全面覆盖。

③ 提高系统的稳定性和可靠性：进一步优化系统设计和算法，提高系统的稳定性和可靠性，确保能够在各种复杂环境下正常运行。

通过不断的研究和创新，基于物联网的智慧城市能源优化技术将会得到进一步的发展和应用，为建设智慧、可持续的城市提供重要支撑。

7．基于智能云和车联网的空闲停车位预测

（1）应用背景。

近年来，物联网（IoT）、云计算和移动技术的迅猛发展为多种应用提供了广阔的可能性，包括智能家居、智能建筑和智能交通等领域。基于技术发展和不断拓展的具体应用，智慧城市的愿景似乎正在成为现实。借助于物联网传感器技术的推动，智慧城市与车联网（IoVT）领域的联系日益紧密，形成了更广泛的智能化生态系统。通过部署和使用各种物联网传感器，人们可以将这些传感器连接成一个网络，从而实现智能交通系统的功能。如图 5-1-19 所示，所有独立和分散的组件都能够独立运行并相互配合，这正是构建智能交通系统的基础。

图 5-1-19　车联网赋能智能交通

在智能交通系统的背景下，停车是一个具有现实意义的重要问题。停车位的空置情况通常会随着一天中的时间、星期几（无论是否为假期）等因素而动态变化，甚至有时候地理位置也会起到关键作用，这些因素的不断变化使得停车管理变得复杂多变。目前，工业界和学术界都意识到了这一问题，并且多年来一直在稳步增大工作量。然而，由于车辆规模、时间和空间特征的不断增长与演变，以及其他环境因素和人类心理的影响，找到解决问题的方法变得异常艰难。

就停车问题而言，提前预测空闲停车位是解决这一难题的一种方法，这种方法很容易理解，同时，这也是实现基于车联网的智慧城市概念的一小步。基于这一观点，可以认为解决停车位估计问题是解决更大停车问题的先决条件。通过解决停车位估计问题，可以预测任何给定停车场的停车位数量。为了找到停车位估计问题的解决方案，时间序列分析是一种理想的工具。支持向量回归、高斯过程回归、神经网络高斯过程等方法在各种问题上都表现出良好的效果。本案例从众多研究文献中获取灵感，决定尝试使用核自适应滤波（KAF）来找到最佳的空闲停车位数量。

（2）理论知识及关键技术。

基于智能云和车联网的空闲停车位预测，其理论知识涵盖了云计算、大数据分析和车联网技术的融合应用。云计算提供强大的数据处理和存储能力，支持实时更新和查询停车信息；

大数据分析则通过对历史数据和实时数据进行挖掘，建立预测模型，提高预测准确性；车联网技术则实现了车辆与停车场之间的信息交互，使得空闲停车位信息能够实时更新和共享。

关键技术包括传感器技术、实时数据传输技术和数据分析与预测技术。传感器技术用于实时检测停车位的使用情况，实时数据传输技术确保数据的准确性和实时性，而数据分析与预测技术则基于大数据分析和机器学习技术，对停车位的使用情况进行预测和优化。这些技术的综合应用，使得空闲停车位预测系统更加智能、高效和准确。

在物联网的感知层，通过安装在停车场内的传感器和摄像头等设备，实时收集停车位的使用情况、车辆进出场数据以及周边道路交通状况等信息。在网络层，利用物联网技术将感知层收集的数据传输到智能云平台，确保数据的实时性和准确性。在数据层，在智能云平台上对数据进行存储、处理和分析，提取有价值的信息用于空闲停车位预测。在应用层，基于数据层提供的信息，为车主、停车场管理者和政府部门等提供空闲停车位预测、导航、支付等应用服务。实现步骤如下所述。

① 数据收集：通过感知层设备实时收集停车场的各项数据，包括停车位使用情况、车辆进出场数据、周边道路交通状况等。

② 数据传输：利用物联网技术将感知层收集的数据传输到智能云平台，确保数据的实时性和准确性。同时，对数据进行加密处理，保障数据安全。

③ 数据处理与分析：在智能云平台上对数据进行存储、处理和分析。首先，对数据进行清洗和预处理，去除无效和异常数据。然后，运用大数据分析技术对数据进行挖掘和分析，提取有价值的信息用于空闲停车位预测。此外，还可以结合历史数据和实时数据，建立预测模型，对未来一段时间内的空闲停车位情况进行预测。

④ 空闲停车位预测：基于数据处理和分析的结果，为车主提供空闲停车位预测服务。车主可以通过手机 App 或车载终端实时查看周边停车场的空位情况，并选择合适的停车场进行停车。

⑤ 应用服务：除空闲停车位预测服务外，平台还可以为车主提供导航、支付等应用服务。例如，根据车主的停车需求和目的地信息，为车主提供最优的导航路线；支持在线支付功能，方便车主快速完成停车费用支付。

⑥ 监控与优化：平台还需要对停车场的使用情况进行实时监控和优化。通过分析停车场的使用数据和用户反馈信息，及时调整停车场的运营策略和管理措施，提高停车场的利用率和服务质量。

（3）方案设计。

智慧城市的理念可借助各类智能传感器得以实现。这些传感器利用云计算技术，将收集的原始数据转换为有用信息，从而实现智能化。在这个过程中，计算资源需求时高时低，如在停车位预测中。云服务器负责处理传感器数据并实时发送结果，以实现资源整合，并提供出色的用户体验。车载传感器与云计算相结合，实现了车联网视觉，同时在多种设备的组合下，车载传感器形成了虚拟车联网，通过云基础设施连接到全球。停车场提供的传感器也成为全球车联网传感器联盟的一部分，将信息发送到云服务器进行聚合和空置预测。

① 系统架构。

基于云的智能停车管理系统使用的堆栈整体视图的详细级别如图 5-1-20 所示，本系统能够实现多层次相互协同工作。这里需要注意的是，本案例介绍的工作不仅使用了多个堆栈，而且集中于堆栈的大数据分析部分。除图 5-1-20 中展示的堆栈外，本案例遵循的主要机制如图 5-1-21 所示。

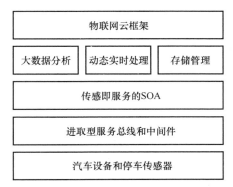

图 5-1-20　基于云的智能停车管理系统使用的堆栈整体视图的详细级别

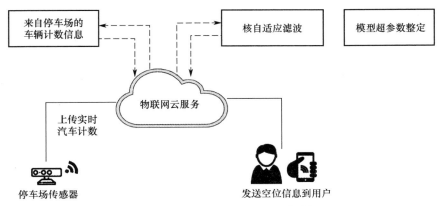

图 5-1-21　本案例遵循的主要机制

　　根据图 5-1-21，停车场的可用传感器将监测特定区域汽车的进出情况，并将数据上传至该区域的本地系统，本地系统将与基于云的服务提供商连接。值得注意的是，整个信息流从一个端点到另一个端点将通过底层中间件完成，因此，中间件将包括两个组件：一个用于传输传感器数据至本地系统，另一个用于将本地停车场数据传输至云端。接下来，云服务提供商将运行本案例提出的停车场空置预测算法，这个过程涉及许多超参数，这些超参数将在云服务器上自动调整。因此，除传输数据外，本地系统无须进行额外操作。最后，预测完成后，结果将发送给用户或交通部门，以便他们采取适当和及时的行动。整个控制流程如图 5-1-22 所示。

　　② 算法设计。

　　在本算法中，KAF 的目标是学习输入和输出点对之间的映射关系。具体来说，目标是根据数据点 (x_i, y_i) 的序列找到映射 $f : X \rightarrow Y, i = 1 : N$。其中，$(x_i, y_i)$ 是输入，$y_i \subset \mathbf{R}$ 是输出。该问题的假设空间被假定为再生核希尔伯特空间。估计输入和输出映射是一项具有挑战性的任务，这是一个众所周知的问题。在这方面，著名的核最小均方算法（KLMS）就派上了用场，算法如下：目标是最小化方程（5-1-1）所示的平方损失函数

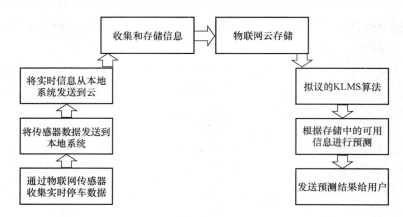

图 5-1-22 所提模型中的控制流程

$$MSL = \sum_{i=1}^{N}(y_i - \hat{y}_i)^2 \tag{5-1-1}$$

式中，y_i 是真实输出，$\hat{y}_i$ 是预测输出。在 KLMS 中，从以下数据序列 $(\phi(x_i), y_i), \cdots, (\phi(x_n), y_n)$ 中进行学习，这里 $\phi(x)$ 是高维空间中变换后的输入。该算法学习映射的方式总结为式（5-1-2）～式（5-1-4）

$$W_0 = 0 \tag{5-1-2}$$

$$e_n^i = y_n - W_{n-1}\phi(x_n) \tag{5-1-3}$$

$$(x_i, y_i) \tag{5-1-4}$$

式中，W_n 是估计的权重向量 W 的各元素，e_n^i 是预测中的误差。从上面的公式可以清楚地看到，获取权重向量和转换后的数据是具有挑战性的，因此，在本案例中使用了内核技巧。该方法可以总结如下

$$W_{n-1}\phi(x_n) = \eta\sum_{i=1}^{n-1} e_n^i \kappa(x_i, x_n) \tag{5-1-5}$$

$$y_t = F(x_{t-1}, x_{t-2}, x_{t-3}, x_{t-4}, \cdots, x_{t-\tau})\tau \tag{5-1-6}$$

在上面的公式中，η 是步长，κ 是梅塞尔（Mercer）内核，最常用的内核之一是高斯核，如式（5-1-7）所示

$$\kappa(x_i, x_n) = \exp\left(-\frac{\| x_i, x_n\|^2}{\sigma}\right) \tag{5-1-7}$$

根据 Mercer 定理，可得

$$\kappa(x_i, x_n) = \phi(x_i)\phi^{\mathrm{T}}(x_n) \tag{5-1-8}$$

这里需要注意的是，KLMS 的输出包括权重向量（W）和预测的输出集 $\hat{y}_i = \sum_{i=1}^{n-1} e_n^i \kappa(x_i, x_n)$。

在上面的介绍中详细讨论了 KLMS。接下来，本案例将介绍问题的表述：案例遵循 n 的顺序采用自回归的思想。在自回归中，案例通过对过去序列的组合来预测时间序列的未来值。从数学上讲，回归问题的公式为

$$y_t = F(x_{t-1}, x_{t-2}, x_{t-3}, x_{t-4}, \cdots, x_{t-\tau}) \tag{5-1-9}$$

这里的 τ 是嵌入维度。在上面的公式中，总体目标是利用历史值估计基础函数 F。在文献中，

特别是在函数近似理论中，有几种方法可以估计它。但是，与现有文献相比，本案例使用了 KLMS 来预测未来的空闲停车位。

这里应该注意的是，本案例的目标是预测停车计数的下一个百分比变化，因此，问题变成了一个基于百分比变化的自回归问题，从而给出了基于概率的停车计数预测结果。

（4）案例总结与展望。

本案例提出了一个预测空闲停车位的框架，旨在推动智能交通系统的发展。其主要目标是解决停车位估计问题，为实现智能交通系统迈出一步。为了达成这一目标，本书借鉴了云计算、物联网和 KAF 的理念，首先设计了一个用于感知和收集停车计数的架构，随后，利用 KLMS 将停车计数转换为自回归问题，并预测空闲停车位的数量。

未来的工作将致力于探索更先进的技术，以提高预测准确性和降低误差率。现有文献通常专注于最小化残差的平方和，并将其作为损失函数的基础。与之不同，本案例将尝试通过最大化两个不同向量之间的相似性来解决问题。在这个方面，诸如相关熵的概念可能会被纳入考虑，这些方法将在未来的研究中得到进一步的探索。

5.2　智慧农业

5.2.1　智慧农业简介

目前，学术界对智慧农业还没有统一的定义，有些学者认为智慧农业是用现代化的技术为农业提供指导服务，使农业生产更加标准、智能化，从而提高农业生产的质量和效率；还有些学者则认为智慧农业利用现代化技术提高农业系统的竞争力，实现农业的可持续发展，从而达到降耗环保的目的。总体而言，智慧农业是一种利用物联网、人工智能、大数据等现代信息技术与农业进行深度融合，从而实现农业生产全过程的信息感知、精准管理和智能控制的全新的农业生产方式。

智慧农业一般由智慧农业生产、智慧农业管理、农业智能服务及智慧农产品安全 4 部分组成。智慧农业生产通过大数据、物联网等技术实现农业生产的可视化诊断、远程控制及灾害预警等功能，提升了农业生产的效率及农业生产抗风险能力，智慧农业生产主要包括智能化的农田种植、畜牧养殖及水产养殖；智慧农业管理是指运用现代化的技术对农业生产进行组织管理，从而解决农业种植分散、市场信息不充分等问题，达到提高农产品质量水平、促进农业产业结构优化提升的目的，智慧农业管理的主要发展形式为各类平台，如农村电商平台、农业信息平台、土地流转平台等；农业智能服务主要为农民提供各类信息服务，主要包括生产信息服务及物流服务，生产信息服务能为农民提供有关政策与方针，物流服务则可以最大程度地减小农产品运输中的损耗，减小农业损失；智慧农产品安全致力于保障农产品的安全，主要包括产品质量检测、品质认证及质量追溯三部分，质量检测从生产前端开始，全程进行有效监管，品质认证帮助农产品建立品质品牌，质量追溯则是指售后保障，每个农产品都可以通过产品标码进行产品售后与跟踪服务，该部分大大提高了农产品质量，且减少了食品安全事件的发生。

虽然智慧农业是农业生产模式向前发展的一大步，能大大提高农业生产质量和效率，实现农业的可持续发展，但它并未很好地普及，主要存在以下问题。

（1）基础设施不足。我国的农业大部分处于农村地区，受到地质和环境等因素的影响，农村地区的信息化建设进展缓慢，难以达到建设智慧农业系统的要求，且农村人力、物力等资源都远远不足，所有试验都只能停留在试验点，难以真正得到实践。

（2）专业人才短缺。智慧农业的发展时间还不长，且未得到普及，因此智慧农业方面的专业人才很少，且人才多从农村流向城市，使农村专业人才短缺问题更加严峻。

（3）运营商合作标准不统一。在农业信息化建设过程中，运营商并未实现资源的共享，使得农户不能享受信息技术的便利。

（4）智慧农业技术未成熟。虽然物联网技术已经被广泛应用于农业生态监测、物流管理等各方面，但依旧处于初期阶段，还存在应用标准不统一、运营体制不完善等问题，相关部门还需加大对农业物联网技术的项目建设力度，积极探索农业产业化发展道路。

（5）应用领域较窄。现阶段的物联网技术在农业中的应用还不够全面，许多功能仅处于设想阶段或试验效果不佳。

（6）新技术难以推广。智慧农业中加入了许多新技术，而新技术的标准缺乏统一性，且新技术的运用需要的标准较多，其制定过程需要较多人力和物力，因此新技术标准的更新周期较长，导致新技术的推广受限，不利于新技术的运用与推广。

5.2.2　物联网在智慧农业系统中的应用

1. 在系统设计中的应用

智慧农业系统的设计采用物联网体系架构，分为感知层、传输层与应用层。感知层完成对农业生产环境信息的采集，实现动态监测，能及时发现并掌握农业生产过程中存在的问题；传输层通过各类通信技术将感知层采集到的信息传输到数据处理中心；应用层对信息进行最后的处理和调整并存储。

2. 在监控系统中的应用

通过无线传感器网络与视频监控技术对整个系统区域内的农作物进行全方位监控，有效避免了人工监控易出现失误这一问题，并且提升了农作物的质量。

3. 在节水灌溉中的应用

传统的农业种植系统需要人工灌溉，何时灌溉、灌溉水量均靠经验进行判断，这既不利于农作物的生长，又容易浪费水资源。智慧农业系统通过物联网技术实现了全自动的灌溉操作，通过对传感器采集到的土壤湿度、光照、温度等基本信息进行智能化分析整合，确定是否灌溉及灌溉水量，实现精细化灌溉，且在灌溉过程中，使用物联网技术可以自主发现问题，并不断进行优化，构建一个高效率、低能耗、科学管理的灌溉平台。

4. 在质量安全追溯中的应用

物联网技术可以为每件农产品配备独一无二的电子标签及条码，确保每件农产品都可追溯到源头。在信息查询过程中，商家可以通过物联网查询产品追溯码，了解整个生产及销售流程，消费者也可以通过物联网查询产品信息。

5.2.3　智慧农业系统的结构

智慧农业系统主要由信息采集系统、视频监控系统、智能控制系统及远程控制系统 4 个子系统组成，在具体的应用中，会在这 4 个子系统的基础上进行扩充。信息采集系统通过各类传感器进行信息采集；视频监控系统对整个生产区域进行监控，且对信息采集系统采集的信息进行监管，确保生产区域内无异常情况发生；智能控制系统通过对信息采集系统采集的信息进行分析、整理，制定出系统的、全面的农业管理方案；远程控制系统利用前三个系统得到的信息，对系统区域进行浇水灌溉、大棚温度控制等。4 个子系统相互影响、相互作用且不可分割，图 5-2-1 所示为智慧农业系统结构图。下面对 4 个子系统进行详细介绍。

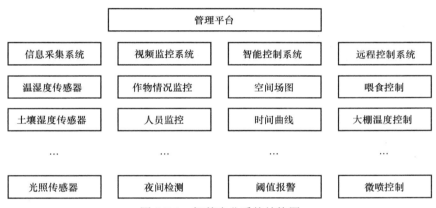

图 5-2-1　智慧农业系统结构图

1. 信息采集系统

在农业种植中，信息采集系统主要利用高精度传感器采集与检测农作物生长的环境因素，即风速、温湿度、光照、气候等。在家禽养殖中，信息采集系统主要采集和检测养殖物的生长状况、食物信息及生长环境，然后通过智慧云端实现远程信息的采集与监控，使广大农民了解作物及家禽的实时生长情况，并根据这些情况对未来的作物生长环境及家禽的食物、生活环境做出调整，为农作物的生产及家禽的养殖提供一个健康、合理、科学的环境。

信息采集系统主要由计算机网络、传感器模块组成，系统利用计算机网络将传感器模块采集的各种环境数据上传给中心服务器。

2. 视频监控系统

视频监控系统是信息采集系统的补充，通过安装高清网络监测系统，对农作物及家禽进行管理。整个生产区域实施 24h 监控，并通过 NVR（Network Video Recorder，网络视频录像机）完成全部视频的录像任务，管理人员通过计算机网络获取这些视频数据，实现远程监控。

智慧农业中的视频监控系统不同于别的智能产业中的视频监控系统，它没有安防功能，只是对农作物、家禽生长情况及病虫害、禽流感发生情况进行监测，便于农户采取有效措施进行病虫害防治及病发家禽捕杀。因此，视频监控系统应提高对各种细节的辨识度，如对农作物叶面、根部，家禽皮肤、粪便等的辨识。

3. 智能控制系统

智能控制系统是智慧农业的核心，通过智能科学技术对信息采集系统及视频监控系统所得的数据进行智能分析，将农作物及家禽的生长状况数字化，然后制定出合理、科学的种养殖方案。除制定方案外，该系统还具备自动学习能力，每次制定方案后收集到的数据对系统而言都是一组新的数据，根据这些不断收集的数据，智能控制系统会不断调整自己的认知，从而得到更好的方案。

4. 远程控制系统

远程控制系统主要结合前三个系统收集和处理后的数据，对比预先设置的阈值，自动或手动地对区域内的各类设备进行控制，如大棚光照、灌溉、喂食控制等。

底层设备必须依赖远程控制系统才能有效运行，即远程控制系统控制着底层设备的开关，如在软件系统中设定 0 为关闭灌溉设备，1 为打开灌溉设备，当农作物土壤湿度低于阈值时，远程控制系统会自动从 0 转到 1，打开灌溉设备，灌溉完后会自动从 1 转到 0，关闭灌溉设备。

5.2.4 智慧农业应用实例

1. 智慧渔业水产养殖系统

水产养殖是农业中的一个重要领域，我国是水产养殖大国，但距离水产养殖强国还有一段很长的路要走。随着人工智能、大数据、物联网等技术的发展，世界已进入以计算机技术为基础、以智能化产业为主导的科技发展新时代，智慧农业就是其中的一个产物。智慧渔业是智慧农业中的一个分支，它是以人工智能为核心技术，集数字化、电子化、工业化、机械化、大数据信息等技术为一体的创新技术平台。它通过将传统渔业与智能科技、养殖技术、装备技术、信息技术进行深度融合，实现了水产养殖的生产自动化、管理信息化、决策智能化，有效做到水产养殖产业集约化、规模化，促进了渔业的可持续发展。智慧渔业的宗旨是将人工养殖重新转换为生态增殖，仅通过各类传感器及远程设备，对水域进行少量操作，以保证绿水青山的常态化、长久化发展。智慧渔业的出现为水产品供不应求的问题提供了解决方案，也为解决传统渔业存在的问题做出了很大的贡献。智慧渔业的系统结构图如图 5-2-2 所示。

该系统通过高清摄像头获取动态水体环境状况；将温度传感器等多种传感器组合使用，获取水温、pH 值、溶氧等信息；利用单片机等设备实现饲料投喂自动化；将大量的实时数据从雾节点传回云端进行分析，及时处理如由水体含氧量不足所引起的鱼群浮头等问题，将常规动态管理自动化，同时提供足量的信息给专业养殖人员和管理人员，以应对突发状况，实现远程人工控制决策。

2. 智慧灌溉系统

智慧灌溉系统包括实时信息监测子系统、通信子系统、历史及实时数据管理子系统、实时灌溉预报及渠系动态配水子系统、闸门监测控制子系统、文件管理子系统。实时信息监测子系统负责监测整个灌区的各类信息，包括土壤墒情、渠道水位及流量、气象信息、作物信息等；通信子系统负责将监测点收集到的模拟信号转换为数字信号，并将其上传至服务器端的相应模块；历史及实时数据管理子系统展示了监测点的历史数据和实时数据；实时灌溉预报及渠系动态配水子系统根据各类实时信息对灌区进行浇灌，这些实时信息包括天气预报、参考作物蒸发蒸腾量 ET_0 预报和灌水预报；闸门监测控制子系统根据渠系配水结果进行相应的闸门开闭控制，同时监测闸门的实时闸前水位、流量和开度等信息；文件管理子系统负责为系统运行时的基础信息、监测信息、预报信息、配水信息、闸门信息等提供图表文件下载和打印接口。智慧灌溉系统的功能如图 5-2-3 所示。

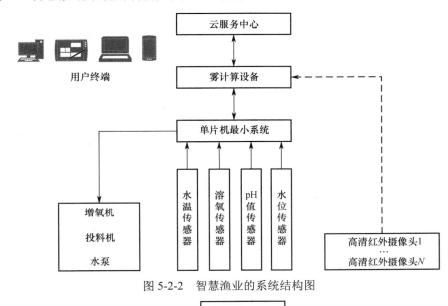

图 5-2-2　智慧渔业的系统结构图

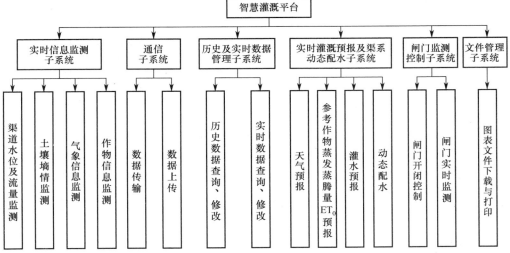

图 5-2-3　智慧灌溉系统的功能

3．智慧大棚解决方案

温室大棚是指在一定封闭空间内给农作物生长提供合适的生长环境，使其不受区域、气候、自然环境等因素的限制。传统温室大棚通过人工监测大棚内的各项环境指标，使其满足所需要求，但人工监测方法费时费力，且监测的实时效果差，难以满足现代化的农业生产要求。智能大棚解决方案在传统温室大棚的基础上融合了物联网、移动通信等技术，有效克服了人工监测方法的缺点，实现了温室大棚养殖农作物的数字化与智能化。

智慧大棚系统的设计框图如图 5-2-4 所示，整个系统由智慧大棚环境数据采集系统、数据服务管理系统及用户端系统组成。

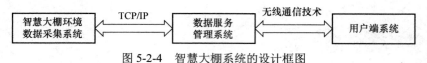

图 5-2-4　智慧大棚系统的设计框图

智慧大棚环境数据采集系统框图如图 5-2-5 所示，其主要功能为数据采集、数据显示和数据传输。该系统首先通过在温室大棚内部署各类传感器及摄像头来实现大棚内温湿度、光照、土壤湿度、CO_2 浓度等数据的收集，然后中央处理器将数据传输给数据服务管理系统，同时通过各类接口模块实现人机交互，如通过 LCD 显示接口模块实现数据显示，通过键盘接口模块实现用户输入命令等。

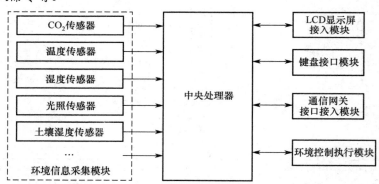

图 5-2-5　智慧大棚环境数据采集系统框图

数据服务管理系统的功能结构如图 5-2-6 所示，由数据实时监测模块、历史数据查询模块、数据备份模块、报警模块、系统管理模块组成。数据备份模块用于备份环境数据采集系统上传的数据，防止数据丢失；数据实时监测模块可以查询各监测点的监测数据，且可以将数据以图表的方式显示出来；历史数据查询模块用于查看某一时间段内各个监测点采集的环境数据与统计信息；报警模块是根据用户设定的各类环境因子阈值而设置的报警系统，一旦监测点上传的数据发生异常或超过阈值，就会触发报警系统；系统管理模块主要用于配置和管理系统，包括用户权限管理、环境因子阈值设置等功能。

用户端系统的功能结构如图 5-2-7 所示，由数据实时监测模块、历史数据查询模块、环境指标管理模块、手动/自动控制模块及系统设置模块组成，主要实现了用户通过手机 App 远程实时监控大棚的现场环境，并自动或手动智能调整指定设备状态的功能。

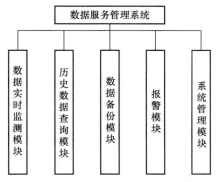

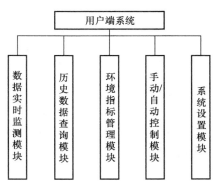

图 5-2-6　数据服务管理系统的功能结构　　　　图 5-2-7　用户端系统的功能结构

4．基于物联网的智能水管理系统

（1）应用背景。

水是人类在地球上生存环境的重要组成部分，各种各样的生物都严重依赖水生存。人口的增加导致用水量的增加，人们对水资源短缺的担忧也日益增加。除对饮用水稀缺的普遍担忧外，人们对农业用水的稀缺也越来越关注。为了应对水资源短缺的挑战，开发有效的水管理系统至关重要。水管理主要通过实时监测水位和水质来实现，实时水位监测可以显著减少因水箱溢流而造成的水浪费。水管理系统还可以通过分析一天中不同时段的水位来帮助监测智能家居中的漏水情况。智能水管理系统在构建智能化社会中发挥着不可或缺的作用。

（2）理论知识及关键技术。

基于物联网的智能水管理系统由传感器、通信组件、控制器和用于显示数据的应用平台组成。图 5-2-8 所示为基于物联网的智能水管理系统的各种组件。

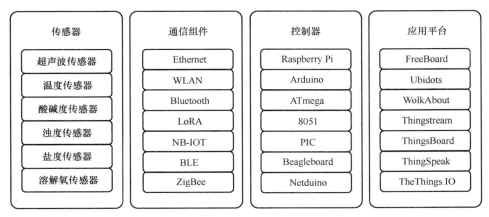

图 5-2-8　基于物联网的智能水管理系统的组件

测量饮用水的质量是一项复杂的任务，涉及各种参数。虽然某些质量参数可以很容易地测量，但其他质量参数的测量需要专门的硬件和专业知识，常用的水质参数如下。

酸碱度：它是水基溶液的酸性和碱性物质的量度。较高的 pH 值表示碱性溶液，而较低的 pH 值表示酸性溶液。世界卫生组织（WHO）建议最佳 pH 值在 6.5～9.5 范围内。

溶解氧（DO）：它是溶解在水中的气态氧（O_2）的量度。用水中溶解氧的含量可以判断水的质量。流动的水（如河流和溪流）的溶解氧高，而死水的溶解氧低，溶解氧的值越大，水的味道越好，但会导致管道腐蚀。

浊度：它是衡量水透明度的指标，是评估水质的重要测试参数。浊度通常以浊度单位（NTU）来测量，有时也使用甲嗪浊度单位（FTU）来测量。根据 WHO 指南，饮用水的浊度值应小于 5NTU。

电导率：它是衡量水中溶解物质含量的指标，通过水的导电能力来反映。电导率越高，表明水中溶解的物质越多。饮用水的电导率不应超过 400μS/cm。

总溶解固体（TDS）：它是水中溶解的有机物质和无机物质的量度。高 TDS 值表明存在大量矿物质。饮用水中 TDS 的推荐值为 500mg/L，大于 1000mg/L 的水不适合饮用。

温度：这是影响水质的一个重要因素。饮用水的温度应控制为 40～60℃。

盐度：它是溶解在水中的盐的量度。较高的盐度对人体会产生不利影响，饮用水中的盐度应小于 200ppm（ppm 表示一百万分之一）。

① 传感器。

市场上的各种传感器可用于测量物联网生态系统中的温度、湿度、光照强度等参数。基于物联网的智能水管理系统常用的传感器包括超声波传感器、温度传感器和 pH 传感器。

超声波传感器：为了测量水箱或水库中的水位，可使用超声波传感器。超声波传感器是一种距离测量传感器，可以很容易与市场上的不同控制器连接。该传感器被广泛用于实时监测水箱中的水位。

温度传感器：根据 WHO 指南，水温是控制军团菌产生的重要因素。在可能的情况下，水温应保持在 25～50℃范围之外，最好保持在 20～50℃范围之外，以防止生物体的生长。要检查水质，温度是一个重要参数。市场上有多种传感器可以测量更宽范围（−50～125℃）的温度。

pH 传感器：为了检查水基溶液的酸性和碱性，使用了 pH 传感器。较高的 pH 值表示碱性溶液，而较低的 pH 值表示酸性溶液。WHO 建议饮用水的最佳 pH 值在 6.5～9.5 范围内，并指出暴露在极端的 pH 值环境（pH 值低于 3 或高于 11）下，可能会对眼睛、皮肤和黏膜造成刺激，甚至对健康产生不良影响。

② 通信组件。

为了满足低功耗、内存密集和资源受限的物联网设备需求，目前已经提出了许多低功耗通信技术，这些技术包括低功耗蓝牙（BLE）、ZigBee、低功耗 Wi-Fi、窄带物联网（NB-IoT）、低范围（LoRA）等。在 BLE 中，所有外围设备都处于睡眠模式，并且当从中心节点传输数据包时，所有外围设备都处于唤醒模式，这有助于降低网络的整体能耗。另外，低功耗 Wi-Fi 基于 IEEE 802.11ah 标准，与基于 Wi-Fi 的普通通信相比，功耗更低，同时实现了更大的传输范围。ZigBee 在 IEEE 802.15.4 标准下运行，用于低数据传输速率短距离通信应用，如自动化、工业等。LoRA 和 NB-IoT 是基于低功耗广域网（LPWAN）的通信技术，LoRA 是第一种被商业采用的低成本通信技术，它以高达 50kb/s 的低数据传输速率提供远距离通信。

③ 控制器。

基于物联网的水管理系统的控制器通常分为单片机板型和小型机型。单片机板型控制器

（如 Arduino）是一种微控制器，能够循环执行单一程序，成本较低。相比之下，小型机型控制器（如 Raspberry Pi，树莓派）属于袖珍型计算设备，性能更强，能够运行多个程序，适合处理复杂任务。这类设备具有成熟的计算能力，适用于多种应用场景。Raspberry Pi 包含板载 Wi-Fi 及用于连接到互联网的以太网网络接口，Arduino 板需要外部硬件才能连接到互联网。

④ 应用平台。

随着物联网设备使用量的快速增大，现在可以使用大量称为仪表板的物联网应用平台。一些平台还提供应用程序，用于使用移动设备来控制和监控物联网设备。FreeBoard、Ubidots、ThingSpeak 等是一些常用的物联网应用平台。

（3）方案设计。

案例所提出的系统是一个基于物联网的智能水管理系统，它将记录水位和水质参数，如图 5-2-9 所示。系统由 Python 编写而成，将在作为控制器的树莓派上运行。控制器将连接到用于质量和液位测量的传感器，如用于测量水位的超声波测距传感器、用于检测水 pH 值的 pH 传感器等。对于实时监控，在控制器中集成物联网应用平台非常重要，这些平台使用户能够通过互联网控制树莓派等物联网设备，并能够在移动应用程序上显示实时水位。

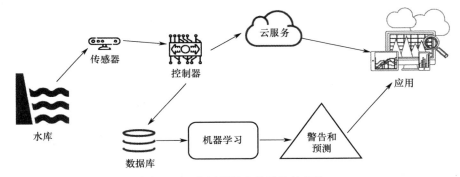

图 5-2-9　案例所提出的系统的架构

为了分析水位和其他质量参数，这些值存储的安全位置非常重要。案例系统能够使用 Google 表格 API 将当前值实时更新到 Google 表格。Google 表格 API 是一个轻量级的应用程序编程接口，用于从树莓派等低计算设备读取和写入 Google 表格的数据。所有读取和写入请求都需要 API 密钥，因此这是一种更新数据值的安全方法，并可防止重放攻击。记录的值可以被拆分为训练和测试数据，以开发机器学习模型。由此产生的警报和预测可以发送给用户，以便采取必要的行动。

智能水管理系统所必需的基本属性如下。

① 低成本：高昂的成本阻碍了大规模部署，特别是在智慧校园或智慧城市中。

② 低能耗：考虑到不断增长的能源需求和高能源需求对环境存在的影响，系统的低能耗是很重要的。

③ 易于部署和维护：系统应该支持远程软件维护和复位功能。

④ 水位和质量参数：对于一个完整的水管理系统，除水位外，还需要分析和存储其他质量参数，额外的传感器会导致额外的能源消耗和成本增加。

⑤ 实时监测：智能水管理系统应支持实时监测，实时监测可以用于监测水溢出和泄漏。实时监测需要主动连接网络，能耗高。除此之外，云计算还可以用于实时监测过程。

⑥ 安全性：保护物联网设备和消息是一项具有挑战性的任务，特别是当这些设备部署在不同的物理位置时。操作系统的漏洞可以被黑客利用来窃取敏感信息，因为它们总连接到互联网，所以这些设备是机器人主要的感染目标。

近年来，机器学习和深度学习彻底改变了数据分析和预测的方式。机器学习可以用于水管理系统，以预测智能家居/校园在某天/某个季节的不同时间的用水量。同样，通过分析过去的数据，可以预测校园内各种建筑的需水量。对雨季等不同事件对水质的影响也可以进行分析和预测。

机器学习还可以通过分析各种质量参数来检查水的可携带性。近年来，人们已经做出了一些努力，利用机器学习来检测水的可携带性。预计在未来几年，机器学习在检查水的可携带性方面的应用将会增多。

（4）案例总结与展望。

智能水管理系统是创建智慧城市和校园的当务之急，物联网设备在智能水管理系统中的使用正变得越来越突出。连接到物联网设备的低成本传感器的可用性解决了测量水质量的问题。在本案例中，介绍了基于物联网的智能水管理系统的各种组件，以及对所有现有智能水管理系统做了深入调查。确定了各种测量参数，如水位、pH 值、浊度、盐度等，并基于这些参数对所有现有系统进行了比较。此外，还列出了智能水管理系统的各种基本属性。然而，实时测量的低能耗挑战仍然存在，因此，基于物联网和机器学习的智能水管理系统架构被提出作为未来研究的方向，其将在实现上述功能的基础上，通过机器学习预测技术提升系统效率。除此之外，物联网用于评估和测量不确定性的覆盖系数也可以被纳入未来的工作范畴。同样，提高灌溉和防洪水管理系统预测的准确性也是一项挑战，可以进一步探索使用物联网设备测量经济性缺水方面的应用潜力，特别是在农业部门。

5．基于物联网的土壤湿度和大气传感器在精准农业中的应用

（1）应用背景。

精准农业是一种利用现代化技术手段对农业生产过程进行全面、精确、高效管理的新型农业生产方式，旨在实现农业的可持续发展，它具有节约资源、提高产量、降低成本、保护环境等特点。在这种背景下，基于物联网的土壤湿度和大气传感器在精准农业中的应用显得尤为重要。

物联网技术通过无线传感器网络，有效地减小了人力消耗和对农田环境的影响，从而获取精确的作物环境和作物信息。大量的传感器节点构成了一张张功能各异的监控网络，这些网络通过采集各种信息，帮助农民及时发现问题，并准确地捕捉发生问题的位置。在精准农业中，物联网技术为农民提供了数据驱动型的决策支持，满足了精准农业对数据的高需求。土壤湿度传感器是物联网在精准农业中的一个重要应用，它可以实时监测土壤中的湿度，为农民提供科学的灌溉依据。根据土壤湿度的变化，农民可以调整灌溉水量，实现精准灌溉，既保证了作物的生长需求，又避免了水资源的浪费。同时，这种实时监测的方式也提高了农业生产的效率和质量。

此外，大气传感器也在精准农业中发挥着关键作用。它可以收集温度、湿度、风力、大气压强、降雨量等数据，帮助农民了解农田的微观气候环境，为作物生长提供更有利的条件。通过对这些数据进行分析，农民可以预测天气变化，提前采取防范措施，减少自然灾害对农业生产的影响。

（2）理论知识及关键技术。

农业物联网系统工作分为数据采集阶段、数据传输阶段、数据接收与处理阶段、数据展示阶段等，以下对各阶段进行介绍。

① 数据采集阶段。

首先，系统的核心是其数据采集单元，包括温湿度传感器（DHT22）和电容式土壤湿度传感器。电容式土壤湿度传感器基于电容变化来测量土壤中的水分含量，这种传感器包含一个电容器，当插入土壤中时，土壤的水分会影响电容器两极板之间的介电常数，进而改变电容器的电容值。因为水的介电常数远大于干燥土壤的介电常数，所以土壤的湿度越高，电容值就越大。通过测量这种电容变化，传感器可以准确地反映土壤的水分含量。该案例中对开发的电容式土壤湿度传感器特别设计以适应农业监测的需要，能够在不同的土壤类型和条件下提供可靠的数据。DHT22 则用于测量大气的温度和相对湿度，该传感器结合了一个温度测量元件和一个湿度测量元件，可以同时提供环境温度和湿度的精确读数。DHT22 通过一个内置的数字信号输出，可以直接与微控制器通信，这样降低了数据采集的复杂性，并提高了数据传输的可靠性。这些传感器收集到的数据需要通过微控制器进行初步处理。微控制器读取从传感器传输来的模拟信号，将其转换为数字信号，并进行初步的数据分析，如滤波和平均，以减小环境噪声对数据准确性的影响。此外，微控制器还负责管理数据的临时存储和按照预定的时间间隔发送数据，确保数据采集的连续性和准确性。数据采集阶段是通过精心设计的电容式土壤湿度传感器和温湿度传感器 DHT22 来实现的，这些传感器可以精确测量农田的土壤水分和大气条件。通过与高性能的 PIC 微控制器的集成，系统能够有效地处理与准备数据以供后续的传输与分析。

② 数据传输阶段。

将传感器收集的数据通过 LoRa 技术发送到远程网关，LoRaWAN 协议支持数据的安全传输，确保信息在传输过程中的完整性和安全性。这一步骤是系统能够实现远程监控的关键，它消除了地理位置的限制，使得农民或农场管理者无须亲临现场，就可以获取实时数据。

LoRa 技术是一种基于扩频技术的长距离无线传输技术，由 LoRa 联盟推广。这项技术特别适用于需要低功耗和长距离通信的应用场景，如智慧农业、智能城市和环境监测等。LoRa 技术能够在宽广的地理区域内提供稳定的通信服务，即便是在建筑物密集地区或农村偏远地区也能保持良好的通信质量。LoRa 技术的应用使得在广阔的农田中部署传感器网络成为可能，而不必担心数据传输距离和能耗的问题。然而，这一技术也面临着数据传输速率低和网络带宽有限的挑战，因此，需要精心设计数据传输协议和数据包结构，以优化传输效率并降低能耗。

③ 数据接收与处理阶段。

这一步骤是将原始数据转换为有用信息的关键环节，可以帮助农业生产者更好地理解他们的农场状态，为灌溉、施肥等农业活动提供数据支持。

数据传输至网关是数据接收处理环节的第一步。在这个阶段，LoRa 网关扮演着极其重要的角色，它负责接收来自各个传感器节点通过 LoRa 技术发送的数据。LoRa 网关具有强大的数据接收能力，理论上可以同时从数千个设备接收数据，只要这些设备位于网关的覆盖范围内。接收到的数据首先被解密（LoRaWAN 协议中的数据在传输过程中是加密的），然后转发到云服务器进行存储和处理。

接收到的数据需要被有效地存储以便进行后续的处理和分析。云平台在这一环节发挥着重要作用，它不仅提供了大规模数据存储的能力，还支持高效的数据处理和分析服务。在本系统中，云平台负责收集和存储从各个传感器节点接收到的数据，包括土壤湿度、大气温度和湿度等信息，这些数据被组织并存储在数据库中，便于进行进一步的处理和分析。

数据存储之后，接下来的步骤是数据的处理和分析。这一步骤的目标是从原始数据中提取有用的信息，为决策提供支持。这可能包括数据清洗（去除错误或无关数据）、数据转换（将数据转换成更适合分析的格式）以及数据分析（应用统计学和机器学习算法来识别数据中的模式与趋势）。在精准农业应用中，数据分析可以帮助识别土壤湿度和大气条件的变化趋势，预测作物的生长状况，以及制订更精确的灌溉和施肥计划。

④ 数据展示阶段。

最终，加工处理后的数据会通过网络界面和移动应用程序实时展示给用户。用户界面简洁直观，可以显示土壤湿度、大气温度和湿度等关键参数的实时数据和历史趋势图。农民可以基于这些数据做出更加科学的决策，比如确定最佳的灌溉时间和量，以实现水资源的有效利用和作物产量的最大化。

（3）方案设计。

精准农业的物联网（IoT）系统主要用于监测土壤湿度和大气参数（温度和湿度），以便为农民提供决策支持，其目的是实现一个自动化灌溉系统来最小化水资源的浪费。随着农业生产力提升需求的出现，采用新技术以提高作物质量和可持续利用自然资源变得尤为重要。物联网技术在精准农业中的应用显得尤为突出，它通过在物理对象上部署传感器和利用嵌入式技术，并将这些对象连接到网络，从而实现远程监控和数据实时传输。在农业领域，这意味着可以更有效地管理资源，如水、肥料和营养素，以及更精确地控制灌溉系统。

系统通过安装在土壤和环境中的传感器收集数据，这些数据通过 LoRaWAN 协议的无线模块发送，然后通过网关接收并上传到云平台，以便实时监控。此外，数据也可以通过专为此应用开发的应用程序在移动设备上查看。这种系统的设计旨在优化资源使用，提高作物产量和质量，同时减少资源浪费。

根据以上工作流程，系统主要分为 4 部分，如图 5-2-10 所示。

DHT22 温湿度传感器的温度允许测量范围为 $-40 \sim +80{}^\circ\text{C}$，精度为 $\pm 0.5{}^\circ\text{C}$，此外湿度允许测量范围为 $0 \sim 100\%$，精度为 $\pm 2\%$。它是一种商用传感器，由电容式湿度传感器和热敏电阻组成。电容式湿度传感器是专门为测量土壤中的水分含量而设计的，而 PIC 微控制器则是一个 16 位的闪存微控制器，运行频率为 32MHz，支持多达 16 通道的 10 位模数转换器（ADC），并且具备 UART、SPI 和 I^2C 模块等功能。LoRa RN2903 模块是由 LoRa 联盟开发的，支持与低功耗广域网（LPWAN）的无线通信，这一模块能够在城市区域实现 $3 \sim 4\text{km}$ 的通信范围，在开阔地带则可达到 15km，其低功耗的特性（约 100mW）极大地提高了系统的实用性。该模块采用 CSS（Chirp Spread Spectrum）调制技术，通过时间的推移增减频率，提高了通信效率和抗干扰能力。尽管该模块不适用于传输语音、视频信号或用于浏览互联网，但它非常适用于传输数据，尤其是在采样频率不是很高的情况下。LoRaWAN 协议的加入为该模块增添了附加功能，并确保了与市场上可用网关的互操作性和通信，同时包括数据安全（加密）和保证通信质量的算法。系统的电源由锂离子电池提供，通过微 USB 电缆进行充电。此外，该系统还包括一个网关设备，负责收集所有端点（如传感器发出的信号）的信号，并将它们转发到互联网。

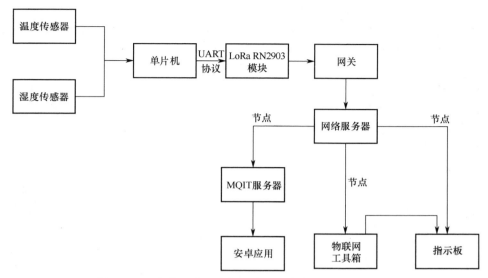

图 5-2-10　土壤湿度、大气温度和湿度信号监测系统框图

（4）案例总结与展望。

基于物联网的土壤湿度和大气传感器在精准农业中的应用已经取得了显著的成果，为农业生产提供了更为精确和高效的数据支持。通过对土壤湿度和大气环境进行实时监测，农民能够及时了解农田环境状况，为作物生长提供更加适宜的条件，从而提高了农业生产的效率和质量。总体来说，这些传感器技术的应用具有以下优势。

① 实时监测与精准决策：土壤湿度传感器能够实时监测土壤水分状况，而大气传感器则能够收集温度、湿度、风力等关键数据。农民可以基于这些实时数据，做出更精准的灌溉、施肥等决策，确保作物在最佳环境下生长。

② 资源节约与环境保护：通过精准监测和控制，农民可以避免过度灌溉和施肥，减少了对水、肥料的浪费，同时减轻了农业活动对环境的污染。

③ 提高产量与品质：基于物联网的传感器技术为作物生长提供了更加科学的依据，有助于提高作物的产量和品质，增加农民的收入。

展望未来，基于物联网的土壤湿度和大气传感器在精准农业中的发展前景十分广阔。随着物联网技术的不断发展和完善，传感器的精度和稳定性将得到进一步提升，成本也将逐渐降低，使得更多的农民能够享受到这些技术带来的便利。此外，随着大数据、云计算等技术的融合应用，这些传感器收集到的数据将得到更加深入的分析和挖掘，为农业生产提供更加全面和精准的决策支持。例如，通过对历史数据进行分析，农民可以预测未来的天气变化和作物生长趋势，从而提前做好准备和调整措施。同时，随着智能化程度的不断提高，未来的农业物联网传感器将更加智能化，包括自适应、智能化控制等功能。这些智能化的农业物联网传感器可以实现更加精准的监测和响应，为农业生产提供更加可靠的数据支持。

总体来说，基于物联网的土壤湿度和大气传感器在精准农业中的应用将持续深化和拓展，为农业生产的现代化和可持续发展提供有力支撑。

6. 基于物联网的智能温室远程监控系统设计

（1）应用背景。

随着全球人口的增长和城市化进程的加速，传统的开放式农业面临诸多挑战，包括土地资源匮乏、气候变化引发的极端天气频发以及生产效率和质量的提升要求。在这种背景下，温室农业作为一种可持续的农业生产方式备受关注，它能够更好地控制环境条件、提高作物的生长速度和产量，并减少对化学农药和化肥的依赖。传统的温室管理方式通常依赖人工巡视和调节，但这种方式效率低下且容易出现疏漏。随着信息技术的发展，智能化技术开始在农业领域得到广泛应用，如物联网、人工智能和大数据分析等，这些技术为温室农业的管理创新带来了可能性，包括实时监测环境参数、自动化控制灌溉和通风系统、智能化的病虫害预警和管理等。

使用物联网技术能够实现对温室内环境参数的实时监测和数据传输，而使用深度学习算法则能够通过图像识别和分类技术，对作物的健康状态进行自动监测和诊断。将物联网和深度学习技术结合并应用于智能温室监控系统，不仅可以实现对环境参数的智能监控和控制，还可以通过对作物病虫害、营养状况等方面进行识别和分析，从而提供及时的管理建议，帮助农民科学地进行温室生产。在设计智能温室远程监控系统时，需要考虑温室环境的多样性和复杂性，以及对数据安全和隐私的保护。此外，如何将物联网和深度学习技术有效地融合，并解决算法模型的训练和优化问题，也是面临的挑战之一。在此背景下，本案例提出了基于物联网和深度卷积神经网络的智能温室远程监控系统。

（2）理论知识及关键技术。

物联网技术是实现智能温室远程监控系统的核心技术，它通过将各种传感器、控制器、执行器等设备连接到互联网，实现数据的实时采集、传输、处理和分析。传感器能够实时监测温室内的环境参数，如温度、湿度、光照、CO_2浓度等，并将这些数据传输给系统进行分析和处理。不同类型的传感器具有不同的特点和适用范围，需要根据具体需求进行选择。

物联网技术为智能温室远程监控系统提供了强大的数据支撑和技术保障。智能温室远程监控系统是农业信息技术在温室管理领域的重要应用，通过实时监测和控制温室内的环境参数，实现作物的优质高产。同时，云计算技术为智能温室远程监控系统提供了强大的数据处理和存储能力，通过将采集到的数据传输到云端服务器并进行处理和分析，可以实现对温室环境的精准控制和优化。此外，云计算技术还可以提供远程访问和控制功能，方便用户随时随地对温室进行管理。自动化技术是智能温室远程监控系统的另一种关键技术，通过自动化控制系统，可以实现对温室内设备的远程控制和自动调节，如灌溉系统、通风系统、照明系统等，自动化技术的应用可以大大提高温室管理的效率和精度。

本案例使用的关键技术如下。

① 传感器技术：传感器技术是智能温室远程监控系统的关键技术之一。通过选择合适的传感器类型和布局方式，可以实现对温室环境的全面监测和精准控制。同时，传感器的精度和稳定性也是保证系统性能的重要因素。

② 数据传输技术：数据传输技术是实现智能温室远程监控系统的关键技术之一。通过采用先进的无线通信技术（如 Wi-Fi、ZigBee、LoRa 等），可以实现传感器数据的实时传输和远程访问。数据传输的稳定性和可靠性对于保证系统性能至关重要。

③ 数据处理技术：数据处理技术是实现智能温室远程监控系统的关键技术之一。通过采用大数据分析算法和人工智能技术，可以对采集到的数据进行深度分析和挖掘，为温室管理提供决策支持和优化建议。同时，数据处理技术还可以实现对温室环境的精准预测和预警功能。

④ 自动化控制技术：自动化控制技术是实现智能温室远程监控系统的关键技术之一。通过采用先进的自动化控制系统和算法，可以实现对温室内设备的远程控制和自动调节功能。自动化控制技术的应用可以大大提高温室管理的效率和精度，降低人工成本和劳动强度。

（3）方案设计。

① 实现平台。

基于物联网的智能温室远程监控系统的设计和实现平台通常包含以下几个关键部分。

a）系统架构

智能温室远程监控系统通常采用物联网（IoT）架构，由感知层、网络层和应用层组成。

感知层：通过各类传感器（如温度传感器、湿度传感器、光照传感器、土壤湿度传感器等）实时采集温室内的环境数据。

网络层：利用无线通信技术（如 Wi-Fi、ZigBee、LoRa 等）将感知层采集的数据传输到远程服务器或云平台。

应用层：通过开发移动应用、Web 应用或桌面应用，用户可以远程监控温室内的环境数据，并控制温室内的设备（如灌溉系统、通风系统、照明系统等）。

b）硬件设计

传感器选择：根据温室环境监控的需求，选择合适的传感器类型，并确保其精度和稳定性。

数据采集模块：采用低功耗、高性能的数据采集模块，将传感器采集的数据进行数字化处理并传输到网络层。

控制设备：包括灌溉系统、通风系统、照明系统等，通过接收应用层的指令实现远程控制。

c）软件设计

数据处理与分析：在服务器端或云平台上，对接收到的温室环境数据进行处理和分析，提供实时数据展示、历史数据查询、数据分析报告等功能。

远程控制界面：开发用户友好的远程控制界面，允许用户通过移动应用、Web 应用或桌面应用远程监控温室环境数据，并控制温室内的设备。

报警与通知：当温室环境数据超出预设范围时，系统自动触发报警，并通过短信、邮件等方式通知用户。

d）实现平台

物联网云平台：选择成熟的物联网云平台作为系统的基础架构，提供设备接入、数据存储、数据分析、应用开发等功能。

移动应用开发：开发适用于智能手机和平板电脑的移动应用，方便用户随时随地远程监控温室环境数据。

Web 应用开发：开发 Web 应用，提供更加丰富和强大的功能，如数据分析报告、多温室管理、用户权限管理等。

e）安全性考虑

数据加密：在数据传输过程中采用数据加密技术，确保数据的安全性。

访问控制：对用户进行身份验证和权限管理，防止未经授权的访问和操作。

系统备份与恢复：定期备份系统数据和配置文件，确保在系统出现故障时能够迅速恢复。

通过以上设计和实现平台，基于物联网的智能温室远程监控系统可以实现对温室环境的实时监测和远程控制，提高温室管理的效率和精度，为作物的高产、优质、高效、生态、安全创造条件。

② 系统架构。

a）监测系统

图 5-2-11 所示为监测系统的基本架构，它主要由传感器（电容式土壤湿度传感器、相对湿度传感器、空气温度传感器、光照强度传感器、CO_2 浓度传感器和超声波传感器）、执行器（阀门、水泵、风扇和伺服电机）、LED（液晶显示器，允许可视化测量数据）组成。使用低成本微控制器来控制和监测温室内的不同参数，监测的参数为空气温度（Ta）、土壤湿度（SM）、相对湿度（RH）、光照强度（LI）、CO_2 浓度和水位（WL）。

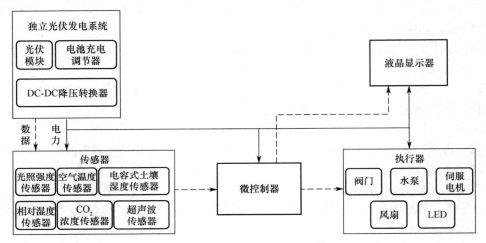

图 5-2-11　监测系统的基本架构

b）独立光伏发电系统

独立光伏发电系统用于为温室的不同组件（包括电子板、水泵、风扇、LED 和伺服电机）供电。它由多个并联的光伏模块、一个电池、一个电池充电调节器、一个 DC-DC 降压转换器和一个电压调节器组成。图 5-2-12 所示为用于为温室供电的独立光伏发电系统的框图。

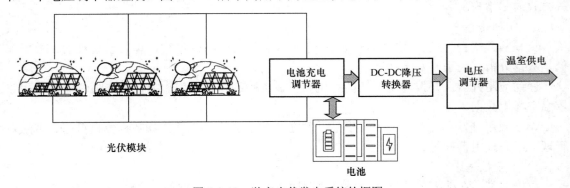

图 5-2-12　独立光伏发电系统的框图

③ 算法设计。

a）网页和移动应用程序开发

案例使用 CCS、HTML、JavaScript 和 Firebase 平台设计网页，并开发了 Android 应用程序。使用 Wi-Fi 模块和 Wi-Fi 摄像头模块收集作物的测量数据与图像后将其上传到网页端和手机端，用于可视化，网页和移动应用程序架构如图 5-2-13 所示。

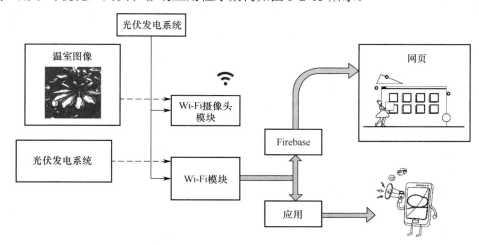

图 5-2-13　网页和移动应用程序架构

其中，HTML 主要用于构建页面结构，CCS 用于设计合适的环境，JavaScript 用于创建动态环境，Firebase 用于托管网页和数据库管理。

b）用于作物病虫害分类的数据库和深度学习

利用图像处理和环境传感数据分析，在早期阶段对作物病虫害进行分类和识别，不仅可以帮助农民培育健康的作物，还可以最大限度地提高产量。

本案例使用的数据库包括各种蔬菜图像。为了检测和分类作物病虫害，使用了一种深度卷积神经网络（DCNN），它由两部分组成：①特征提取部分，其中包含一些层（卷积和最大池化）；②分类部分，它对提取的特征（展平层和全连接层）执行非线性变换。输出可以是用于预测类的 softmax 函数。DCNN 代码是使用 Raspberry Pi 4 中的 Python 语言来实现的，其实现流程如下。

步骤 1：训练 DCNN 模型；

步骤 2：使用 tf.lite.Interpreter() 在 Raspberry 上调用模型；

步骤 3：对 ESP32 相机进行编程，以便在每次访问其 IP 地址时保存图像；

步骤 4：调整图像大小并更改图像类型以适合模型；

步骤 5：使用模型预测此图像并获得结果；

步骤 6：使用 Pyrebase 库与数据库建立连接；

步骤 7：将结果保存到 Firebase 数据库；

步骤 8：使用 NodeMCU 读取并在出现问题时发送消息。

（4）案例总结与展望。

本案例介绍了基于物联网和深度卷积神经网络的智能温室远程监控系统的设计。系统包括温室内部环境参数的实时监测、数据可视化、警报通知以及作物病虫害的分类与识别等功能。通过使用各种传感器和设备，系统能够监测温度、湿度、光照等环境参数，并通过物联网实现远程监控。同时，利用深度卷积神经网络对作物病虫害进行分类与识别，提高了作物健康监测的准确性和效率。

在未来展望方面，可以进一步优化系统的性能和稳定性，提高作物病虫害分类与识别的精确度。另外，可以考虑引入更多的智能算法和技术，如增强学习、模式识别等，进一步提升系统的智能化水平。此外，还可以探索系统与其他农业管理系统的集成，实现更全面、高效的农业生产管理。

7. 基于物联网的作物管理系统

（1）应用背景。

高品质的作物表型数据和气候数据为表型分析及基因型–环境相互作用研究提供了重要基础。这些数据不仅为植物学家提供了重要的证据，以了解作物性能、基因型和环境因素之间的动态关系，而且为农学家和农民在不断波动的农业条件下提供了重要依据。近年来，随着物联网技术的发展，许多基于物联网的遥感设备已经被应用于作物表型分析和作物监测，并且每天产生数 TB 的生物数据集。然而，有效地校准、注释和整合大数据仍然在技术上具有挑战性，特别是当这些数据在多个地点以不同的规模生成时。

由此本案例设计了一个基于 PHP 超文本预处理器和结构化查询语言的服务器平台，用以支持分布式物联网传感器和表型工作站的自动化数据整理、存储和信息管理。这一双组分架构专门用于网络传感设备监测生物实验，其接口专为分布式作物表型分析和集中式数据管理而设计。数据传输和注释则通过案例系统中设备端和服务器端的超文本传输协议可访问的 RESTful API 自动完成。该 API 每日同步代表性作物的生长图像，以供基于视觉的作物评估，并同步提供用于 GxE（Gene-by-Environment，基因型与环境相互作用）研究的每小时小气候读数。同时，该系统还支持对比历史和正在进行的作物表现，以支持进行不同实验时的比较。

作为一个可扩展的信息管理系统，本案例被设计用于维护和整理物联网传感器以及分布式表型装置捕获的关键作物性能和小气候数据集。除通过集成的云服务器系统进行历史和当前实验的比较外，它还提供几乎实时的环境和作物生长监测。无论是在本地田间通过智能设备访问，还是在办公室通过个人计算机进行远程访问，本案例系统都能满足需求。相信随着农业物联网的发展，该系统将对可扩展的作物表型和物联网式作物管理产生重大影响，进而推动智能农业的实现。

（2）理论知识及关键技术。

基于物联网的作物管理系统以物联网技术为核心，整合了传感、通信、云计算等先进技术，实现对作物生长环境的实时监测与精准管理。通过数据采集、传输与处理，该系统提升了农业生产效率，为现代农业的自动化、智能化提供了有力支持。以下是基于物联网的作物管理系统所涉及的一些关键技术。

① 云计算与人工智能技术：云计算与人工智能技术的应用使得作物管理系统具备更强大的数据处理和决策能力。通过云计算平台对海量的农田监测数据进行高效处理和分析，结合人工智能算法可实现对作物生长状态、病虫害预警等方面的智能监测和预测。

② 智能控制技术：智能控制技术通过传感器、执行器等设备之间的实时交互，可实现农

业生产过程中的自动化控制。例如，通过实时监测温湿度以及光照强度等参数，可自动调节灌溉、通风和光照等参数，提高农业生产效率和质量。同时，还可以结合无人机和机器人等设备实现农田巡检、精准施药等任务。

③ 数据处理技术：对海量的农田监测数据需要进行高效的处理和分析以提供决策支持和农业生产管理建议。通过数据采集、存储、处理和分析等技术手段可以实现对农田环境、作物生长情况等数据的综合分析，为农民提供科学的农业生产管理策略。

（3）方案设计。

① 实现平台。

基于物联网的作物管理系统实现平台整合了多种先进的技术和功能，以实现对作物生长环境的全面监测、精准控制、数据分析以及决策支持。

通过在农田中布置各种传感器，如温湿度传感器、光照传感器、土壤湿度/温度传感器、风速风向传感器等，实时采集作物生长环境的各种数据。这些传感器可以 24h 不间断地工作，并将数据传输到智能云平台进行分析处理。作为整个系统的核心，智能云平台负责接收、存储、处理和分析来自传感器网络的数据。通过数据分析算法，平台可以预测农作物的生长情况、病虫害的发生概率、灌溉和施肥的需求等，为农民提供决策支持。同时，用户可以通过手机 App 或计算机登录平台，远程调控布置环境内的水阀、排风、遮阳等设备的开关，或者直接设置自动调控。一旦环境参数达到预设值，相应系统设备将自行运转，这有助于农民更好地掌握灌溉情况，避免过量浇水造成土壤酸化，又可避免水分过少导致农作物生长不良。此外，结合无线网络技术和云计算技术，平台可以实现农业设备的自动化控制，如自动灌溉系统、温室控制系统等。这些系统可以根据作物生长的需要，自动调节灌溉水平和施肥量，提高灌溉效率，降低成本。平台通过数据分析算法对实时采集到的农业数据进行处理，为农民提供决策支持，例如，根据作物生长情况和市场需求，平台可以优化农艺措施、制定灌溉与施肥方案等。特别地，平台可以搭建一个农业社区，农民和专业人士可以在农业社区上交流农业经验、分享农业技术、发布农业信息等。同时，农业专家可以通过平台对农民进行培训和指导，提高农民的农艺水平。平台还应该支持不同规模和类型的农业生产，能够适应不同农业环境下的需求。同时，平台应该具有友好的用户界面和操作流程，方便用户快速上手和使用。

总之，基于物联网的作物管理系统实现平台是一个集监测、控制、分析、决策、共享于一体的综合性平台，能够帮助农民实现精准农业管理，提高作物产量和品质。

② 系统架构。

案例中的双组分架构设计如图 5-2-14 所示。首先，系统采用基于 Python 的 Web 框架 Flask 作为设备端服务的核心，这使得系统能够与许多嵌入在分布式物联网传感器和/或表型设备中的单板计算机进行交互。由于 Flask 与硬件无关，因此这种方法可以应用于任何支持 Python 的硬件。此外，可以轻松地添加或删除其他服务，如 Linux crontab 调度系统、动态主机配置协议（用于建立自操作 Wi-Fi 网络）和虚拟网络计算（VNC）服务，以保持设备端系统的简洁性。

设备端系统采用超文本预处理器（PHP）和 MySQL，以促进智能设备（如智能手机和平板电脑）与物联网设备之间的实时交互。图形用户界面（GUI）使用 PHP 和 JavaScript 开发，可在任何智能设备上的网络浏览器（如 Chrome 和 Firefox）中打开。基于 PHP 的 RESTful API 被用来规范每小时的客户端-服务器通信。轻量级的 SQL Server MariaDB 被用于收集和存储不同格式的数据集，包括图像、气候传感器数据和实验设置参数。设备端系统可以访问每个表型分型设备，以便用户可以启动实时视频流和远程系统配置，以部署表型分型设备，仅使用智能手机或平板电脑建立室内或现场实验。此外，GUI 允许用户在安装表型设备时输入元数据，包括实验（如基因型、治疗和生物学重复）和简要描述。基于物联网的分布式设计显著提高了表型分析任务的移动性和灵活性。

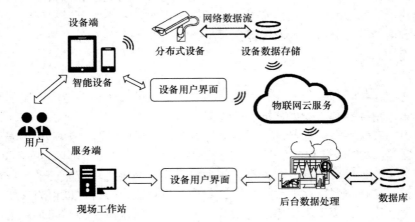

图 5-2-14　作物管理系统的双组分架构设计

　　服务器端系统在数据聚合和基于云的接口之间建立了连接，这种方法有助于将来自不同地点的生物数据与集中式服务器同步，以便进行数据管理、详细的性状分析和作物管理决策。PHP 被用于开发系统，该系统支持 Apache 和 MySQL 等 SQL 服务器。服务器端系统通过服务器用户界面定期更新每个分布式物联网设备的状态，包括设备的在线或离线状态、操作模式、代表性每日图像、小气候读数以及计算资源（中央处理器和内存）的使用情况等信息。农作物管理系统的详细组件和数据流如图 5-2-15 所示。

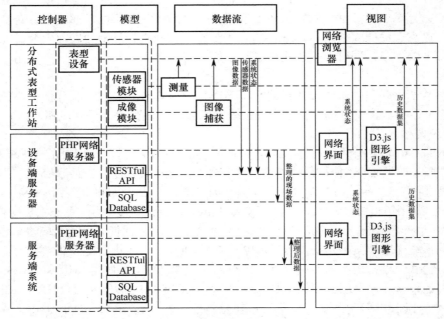

图 5-2-15　农作物管理系统的详细组件和数据流

③ 算法设计。

案例系统的实现采用了模型—视图—控制器（MVC）软件架构，如图 5-2-16 所示，将系统分为三个相互关联的部分，以在呈现给用户的方式上分离内部信息流。使用 MVC 模式连接案例系统的各个部分，不仅可以在设备端和服务器端重复使用源代码，还能够实现软件功能的模块化，从而便于并行开发和添加新功能。

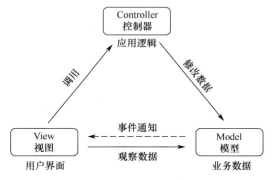

图 5-2-16　MVC 软件架构

为了实现数据标准化和集成，系统引入了一个 RESTful API。该 API 接收基于图像和传感器的数据集，以及 IoT 设备状态更新的 JavaScript 对象表示法（JSON）格式。所有设备和服务器之间的交互都经过预共享密钥对的身份验证，以确保数据来自可信的来源。RESTful 设计允许所有请求的事务数据被包含在单个请求中，该请求将所有信息编译为一个 JSON 对象，然后通过 HTTP POST 请求进行传输。模型实现使系统能够确定动态数据结构，并管理案例系统的逻辑和规则。

基于 PHP 服务器和 SQL Server，控制器组件负责响应用户输入和数据模型之间的内部交互。当输入数据流经控制器时，它会接收图像、传感器数据和系统状态，并对其进行验证，然后将它们传输给模型组件。这一过程首先在分布式设备端服务器上进行，然后将数据传输到全局可访问的服务器端，该服务器镜像输入数据。若需将输入数据集从现场实验站点传输到中心服务器，则需要互联网连接。数据传输的形式可以是有线以太网，也可以是 Wi-Fi 网络。控制器通过在对设备请求进行编程时模拟对更高级别的服务器 API 的设备进行 API 调用来管理设备端和服务器端之间的数据排序规则。

View 组件以两种格式展示数据模型和用户交互。首先，通过活跃的 HTTP 连接和 D3.js 图形引擎，用户可以通过安装在田间或温室中的任何智能设备上的网络浏览器（经过 Chrome 和 Firefox 测试）访问分布式物联网设备。设备端提供了一个定制的 GUI 窗口，用户可以在其中根据需要部署、监控、评估和下载捕获的数据。其次，设备端系统定期与服务器同步，在此基础上，架构提供更全面的 GUI，以显示正在进行的实验和技术状态（系统状态）。设备端系统被设计为分布式的，因此，如果给定的物联网设备由于任何原因无法建立直接的互联网连接，设备端系统将启用本地数据存储作为服务器节点。在重新建立网络连接后，系统可以自动转发收集的数据（板载 U 盘可存储长达 60 天的图像和传感器数据）。

（4）案例总结与展望。

现代农业的一个重要环节是密切监测动态作物表现和农业条件，以便预测和规划作物生产。作物育种和基因型与环境相互作用（GxE）研究也依赖高质量和高频的作物环境数据，以生成准确的生长模型，用于产量和质量预测。案例系统允许用户快速获取每个分布式表型设备在生长季节记录的环境因素。根据给定表型设备的位置，季节性小气候数据集可以共同形成动态生长条件图，展示田间环境条件和变化，这种方法实现了表型分析和农业决策，将环境条件与作物生长数据关联起来，并为作物性能和生长条件提供了多地点与多年的交叉参考。

可以预见，随着物联网的进一步发展，通过更广泛地与分布式物联网传感器结合，可以满足未来对可用性和可扩展性的需求，从而实现更大范围的农业检测系统。

5.3　智慧物流

5.3.1　智慧物流简介

智慧物流是一种以物联网、大数据、人工智能等信息技术为支撑，在物流的运输、仓储、配送等各环节实现系统感知、全面分析及处理等功能的现代综合性物流系统。当前，物联网在智慧物流中的应用主要体现在三个方面——仓储、运输监测及快递终端等，通过物联网技术实现对货物的监测及运输车辆的监测，包括货物车辆位置、状态，货物温湿度，车辆油耗及车速等，使用物联网技术能提高运输效率，提高整个物流行业的智能化水平。智慧物流体系架构如图 5-3-1 所示，主要分为感知层、网络层和应用层。感知层采用电子产品代码（EPC）、RFID、传感器、GPS 等技术实现货物感知，是智慧物流的起点；网络层综合利用了有线和无线的、短距离和长距离的、异构的、IP 化的接入网与核心网将数据传至云端，并通过云计算、大数据、人工智能等技术对感知层收集到的数据进行分析；应用层是智慧物流的应用系统，根据网络层的各种指令执行相关操作。

现阶段智慧物流系统在发达国家较为完善，发达国家的物流行业发展迅速，市场规模较大，产业链条较长、较稳固。相较于发达国家，我国的智慧物流行业起步较晚，但庞大的市场及国家的政策扶持使得智慧物流在短时间内趋于相对成熟。许多企业建立了自己的智能物流配送中心，使物流操作更智能化和自动化，使物流行业和生产领域相互联动，实现了商品流动、物品流动和信息流动的全面推进。虽然我国智慧物流发展迅速，人们生活水平不断提升，但总体而言，我国的智慧物流行业依旧存在许多问题。

（1）管理机制不健全。我国的智慧物流行业起步较晚但发展迅速，因此管理机制难以跟上智慧物流发展的步伐，还有待健全。

（2）成本很高。智慧物流在传统物流的基础上做出了巨大的技术革新，因此，传统物流企业想要转型为智慧物流企业，需要投入很大的成本，而无基础的企业需要的成本就更高了。高额的投资成本会加大企业的压力，且现在的物流企业非常多，如果进行投资，一旦难以抢占市场，就会给企业造成巨大损失。

（3）难以保障信息安全。只要有信息，就一定会涉及信息安全问题。随着云计算、雾计算的提出，物联网的数据处理能力得到大幅提升，随之而来的就是信息安全问题。在智慧物流中，企业在进行数据传输时，应保障客户信息不会被泄露，防止客户信息被不法分子利用。但现阶段的数据保护技术还不够完善，因此，智慧物流中的信息安全技术还需要加强。

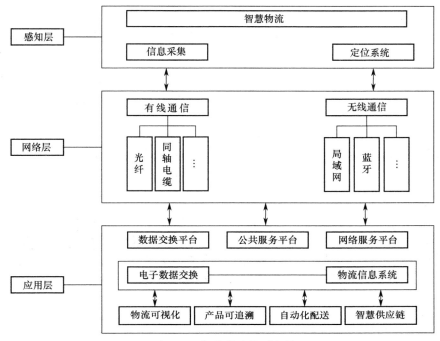

图 5-3-1　智慧物流体系架构

（4）缺少专业人才。与由物联网技术、大数据技术、智能科学技术所催生的其余智能产业相同，虽然很多高校都开设了相关专业与课程，但受限于发展时间短，还没有足够的时间去培训足够的从业人员。因此，在整个智慧物流流程中，容易因员工职业素质不高而出现问题。

（5）缺乏基础信息。智慧物流的核心是"智慧"，即通过智能科学技术，对收集的数据进行智能分析，达到机器智能化的目的，其中，数据是一切的基础，没有数据就难以分析，而现阶段，智慧物流所收集的基础信息还不足以支撑系统做出正确的决策。

（6）功能、市场需求不明确。虽然现阶段的智慧物流已经实现了很多传统物流所没有的功能，但也正因如此，催生了更多的功能及市场需求，而这些需求还需要企业自己发掘，从而完善智慧物流体系。

5.3.2　物联网在智慧物流中的应用

1. 在智慧物流管理中的应用

在智慧物流管理系统中，定位是一种很重要的技术。对于用户而言，可以实时关注货物的运输速度；对于企业而言，可以在运输中出现问题的第一时间得到具体的位置信息，从而更快速地解决问题。这种定位技术是由物联网提供的，先通过物联网的 EPC 技术为每件货物打上独一无二的标签，再通过 RFID 技术对其进行识别，感知物流的情况，在了解全面信息之后，即可通过定位技术实现定位，跟踪物流，掌握物流的变化趋势，从而实现物流产品的自动调配，使物流管理更智能化。

数据传输技术是物联网为智慧物流管理系统提供的第二种技术，通过物联网的云计算平台，智慧物流管理系统可以对整个智慧物流系统所收集、上传的信息进行处理，从中筛选有价值的信息，从而更加快速、安全地传输。除云计算外，智慧物流管理系统还采用物联网的机器对机器（M2M）技术，使机器与货物产生联系，从而了解货物从入库到离开库房再到客户手中整个过程的信息，在保证货物安全的基础上减小了运输成本。

除定位与数据传输技术外，物联网还为智慧物流管理系统提供了应用服务。通过这一技术，智慧物流可以开发自己的应用软件，使用户更方便、快捷地了解各种物流信息，从而推动智慧物流行业的发展。

2．在安全警示中的应用

现阶段的物流方式主要为陆运且多为跨省运输，因此，一车货物至少需要两天才能送达目的地，这使得驾驶员非常疲惫，因此在一些智慧物流系统中，会在货车中装上智能摄像头，根据瞳孔大小及眨眼频率等对驾驶员的驾驶状态进行监测。一旦监测数据达到阈值，就会激活音频报警及座椅震动，从而达到提醒驾驶员的目的。除此之外，通过物联网的感知技术，在仓库、货箱中放入各类传感器节点，如烟雾传感器、温湿度传感器等，可以有效监测各类信息，在监测区域内有人入侵、出现危险情况（如火灾）或不满足货物保存要求时，能及时触发报警系统，从而有效地减小损失。

3．在设备维修中的作用

通过物联网技术，在各类设备中设置传感器节点，再通过智能分析，可实现设备的预测性维修。例如，在卡车油箱和阻尼器等关键设备中嵌入传感器，用于识别材料的退化或损坏，传感器采集的数据经过无线网络传输到网关，然后上传到云平台，在云平台进行分析，若有损坏，则及时通知维修人员对其进行维修。

5.3.3　智慧物流应用实例

1．物流配送应用方案

物流配送是一种现代化的物品流通方式，主要服务于电子商务的客户。物流配送是指按照客户的需求进行配送，因此需要一定的中转环节实时收集这些需求，为了实现这个中转环节，人们设立了物流配送中心。物流配送中心的基本作业流程如图 5-3-2 所示，包含进货、存储、拣货、发货、配货 5 个步骤。传统的物流配送中心与现代化的物流配送中心的流程基本一致，但在细节上，传统物流配送存在存货统计不准确、订单填写不规范、货物易损耗、劳动力成本高等问题。为了解决这些问题，现代化的物流配送在货物的入库检验、整理和补充货物、订单填写、货物出库运输等环节采用了物联网、智能科学等技术，实现了物流配送的智能化与数字化。

在进货过程中，现代化的物流技术则通过 EPC 技术和 RFID 技术，在货物进入时自动读取货物的信息，并将其传输到管理系统，管理系统收到信息后会自动更新存货清单；在存储过程中，通过计算机网络及机械化设备实现整理和补充货物的自动化，通过计算机网络对装有移动阅读器的运送车下达指令，运送车根据收到的指令自动分拣货物，物品到达指定位置后，计算机网络将更新清单列表，若指定货物未送达指定位置或送错了位置，则计算机网络向管理中心发送报警信息，管理中心对报警事件进行处理；当收到订单时，通过 RFID 系统将存货与管理中心连接，管理中心将 RFID 系统收集的货物信息与用户所填写的信息相结合并生成订单，随后开始拣货，并对剩余货物进行统计，一旦货物存储低于标准，就向管理中心发送补货请求；拣货完成后，打包并装车发货，通过物联网定位技术可以实时查看货物的位置信息，并在出现问题的第一时间做出反应；货物抵达目的地后被人工放入快递箱，提醒客户到快递点领取或送货上门，当客户签收时，使用 RFID 技术扫描标签即可记录货物签收数据。相较于传统物流系统，智慧物流的配送方式更智能化，也大大减少了人力物力，在节约成本的基础上提高了效率，减少了人工处理可能出现的错误。

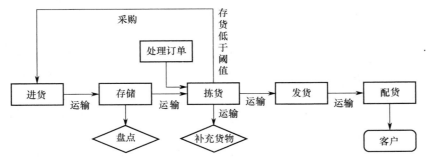

图 5-3-2　物流配送中心的基本作业流程

　　图 5-3-3 所示为现代化的物流配送系统实例的结构图。整个系统由信息采集模块、数据处理中心模块、库存管理模块及运输管理模块组成。信息采集模块主要负责各类信息的采集，如车辆信息、人力信息、费用信息、路况信息、库存货物状况等，这些信息通过无线传输技术上传到数据处理中心模块，数据处理中心模块对收到的信息进行分析和处理，对库存管理模块和运输管理模块进行控制。库存管理模块主要负责管理货物的库存情况，收到数据处理中心模块的补货指令后，该模块会发出订货请求。除此之外，当货物出入库时，该模块会更新货物库存且对出入库的货物进行检查，随后会将各类信息传输给数据处理中心模块。运输管理模块主要负责管理运输车辆，数据处理中心模块在处理完各种数据后，会生成一个完整的装配及运输路线方案，该方案生成后会发送给运输管理模块，该模块根据该方案对车辆路线、货物装配等事件做出安排。整个物流配送系统对用户而言基本是透明的，用户可以通过互联网查到各类实时数据，如所需货物还有多少库存、车辆的大致运输路线等，数据处理中心模块还会为用户做出预测，为用户提供货物送达的大致时间信息。

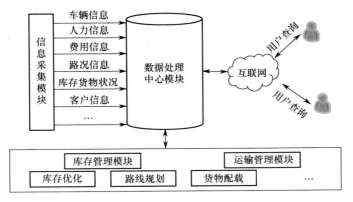

图 5-3-3　现代化的物流配送系统实例的结构图

2．智慧军事物流系统

军事物流属于物流中较为特殊的一类，它不同于商业物流，不以营利为目的，而是要确保系统的高度集成，在指挥机关的统一领导下保障物资运输。因此，军事物流的智能化发展趋势不同于商业物流，商业物流为了获得更大的利益，需要不断地进行技术革新及商业模式创新，这使得各企业间竞争激烈，促使物流智能化快速向前发展。而军事物流本质上属于军事行为，其特殊的历史发展背景、储运条件、业务逻辑、目的使命、经费使用制度、无须竞争等客观条件使其发展远远落后于商业物流。但商业物流的发展需要不断探寻、发现用户的需求，因此需要研究物流的方方面面，而军事物流的目的明确，因此其发展可以更有目的性，只专注于需要的技术。除目的与技术发展上的区别外，军事物流与商业物流的另一大区别是军事物流是高度集成的，而商业物流不需要高度集成。军事物流要求物流系统内的所有模块都在指挥机关的统一领导下进行物流活动，这样能确保物流的所有步骤均在掌控之中。但军事物流生态圈除涉及仓储、运输、配送等核心物流服务外，还有高层的物流活动组织、外部的物流活动支持等，这使得军事物流系统的指挥中心远远复杂于商业物流，对系统的顶层设计和战略思维提出了巨大的考验。

图 5-3-4 所示为智慧军事物流的技术架构，可以分为智能化作业层、云端运营层及智慧化平台三个层次。

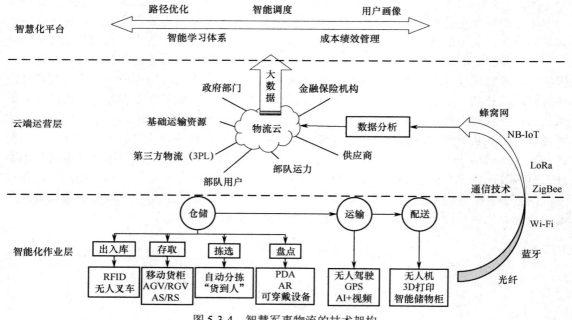

图 5-3-4　智慧军事物流的技术架构

智能化作业层是整个系统运作的实体基础，主要负责各类信息的收集及命令的执行。该层的工作流程为：在仓储阶段，采用 RFID 及无人叉车实现货物的出入库管理，通过移动货柜、轨道引导车等技术实现货物的机械化存取及自动分拣，再通过个人数字助理（PDA）、AR、可穿戴设备技术实现货物的盘点；当收到运输命令时，通过无人驾驶、GPS 等技术实现自动化运输；到达目的地后，通过无人机、3D 打印、智能储物柜等技术实现自动化配送。在这三个阶段内，还实现了以下几项功能：第一，通过 RFID 技术和传感器实现物流系统中人、车、货物的高效识别与多模态感知，例如，车速、车关键部位、温湿度、生命体征、物资数量、型号等信息的感知、识别和上传；第二，通过地理信息采集系统、遥感技术、全球定位技术对物流路线经过的区域进行监测，主要监测内容包括路况信息、天气信息等；第三，通过借鉴电商领域用户画像的思想方法，对每个部队用户的采购记录（包括物资品种、数量/质量、所提的前期要求、采购间隔、其他偏好等）进行记录，并生成记录表。

智能化作业层收集的数据通过各类网络被传输至云端运营层，云端运营层对这些数据进行分析、加工，从这些庞杂的数据中提炼出数据池，从而形成物流云。通过这个物流云，可以将政府部门、部队运力、第三方物流（3PL）等各方连接起来，在确保不泄露军事秘密和采取其他必要的数据安全与隐私保障措施的前提下，为各方提供统一的、标准的信息服务，提升系统的可视化水平，使军事物流活动能够有效地运行。

智慧化平台是整个智慧军事物流系统的作业调度中心、综合管理中心、监控指挥中心、决策支持中心及使军事物流上下游各方目标一致、行动协同的最佳媒介，是整个系统高度集成的体现。该层涉及各种智能科学技术，如机器学习、模式识别、专家系统等。云端运营层生成物流云后，经大数据处理后传到智慧化平台，智慧化平台通过智能科学技术对数据进行分析，然后指导和改造军事物流实践，且该层具有学习功能，会对历史运作经验进行综合和分析，不断地、自适应地优化系统的结构参数和功能模块，找到各行为主体在差异化情景下的最佳实践。总体而言，军事物流的智能化是大势所趋，虽然现在在军事物流的智能化进程中还存在些许问题，但随着科技的发展，智慧军事物流技术必将趋于成熟。

3．AGV（自动导向车）的设计

（1）应用背景。

自 18 世纪工业革命以来，人类一直追求高效率和高产量的目标，并将这种追求延续至今。然而，随着世界经济发展步伐的放缓以及人工成本的增加，越来越多的企业开始选择采用自动化机器人来替代人工劳动力。自动化机器人不仅速度更快，而且质量更可靠，因此在提高生产效率和保证产品质量方面具有优势。

在这个背景下，AGV（Automated Guided Vehicle，自动导向车）应运而生。AGV 是一种自动化的物流设备，能够根据预设程序进行运行和操作。它利用导航系统、传感器和控制系统等技术，实现自主导航和智能操作，能够在工厂、仓库等场所进行物料搬运、运输和配送等工作。相比传统的人工搬运方式，AGV 具有更高的效率和准确性，同时能够减少人工成本和降低劳动强度。

AGV 在各个行业中都有广泛的应用，尤其在制造业中起到了关键的作用。它能够实现物料的自动化搬运和运输，提高生产线的效率和灵活性。同时，它具有良好的精度和稳定性，能够保证产品的质量和一致性。另外，AGV 还可以与其他自动化装备和系统进行联动，实现整个生产过程的智能化和自动化。简易的 AGV 如图 5-3-5 所示。

随着工业技术的不断进步和创新，AGV 在未来的发展前景是非常广阔的。它将成为制造业转型升级的重要工具，为我国制造业的转型和发展做出积极贡献。通过引入 AGV 等自动化装备，我国制造业将实现从"中国制造"向"中国创造"的转变，推动我国制造业迈向制造强国的新时代。

（2）理论知识及关键技术。

AGV 的设计和实现涉及多个方面，包括硬件设计、软件设计、感知系统、控制系统以及运行平台等，以下是对这些方面的详细解释。

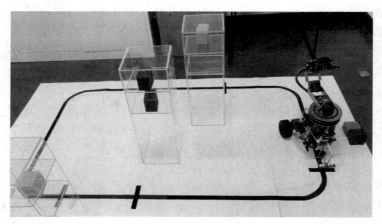

图 5-3-5　简易的 AGV

① 硬件设计。

AGV 的硬件设计主要涉及车体结构、电机、电池、传感器等部分。车体结构需要根据实际需求进行设计，包括车轮、导向轮、连接件等部分，以保证小车的稳定性和灵活性。

电机选择需要考虑小车的运动性能和负载能力，电池则要保证足够的电量以支持 AGV 的长时间运行。传感器用于感知周围环境，包括红外传感器、超声波传感器、碰撞传感器、激光传感器和摄像头等。

② 软件设计。

AGV 系统的软件部分包含上位机和下位机两部分，这两部分协同控制 AGV 的导航计算、行走、装卸等操作。软件设计需要实现的功能包括路径规划、避障算法、运动控制等。

③ 感知系统。

AGV 通过激光传感器、摄像头等设备实时感知周围环境，获取地面平面图、障碍物信息等。激光传感器主要用于地面平面图的创建，通过发射激光束并接收反射激光束，计算出与目标物之间的距离和方向。摄像头则用于实时监控车辆周围的环境，识别交通标志、人员等。

④ 控制系统。

AGV 通过 PLC（Programmable Logic Controller，可编程逻辑控制器）控制，AGV 载有工业智能网关，可以和 AGV 云平台进行无线通信，执行 AGV 云平台的指令。AGV 云平台可根据 AGV 上报的位置及状态信号监控系统内所有 AGV 的运行状态，当出现异常时完成报警操作。PLC 根据读取的数据，使 AGV 通过 RFID 读取地面标识，做出相应的动作（改变速度、转向、定位和停车等），从而实现 AGV 调度系统功能、站点定位功能。

⑤ 运行平台。

AGV 的运行对楼面平整度的要求较高，一般要求达到 2m 范围内高差不超过 3mm 的要求。运行 AGV 的平台往往需要进行针对性的结构设计、个性化加工定制。钢平台一般是由矩形管柱和 H 形钢梁组成的框架结构，楼面通常采用混凝土，以保证楼面平整度达到 AGV 的行走要求。

AGV 的设计和实现需要综合考虑硬件设计、软件设计、感知系统、控制系统和运行平台等多个方面，这些方面的设计和实现将直接影响 AGV 的性能和使用效果。

（3）方案设计。

① 实现平台。

AGV 在工业自动化和物流领域应用广泛，要想应对实际情景中遇到的各种情况，本案例设计的 AGV 将实现以下几点。

a）硬件控制：AGV 的硬件包括主控板、电机驱动模块、传感器等。通过正确配置和控制这些硬件，实现了车辆的平稳运动、货物取送和循迹导航等功能。

b）微控制器和开发工具支持：使用 STM32 系列芯片、STM32CubeMX 和 Keil 等开发工具，为 AGV 的开发和编程提供强大的支持，实现了复杂的控制逻辑和导航功能。

c）通信功能：通过 ESP8266 与主控制器连接，实现了双向通信。该通信功能能够支持远程控制、传感器数据传输等功能。

d）服务器/客户端功能：通过编写基于 Arduino 的固件，实现了 ESP8266 连接到 Wi-Fi 网络并建立 WebSocket 服务器，以接收来自远程控制界面的指令。

e）自主导航和路径规划：通过红外传感器和跳变沿计数等技术，AGV 可以检测地面上的标志点，确定自身的位置信息，从而实现自主导航和路径规划，使其能够在复杂环境中自主移动和执行任务。

f）远程控制界面：通过 HTML、CSS 和 JavaScript 创建了用户友好的 Web 界面，用户可以通过该界面实时控制 AGV 的运动、查看传感器数据和进行设置。

g）安全性和身份验证：采用 HTTPS 协议保护数据传输的机密性，并实施了基于令牌的身份验证机制，确保只有授权用户才可以远程控制车辆。

h）实时监控和数据显示：传感器数据能够准确地传输和显示在远程控制界面上，用户可以实时监控车辆状态和环境参数。

综上所述，AGV 通过整合传感器、控制系统和通信技术，实现了自主导航、远程控制、安全性保障等多种功能，适用于工业自动化、物流管理、智能家居等多个领域。

② 系统架构。

在硬件设计方面，AGV 的主控板是整个智能系统的核心，它搭载了 STM32F103RCT6 微控制器，这一选择基于其出色的性能和多功能特性。主控板的任务非常多样化：它能够生成 PWM 波信号和正反转信号，这些信号通过电机驱动模块 TB6612FNG 传输给无刷直流电机，从而实现精确的电机控制。此外，主控板还负责协调传入霍尔编码器直流电机的数据，这些数据对于电机的精确定位和运动控制至关重要。

不仅如此，主控板还承担了 OLED 显示屏的控制任务，用于实时显示调试数据，使操作和监控更加直观。同时，通过 4 路红外传感器收集的数据，主控板利用 PID（比例–积分–微分）算法执行复杂的循迹逻辑，这个逻辑包括设定起点、目标位置点和终点的移动策略，确保 AGV 能够准确地遵循预定的路径并执行任务。

简易的 AGV 整体结构图如图 5-3-6 所示。

综合而言，AGV 的主控板在系统中担任了多项关键任务，从电机控制到数据处理、显示和复杂的循迹逻辑，它的多功能性和高性能确保了整个智能系统的顺畅运行。

③ 算法设计。

在算法设计方面，AGV 通过编写代码实现 Wi-Fi 连接和服务器/客户端功能：使用 Arduino IDE 编写固件，使 ESP8266 连接到 Wi-Fi 网络并建立与远程服务器之间的通信协议以接收远程指令，然后响应 ESP8266 接收的命令和发送传感器数据。同时开发 AGV 控制代码，使用 C/C++编写 AGV 控制程序，包括 PID 控制算法，以确保车辆平稳运动。

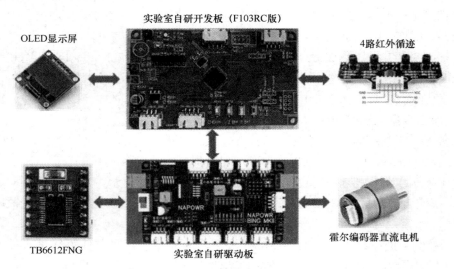

图 5-3-6　简易的 AGV 整体结构图

其中车辆循迹的实现是代码设计的关键：AGV 可以通过 4 个红外探头来检测地面上的交叉形线段作为标志点，以确定自身的精确位置信息。在循迹逻辑中，当 4 个红外探头都检测到黑线时，系统会认为车辆经过了一个标志点。然而，由于标志点并不是理想的细线，因此采用传统的中断方式来读取全黑情况的次数可能会出现问题，如在极短时间内读取了大量标志点的情况。为了解决这个问题，可以引入跳变沿计数的方法，当 4 路红外探头检测到全黑时被视为上升沿，而在非全黑情况下被视为下降沿。这些沿的计数工作在定时中断中交替进行，当计数次数达到指定次数时，系统可以确定小车已经到达了指定的位置。AGV 的移动、停车、返程过程如图 5-3-7 所示。

（4）案例总结与展望。

AGV 通过整合传感器、通信和控制技术，可以在多个领域提供实用价值，实现自动化、提高效率、提供更好的服务、监测环境和支持研究等多方面的应用，这使得物联网小车成为当今物联网和智能系统的重要组成部分。

展望未来，AGV 的应用前景非常广泛。在工业自动化领域，AGV 已经成为自动化生产线和仓储管理的重要工具，能够提高生产效率和减少人工成本。随着技术的不断发展，AGV 还可以应用于更多的场景，如医疗设备运输、酒店服务机器人、物流配送等领域，以满足不断增长的自动化需求。

在技术方面，AGV 的导航和感知能力将继续得到改进，以适应更复杂的环境和任务。同时，通信技术的发展将使 AGV 能够更好地与其他智能设备和系统协同工作，实现更高效的协作和集成。

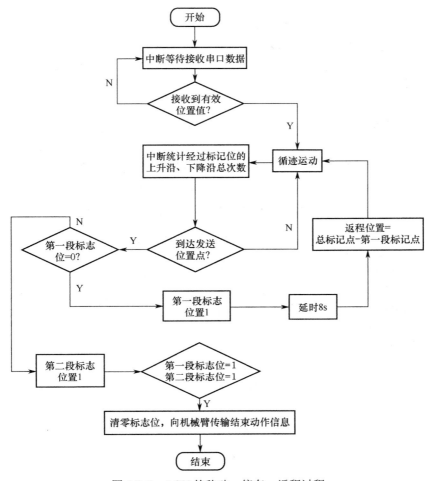

图 5-3-7　AGV 的移动、停车、返程过程

　　总之，AGV 作为自动化领域的重要组成部分，具有广泛的应用前景和较大的技术挑战。通过不断的研究和创新，AGV 将继续推动自动化技术的发展，为各种行业带来更多的便利和效益。

4．基于物联网的仓库自主库存管理

（1）应用背景。

　　在许多仓库中，库存是手动计算和管理的，这些库存来自各个公司，这些库存被手动存储和计算。尽管仓库中有一些半自动化系统可以用来减少人力工作，但它们仍然有全自动化的空间。手动跟踪所有库存是困难的，如果有任何错误或任何库存缺失，他们将通知货运公司。最近已有使用 RFID 跟踪系统的自主库存管理系统被开发出来，其使用门户跟踪系统跟踪库存并向仓库管理工作人员发送信号，工作人员找到库存并扫描然后获取库存相关信息和库存数量，所有这些信息都被存储在数据库中。尽管这个过程已经相当不错了，但为了有效完成这个过程，仍需要人的参与。

　　亚马逊已经开始使用无人机（UAV）来管理仓库库存，这种方法相当令人印象深刻，但

存在许多限制，并不适用于每个环境。此外，使用这种方法需要遵循许多限制和规则，而且与其他方法相比，这种方法的成本非常高。基于相机的（光学）传感器也用于扫描范围为 10m 的 RFID 码，并将信息存储在库存数据库中。通常，这些仓库都会使用射频循环库存管理（RF Cycle Store）将库存分为三类：A、B、C，A 类库存将比其他类库存（B 类和 C 类库存）获得更高的优先级。在这种方法中，所有库存都不会获得相同的优先级，并且需要更多人的交互，这也是一项烦琐的工作。

这些手动管理的仓库都会在一段时间后检查缺失的库存数量，并通知公司发送缺失的库存或者是否有任何与库存相关的错误（例如，库存可能更改或者他们可能收到另一个库存）。但从出现错误到发现已经过去了很长时间，错误被发现得太晚了。在某些行业中，这些记录检查每 4~6 个月或一年进行一次。即使现在有错误，也已经没有意义了，因为错误发生在 4~5 个月前。在手动计算库存时，他们不得不暂停发货和接收过程，这导致流程的退化。因此，本案例提出了一种自主设备，以解决这个问题并提高仓库的效率。

（2）理论知识及关键技术。

基于物联网的仓库自主库存管理是一种先进的仓储管理方式，它集成了物联网、大数据、云计算等先进技术，实现了对货物的高效存储、快速出入库和精准管理。

① 传感器技术：传感器是物联网中非常重要的组成部分，用于感知、采集以及传输数据。在仓库自主库存管理中，各种类型的传感器可以用来感知仓库内的温度、湿度、光照等环境因素，从而实现对仓储环境的监控和控制。

② 通信技术：物联网的核心是通过各种通信技术将各个节点连接起来，实现数据的传输和共享。在仓库自主库存管理中，可以使用有线或无线通信技术，如 Wi-Fi、蓝牙、ZigBee 等，将传感器、机器人、自动化设备等连接起来，实现数据的实时传输和共享。

③ RFID 技术：RFID 技术是一种非接触式的自动识别技术，通过在货物上安装 RFID 标签，系统可以自动识别货物并更新相关信息，这有助于实现货物的实时追踪和定位，提高货物管理的透明度和准确性。

④ 云计算和大数据技术：云计算技术提供了强大的数据存储和处理能力，可以支持海量数据的存储和分析；使用大数据技术则可以对这些数据进行深度挖掘和分析，为管理者提供有价值的决策支持。在仓库自主库存管理中，云计算和大数据技术可以帮助系统更好地处理与分析仓库数据，提高管理效率和准确性。

总之，基于物联网的仓库自主库存管理是一种先进的仓储管理方式，它依赖传感器技术、通信技术、RFID 技术、云计算和大数据技术等关键技术来实现对货物的高效存储、快速出入库和精准管理。

（3）方案设计。

① 实现平台。

基于物联网的仓库自主库存管理系统的设计和实现可以依赖一个专门的软件平台，主要内容包括感知层、网络层与应用层，此系统的重要部件包括以下几部分。

a）RFID 读写器：选择具有高速读取功能、稳定可靠的 RFID 读写器，确保能够准确识别货物上的 RFID 标签。

b）传感器：根据仓库环境需求选择合适的传感器，如温湿度传感器、重量传感器等，确保能够实时监测货物的状态和环境变化。

c）物联网网关：选择具有丰富接口和强大数据处理能力的物联网网关，确保能够稳定地将感知层设备采集的数据传输到系统服务器。

d）系统服务器：选择高性能的系统服务器，确保能够处理大量数据并实现快速响应。同时，根据实际需求选择合适的操作系统和数据库系统。

e）仓库自主库存管理软件：根据业务需求进行定制开发，实现物品监控管理、网络摄像机管理、报表管理、智能调度和系统安全等功能。在开发过程中，注重用户体验和易用性设计，确保软件能够方便用户进行操作和管理。

② 系统架构。

如图 5-3-8 所示，当库存通过电子手推车或其他移动设备进入仓库时，位于特定位置（如入口点或检查点）的探测器将扫描通过的库存，并与其数据库进行比对。如果库存信息在数据库中匹配，则系统将向可移动的条形码扫描器发送信号，扫描器随后会找到并扫描该库存的条形码，并在其数据库中更新该库存的数量。仓库自主库存管理系统的流程架构如图 5-3-9 所示。

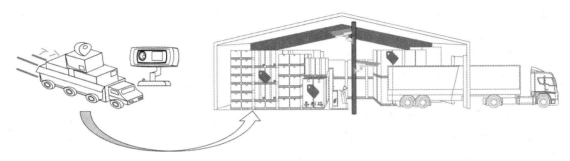

图 5-3-8　仓库自主库存管理系统的简易流程

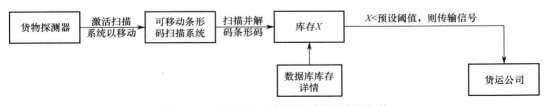

图 5-3-9　仓库自主库存管理系统的流程架构

以下是系统的一些特征。

① 配备数字摄像头和可移动杆的探测器以及可以从上到下读取库存条形码的大视野条形码扫描器。

② 固定在仓库入口处的探测器从上到下扫描库存，当库存进入仓库时增大数据库中的库存 X。

③ 在取出货物之前通知数据库，数据库将自动检查库存 X。

④ 如果库存计数小于预设阈值，则会生成信号并自动发送消息给货运公司，以便及时补充所需货物。

⑤ 货运公司的下一个发货日期将会安排运送所需货物，以确保及时补充库存，解决库存短缺问题。

⑥ 在对数据进行分析之后，用户可以批准/拒绝向货运公司发送购买更多库存的自动消息。

在这里，一切都取决于有效的程序实施，设备实现自动化并能够相互通信，用户只充当监督员角色。

在本案例系统中采用了一种高效能的条形码扫描器，它能够同时快速扫描多个库存项。此外，还集成了带有 CCD 图像传感器的动力摄像机，这款摄像机运用先进的图像识别算法，以精准地识别库存物品的图像。一旦系统检测到库存量低于预设阈值，就会触发信号发射器，将缺货信息迅速传达给货运公司，确保在第二天及时补充库存。

为了进一步提升系统的性能和可靠性，我们还考虑将雾计算模型纳入系统架构。雾计算模型允许我们在接近数据源（传感层）的雾层中存储条形码扫描仪所收集的数据。当库存量不足时，这些数据将由雾节点进行实时处理。雾节点的设置大大提高了系统的容错能力，因为在本地系统遭遇故障或中断时，数据能够迅速传输至这些虚拟化的雾节点，并由其继续执行必要的处理任务，从而确保业务的连续性和高效运作。

（4）案例总结与展望。

本案例系统显著降低了人机交互的需求，极大地缩短了在库存入库时扫描条形码的时间和减小了人力投入，同时大幅降低了人为错误的风险，这使得相关行业能够更集中精力于其核心生产活动，而非雇佣大量员工来处理烦琐的库存管理工作。与其他自动化系统相比，本系统不仅简化了装载入库和数据库更新的流程、减小了计算库存的工作量，而且成本效益显著，其高效且经济的特性超越了当前市场上昂贵的同类技术，为行业带来了更高的自动化水平和更快的运营速度。

在未来的系统设计中，案例系统计划深入应用雾计算的概念。这些虚拟化的雾节点将部署在感测和数据处理单元附近，无须额外通信费用，从而提高系统的可靠性并提高数据处理速度。同时，还将进一步完善系统的功能和性能，例如通过增强对不同类型库存的识别能力以及优化算法来提高识别的准确率。此外，也将探索将该系统应用于更广泛的领域，如零售业和物流管理，这样的扩展将助力这些行业实现更高水平的自动化和智能化，进一步提升运营效率，减少人工介入，降低成本，最终实现业务增长的飞跃。

5.4　本章小结

在本章中，经过对 AI 赋能的智慧城市与运作调控的深入探讨，我们清晰地看到了人工智能技术在安防、物流、农业等多个产业领域所引发的变革。AI 的应用不仅极大地提高了产业效率，降低了运营成本，还推动了传统产业的智能化转型，为经济发展注入了新的活力。

在智能交通领域，我们了解了智能交通系统的体系结构、物联网在智能交通系统中的应用、智能交通系统的关键技术以及智能交通系统的构成。同时，还通过多个实例，如中兴智能公安交通解决方案、基于 RFID 的高速公路路径监控解决方案等，深入了解了智能交通的实际应用。在智慧农业领域，探讨了物联网在智慧农业中的应用和智慧农业系统结构。通过智慧渔业水产养殖系统、智慧灌溉系统等实例，了解了物联网技术如何提高农业生产效率和智能化水平。在智慧物流领域，介绍了物联网在智慧物流中的应用和智慧物流应用实例，如物流配送应用方案、智慧军事物流系统等，这些实例展示了物联网技术如何提高物流效率和智能化水平。

展望未来，随着技术的不断进步，智慧城市将更加智能化和人性化，为城市发展提供更为精准和高效的解决方案。

5.5　习题 5

5.1　智能交通系统的体系结构分为哪三层？起到什么作用？

5.2　简述智能交通系统的主要组成部分。

5.3　物联网技术在智能交通系统中有哪些应用？

5.4　智能交通系统中的交通信息采集系统有哪些功能？

5.5　什么是智慧农业？它通常由哪几部分组成？

5.6　智慧农业如何使用物联网技术提高农业生产效率？

5.7　智慧农业中的智能控制系统如何帮助农民进行决策？

5.8　基于物联网的智能水管理系统的基本属性包括哪些？

5.9　智慧物流系统的关键技术有哪些？

5.10　智慧物流相比传统物流有哪些优势？

5.11　在智慧物流体系架构中，感知层、网络层和应用层的作用是什么？

5.12　描述基于物联网的智能温室远程监控系统的工作原理。

5.13　简述智慧物流在提升物流效率和智能化水平方面的作用。

5.14　AGV 的设计中，硬件设计主要涉及哪些部分？

5.15　基于物联网的仓库自主库存管理系统的主要特征包括哪些？

附录 A　ZT-EVB V2.0 及 CVT-IOT-VSL 参考原理图

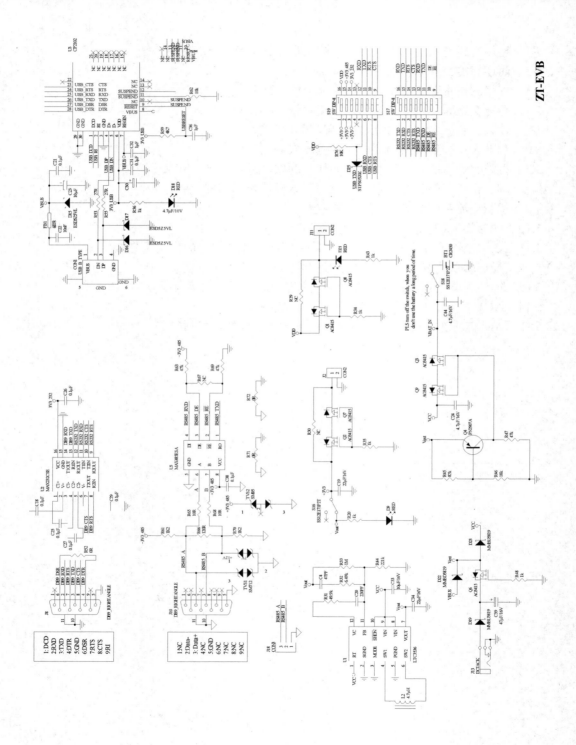

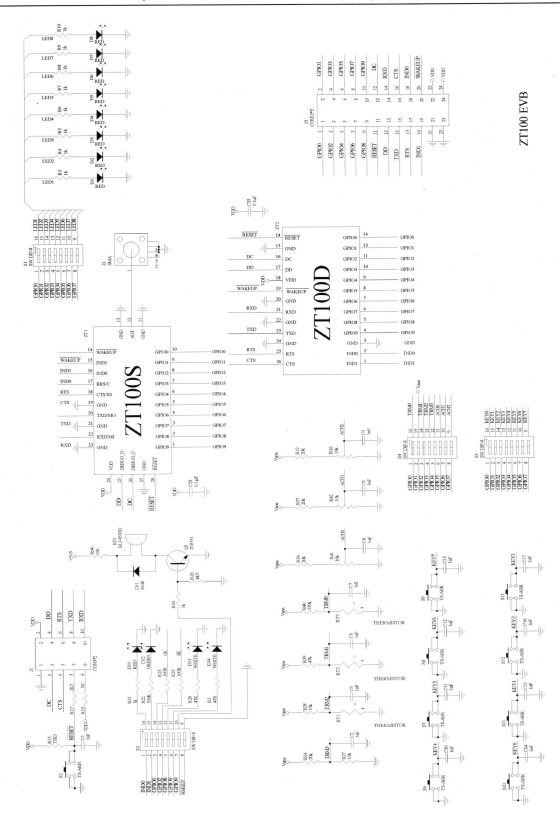

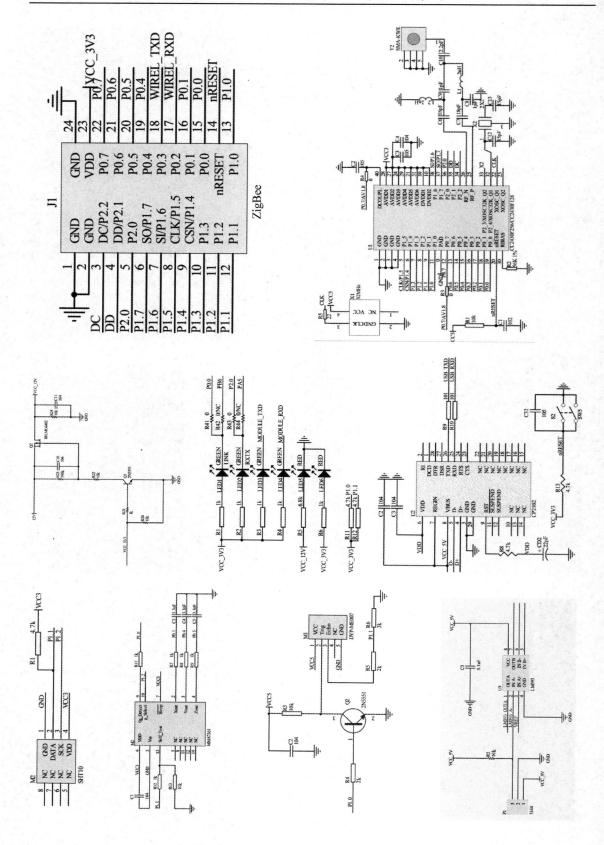

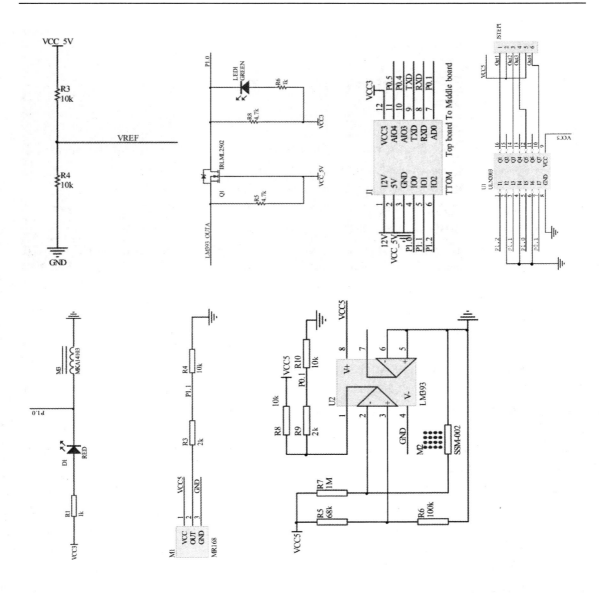

参 考 文 献

[1] YAW W K, CHO L L, JHENG H J, et al. Design of a wireless sensor network-based IoT platform for wide area and heterogeneous applications[J]. IEEE Sensors Journal, 2018,18(12): 5187-5197.

[2] 黄如，张磊，等. 物联网工程应用技术实践教程[M]. 北京：电子工业出版社，2014.

[3] 张利民，张书钦，李志，等. 无线传感器网络（理论及应用）[M]. 北京：清华大学出版社，2018.

[4] 高泽华，孙文生. 物联网体系结构、协议标准与无线通信[M]. 北京：清华大学出版社，2020.

[5] SAFDAR Z, FARID S, QADIR M. A novel nrchitecture for internet of things based e-health systems[J]. Journal of Medical Imaging and Health Informatics, 2020, 10(10):2378-2388.

[6] 张开生. 物联网技术及应用[M]. 北京：清华大学出版社，2016.

[7] JYRKI T J, PENTTINEN. Wireless communications security: solutions for the internet of things[M]. New Jersey: John Wiley and Sons Ltd, 2015.

[8] H RU, M LEI, ZHAI G T, et al. Resilient routing mechanism for wireless sensor networks with deep learning link reliability prediction[J]. IEEE ACCESS, 2020,8(1):64857-64872.

[9] MUNOZ R, RICARD V, et al. Integration of IoT, transport SDN, and edge/cloud computing for dynamic distribution of IoT analytics and efficient use of network resources[J]. Journal of Lightwave Technology,2018, 36(7):1420-1428.

[10] NGU A H, MARIO G, VANGELIS M, et al. IoT middleware: a survey on issues and enabling technologies[J]. IEEE Internet of Things Journal,2017, 4(1):1-20.

[11] HUANG R, CHU X L, ZHANG J, et al. Scale-free topology optimization for software defined wireless sensor networks: a cyber-physical system[J]. International Journal of Distributed Sensor Networks, 2017,13(6):14-23.

[12] SEO D B, JEON Y B, LEE S H, et al. Cloud computing for ubiquitous computing on M2M and IoT environment mobile application[J]. Cluster Computing,2016, 19(2):1001-1013.

[13] ZHU CH, TAO J, PASTOR G, et al. Folo: latency and quality optimized task allocation in vehicular fog computing[J]. IEEE Internet of Things Journal,2019,6(3):4150-4161.

[14] BANSAL M, CHANA I, CLARKE S. Enablement of IoT based context-aware smart home with fog computing[J]. Journal of Cases on Information Technology, 2017, 19(4):1-12.

[15] RATHEE G, SANDHU R, SAINI H, et al. A trust computed framework for IoT devices and fog computing environment[J]. Wireless Networks, 2020, 26(4):2339-2351.

[16] KUM S W, KANG M, PARK J I. IoT delegate: Smart home framework for heterogeneous iot service collaboration[J]. KSII Transactions on Internet and Information Systems,2016, 10(8):3958-3971.

[17] TOGNERI R, KAMIENSKI C, DANTAS, et al. Advancing IoT-based smart irrigation[J]. IEEE Internet of Things Magazine, 2019, 2(4):20-25.

[18] SHI K, SONG X M, WANG X D, et al. Multi-sensor assisted Wi-Fi signal fingerprint based indoor positioning technology[J]. Journal of Software,2019,30(11):3457-3468.

[19] HUANG R, CHU X L, ZHANG J, et al. A machine-learning enabled context-driven control mechanism for software-defined smart home networks[J]. Sensors and Materials, 2019,31(6):2103-2129.

[20] HAMMI B, KHATOUN R, ZEADALLY S, et al. IoT technologies for smart cities[J]. IET Networks,2018, 7(1):1-13.

[21] BIAN J, YU X X, DU W. Design of intelligent public transportation system based on ZigBee technology[J]. International Journal of Performability Engineering,2018, 14(3):483-492.

[22] 李文华. ZigBee 网络组件技术[M]. 北京：电子工业出版社，2017.

[23] 廖建尚. 物联网开发与应用——基于 ZigBee、Simplici TI、低功率蓝牙、Wi-Fi 技术[M]. 北京：电子工业出版社，2017.

[24] XU CH X, CHEN J Y. Research on the improved DV-HOP localization algorithm in WSN[J]. International Journal of Smart Home,2015, 9(4):157-162.

[25] SAMARESH B, SUDIP M, SANKU K R, et al. Soft-WSN: software-defined WSN management system for IoT applications[J]. IEEE Systems Journal,2018, 12(3):2074-2081.

[26] MAINETTI L, MARASOVIC I, PATRONO L, et al. A novel IoT-aware smart parking system based on the integration of RFID and WSN technologies[J]. International Journal of RF Technologies: Research and Applications,2016, 7(4):175-199.

[27] ONASANYA A, LAKKIS S, ELSHAKANKIRI M. Implementing IoT/WSN based smart saskatchewan healthcare system[J]. Wireless Networks,2019, 25(7):3999-4020.

[28] CHARLENE B. Cloud security: how to protect critical data and stay productive[J]. Network Security,2019, 2019(9):18-19.

[29] VARGHESE S G, KURIAN, C P, et al. Comparative study of ZigBee topologies for IoT-based lighting automation[J]. IET Wireless Sensor Systems,2019, 9(4):201-207.

[30] 李连宁. 物联网安全导论[M]. 北京：清华大学出版社，2013.

[31] 高建良，贺建飙. 物联网 RFID 原理与技术[M]. 北京：电子工业出版社，2014.

[32] 于保明，张园. 物联网技术及应用基础[M]. 北京：电子工业出版社，2016.

[33] BEHERA T M, SAMAL U C, MOHAPATRA S K. Energy-efficient modified LEACH protocol for IoT application[J]. IET Wireless Sensor Systems,2018, 8(5):223-228.

反侵权盗版声明

　　电子工业出版社依法对本作品享有专有出版权。任何未经权利人书面许可，复制、销售或通过信息网络传播本作品的行为；歪曲、篡改、剽窃本作品的行为，均违反《中华人民共和国著作权法》，其行为人应承担相应的民事责任和行政责任，构成犯罪的，将被依法追究刑事责任。

　　为了维护市场秩序，保护权利人的合法权益，我社将依法查处和打击侵权盗版的单位和个人。欢迎社会各界人士积极举报侵权盗版行为，本社将奖励举报有功人员，并保证举报人的信息不被泄露。

举报电话：（010）88254396；（010）88258888

传　　真：（010）88254397

E-mail： dbqq@phei.com.cn

通信地址：北京市万寿路 173 信箱
　　　　　电子工业出版社总编办公室

邮　　编：100036